U0457325

洁净煤发电技术（第二版）

主编 阎维平　参编 周月桂 刘洪宪 邢德山 李永光

中国电力出版社
www.cepp.com.cn

内容提要

本书讲述了目前已经投入商业运营或处于开发阶段的主流洁净煤发电技术的基本原理，介绍了各种洁净煤发电装置的组成、系统、设计和运行等方面的特点，主要目的是帮助读者尽可能全面地了解和掌握当前洁净煤发电技术的基本专业知识和最新进展。

全书共分十四章，除第一章绪论外，其余十三章分别介绍了各种主流洁净煤发电技术及其相关的主要技术领域，包括动力用煤的洗选、燃煤粉锅炉低氮氧化物燃烧、烟气脱硫与脱氮、超临界参数锅炉、循环流化床燃煤锅炉、煤的转化、联合循环发电装置、整体煤气化联合循环、增压流化床联合循环、燃料电池与二氧化碳排放控制，最后分析了洁净煤发电技术的发展前景。

本书可供工作在这一领域内的工程技术人员和技术管理人员阅读参考，可作为高等学校电厂热能动力专业的教材，也可作为热能工程、工程热物理、环境工程等相关专业本科生的参考书。

图书在版编目（CIP）数据

洁净煤发电技术/阎维平主编：周月桂等编. —2 版. —北京：中国电力出版社，2008.11（2016.1 重印）

ISBN 978-7-5083-8017-9

Ⅰ. 洁⋯ Ⅱ. ①阎⋯②周⋯ Ⅲ. 火电厂-煤-燃烧-净化-技术
Ⅳ. TM621.2

中国版本图书馆 CIP 数据核字（2008）第 153945 号

中国电力出版社出版、发行
（北京市东城区北京站西街 19 号　100005　http://www.cepp.com.cn）
北京丰源印刷厂印刷
各地新华书店经售

＊

2002 年 2 月第一版
2008 年 11 月第二版　2016 年 1 月北京第七次印刷
787 毫米×1092 毫米　16 开本　17.25 印张　385 千字
印数 13901—15400 册　定价 **29.00** 元

敬 告 读 者
本书封底贴有防伪标签，刮开涂层可查询真伪
本书如有印装质量问题，我社发行部负责退换

版 权 专 有　翻 印 必 究

第二版前言

2000 年以来，我国国民经济对电力的需求快速增长，作为主要电源供应的燃煤发电厂装机容量迅速增加，我国电煤消耗量已接近全国原煤产量的 50%，并将继续增加，因此，许多与燃煤发电有关的经济性、区域性污染与全球性气候变暖的环境问题更加突出。

我国的洁净煤发电技术正处于迅速发展阶段，其水平已经达到国际先进水平。与此同时，新的洁净煤发电技术与创新性概念不断出现，若干技术逐渐被淘汰，因此，在火力发电行业普及并不断更新洁净煤发电技术的知识，对推动我国洁净煤发电技术的发展和应用显得尤为重要。

本书第二版是在阎维平 2001 年编著的《洁净煤发电技术》的基础上，紧密结合当前世界上洁净煤发电技术的最新发展，进行了比较全面的补充、更新与完善，力求尽可能全面地介绍当前国内外在洁净煤发电技术领域的开发与应用成果。

本书第二版由华北电力大学阎维平主编。

本书新增了燃煤火电厂烟气脱氮装置、超临界参数燃煤锅炉与洁净煤发电技术的发展前景分析等三章内容，删去了燃煤磁流体—蒸汽联合循环一章，较大篇幅地改写了整体煤气化联合循环。

阎维平编写第一章、第三章、第十章、第十一章与第十四章；上海交通大学周月桂修订增补了第四章、第九章与第十三章；东北电力大学刘洪宪编写了第六章；山西大学工程学院邢德山修订增补了第二章与第八章，编写了第五章；上海电力学院李永光修订增补了第七章与第十二章。上海交通大学姜秀民教授、太原理工大学金燕教授、东北电力大学吕太教授等审阅了部分章节，均提出了很多宝贵意见，在此表示深切的感谢。阎维平策划与统稿全书。

除了书末所列的参考文献外，作者在编写时还参阅了近年来我国电力等行业工程技术人员总结和撰写的论文和一些非正式出版资料，恕难一一详列，在此谨向有关专家致谢。

本书的出版得到了华北电力大学与上海交通大学的资助。

编　者
2008 年 8 月

第一版前言

　　近年来，我国国民经济增长迅速，对电力的需求增长更快，作为主要电源供应的燃煤发电厂逐年增加，我国电力工业煤炭的消耗量已经接近全国原煤产量的 40%，因此，许多与燃煤有关的区域性和全球性的环境问题越来越突出。

　　中国的洁净煤技术是以煤炭的洗选为源头，以高效、低污染燃烧与发电为核心的技术体系，洁净煤发电技术为重中之重。

　　在我国，洁净煤发电技术正处于起步和迅速发展阶段，工作在这一领域的工程技术人员需要对洁净煤发电技术的深入了解，因此，在火力发电行业普及洁净煤发电技术的知识，对推动我国洁净煤发电技术的发展和应用显得尤为重要。但目前还没有比较系统和全面地介绍洁净煤发电技术的参考科技书。为此，作者在多年从事该领域的教学和科研工作的基础上，参考了大量的国内外文献和工程技术人员总结的经验资料写成了这本《洁净煤发电技术》，力求尽可能全面地介绍当前国内外在洁净煤发电技术领域的开发与应用成果。

　　洁净煤发电技术发展迅速且领域广阔，所涉及的内容也较为广泛，加之作者能够深入了解的领域有限，所以，难免出现错误和欠缺，敬请读者批评指正。

　　编者认为读者已经基本掌握了热能工程学科的基础知识和相关专业的内容，对电站锅炉的原理等基本内容有较系统的了解，也由于篇幅的限制，本书不再介绍涉及洁净煤发电的一些相关基础和专业知识，尽量减少烦琐的描述和复杂的理论推导，读者可以查阅有关的专业书籍和文献。

　　本书第二章与第六章由煤炭科学研究院北京煤炭化学研究所陈文敏研究员审阅，第三章由国家电力公司热工研究院毕玉森高级工程师审阅，第四章由华北电力大学李守信教授审阅，第五章由东北电力大学姜秀民教授审阅，第七、八、九与十一章由国家电力公司热工研究院许世森高级工程师审阅，第十章由清华大学姚强教授审阅。各位专家均提出了很多宝贵意见，使本书避免不少的错误和疏漏，在此表示深切的感谢。

　　除了书末所列的参考文献外，作者在编写时还参阅了近年来我国电力等行业工程技术人员总结和撰写的一些非正式出版资料，恕难一一详列，在此谨向有关专家致谢。

　　本书的出版得到了华北电力大学的资助。

编　者

2001 年 9 月

Contents ● - - - - - - - - - - - - -

目　录

第一章

绪　论

第一节　能源供应与消耗的基本特点

　　全球煤炭能源储量丰富，按目前的煤炭开采水平，可供开采 140～150 年。目前，天然气和原油的价格已经是煤的 10 倍以上，且有继续上升的趋势。因此，从目前到 21 世纪中期，煤将是全世界最主要的提供电力的能源。

　　我国拥有丰富的煤炭资源，是世界上最大的煤炭生产国和消费国，也是世界上少数几个以煤为主要能源的国家之一。在我国的能源生产和消费结构中，煤炭一直占主导地位，煤炭产量占全国一次能源生产总量的 75％左右，2007 年我国生产原煤达 25.4 亿 t。在今后相当长的时间内，煤炭的利用仍将在我国能源结构中占据十分重要的位置。

　　在我国，经过洗选加工的原煤仅为 30％左右，除去炼焦、造气等用煤外，用于直接燃烧产生动力和热能的动力用煤约占原煤总产量的 4/5，而且我国原煤的产量还将大幅度增加，以适应国民经济迅速发展的需要。因此，煤炭的开发及利用对环境的压力越来越大，且与日趋严格的环保标准的矛盾也将越来越突出。

　　我国已经形成并将持续以煤为主的电力生产格局，火力发电的原煤消耗量占我国原煤产量的百分数在 2007 年已接近 50％，某些工业化国家的这一比例达到 85％左右。随着我国国民经济的迅速发展与人民生活水平的提高，以及不断采用先进的能源利用技术，增大发电用煤的比例是必然的趋势，预计在 2010 年将达到 60％～70％。因此，在我国，电力工业清洁高效利用煤炭，走电力增长与环境协调发展的道路，是保证国民经济可持续发展和保护环境的最重要的课题。

第二节　燃煤发电的污染物排放与危害

　　由于矿物燃料被以燃烧的方式大量使用，已经形成公认的全球性四大公害：大气烟尘、酸雨、温室效应、臭氧层破坏，煤炭的燃烧构成其中的主要部分。燃煤火力发电装置排放的对人类生存环境及全球气候构成直接危害的主要污染物有粉尘、硫氧化物（SO_2、SO_3）、氮氧化物（NO_x）及二氧化碳（CO_2）。

　　我国火电厂动力用煤的特点是高灰分、高硫分煤的比例较大，火电厂污染物排放的总量大而且集中。因此，火电厂的污染物排放控制工作备受重视。

长期以来，大部分燃煤火电厂锅炉的粉尘排放控制已得到足够的重视，特别是现代化大型火力发电厂的静电除尘装备比较完善，大部分电厂的除尘效率已高达98%～99%，在控制粉尘排放方面取得了较好的成效，我国火电厂的烟气粉尘排放浓度一般均能够满足当前的国家排放标准。但是，现广泛装备的静电除尘设备均难以除去燃煤排烟中超细、超轻并易分散的粉尘（5μm以下），这种粉尘随风飘荡，可以长期滞留在大气中，对人身体存在的潜在危害极大。近年来，还发现微小粉尘携带的痕量重金属等有害化合物（如汞、砷、氟等）对环境的影响也很大。

近年来，大部分大型火电厂发电机组均投运了或开始安装各种烟气脱硫装置，但大部分电厂均没有采取任何烟气脱除NO_x的技术措施。目前，我国的CO_2排放量已经紧随美国之后成为世界第二排放大国，燃煤火电厂减排CO_2的任务也已经提到议事日程上来。因此，与燃煤有关的区域性环境污染与全球性的气候变化问题已成为我国电力工业发展的一个主要制约因素。

一、燃烧产生的硫氧化物的危害

燃烧排烟产物中的硫氧化物主要是SO_2和极少量的SO_3，在大气环境中，SO_2可以进一步转变为SO_3并形成硫酸雾。排入大气环境中的SO_2严重恶化了人类赖以生存的空间和环境。

SO_2对人体健康有明显的危害，SO_2对人体健康的影响是在呼吸道黏膜上形成亚硫酸和硫酸，刺激人体组织，引起分泌物增加或发生炎症。

SO_2对植物的危害表现在破坏叶皮上毛细孔，SO_2进入叶片并溶解于水，粘接在细胞壁的表面，使植物受害，叶片发黄，严重时大量叶片枯萎，导致植物死亡。

SO_2及其在大气环境中转化成的硫酸雾可被吸附在材料的表面，具有很强的腐蚀作用，会使金属设备、建筑物等遭受腐蚀，大大降低其使用寿命。

控制电站锅炉SO_2的排放可采用多种方式，主要包括：在煤燃烧前进行洗选煤加工，脱除部分硫分；在煤的气化与液化过程中脱硫；在煤的燃烧过程中添加脱硫剂吸收SO_2；采取烟气脱硫净化等技术。

二、燃烧产生的氮氧化物的危害

燃烧设备排放的氮氧化物主要是指NO和少量的NO_2，还包括N_2O、N_2O_3等，统称为NO_x。NO_x对人类自身及生存环境的直接和间接危害已远远超过其他污染物。除了锅炉燃烧设备以外，其他高温燃烧设备也均会产生和排放NO_x，例如，汽车尾气排放的NO_x，在工业发达国家要占全部燃烧设备排放量的40%左右。

排入大气的NO会被迅速地氧化成为NO_2，经紫外线照射并与排烟中的气态碳氢化合物接触，即可生成一种浅蓝色的有毒烟雾，称为光化学烟雾。光化学烟雾对人的眼、鼻、心、肺及造血组织等均有强烈的刺激和损害作用，氮氧化物在大气中的浓度大于0.05×10^{-6}就会对人体产生危害作用。

NO_x会在地球表面的大气层中形成臭氧，臭氧进入植物叶片并溶解于水，粘接在细胞壁的表面，对植物造成严重的伤害。臭氧对人体也十分有害。

氧化二氮（N_2O）虽然不是燃烧过程中的主要产物，但它是形成温室效应的气体，并且会破坏大气臭氧层，造成紫外线对人体的危害。

在大气中，NO_x 会形成 HNO_3，即硝酸雾，也是形成酸雨的一个重要原因。硫氧化物和氮氧化物所造成的酸雨是世界公认的重大环境问题之一，酸雨会破坏森林植被，造成土壤酸化、贫瘠，物种退化，农业减产，还会使水体造成污染，鱼类死亡。近年来，酸雨在我国呈急剧蔓延之势，酸雨所形成的污染已经不再是局部地区的问题，而是一个全球性的问题。

研究和实践都表明，氮氧化物的排放量与燃烧过程的组织方式有密切关系，因此，氮氧化物是最有希望通过燃烧技术措施的改进而得到控制的燃烧污染物，但是，降低 NO_x 排放的原则又多与强化燃烧的传统原则相矛盾，使传统的燃烧方式面临新的挑战。

三、温室气体的危害

温室气体主要是指二氧化碳（CO_2），其他还有甲烷（CH_4）、氮氧化物（NO_x）等气体，CO_2 与 NO_x 主要产生于矿物燃料的燃烧过程，而这些矿物燃料构成了全球能量需求的 90% 以上，其中煤和油都是含碳量很高的燃料，其燃烧产物主要是 CO_2。

关于温室气体排放对全球大气环境及全球气候变暖是否存在重要影响的问题，在十几年前还是一个争论不休的学术问题，在今天，已由多方面的事实和研究所证实。人类在从矿物燃料中获取能源的同时所排放的大量温室气体已构成使全球大气气候变化的最主要的因素，其对人类生存环境的深远影响已远远超过其他限于局部的大气环境污染的影响。

具有惰性气体性质的 CO_2 等温室气体一经形成，其被森林、土壤或海洋自然吸收的速率极其缓慢，取决于不同的条件和环境，CO_2 等温室气体的寿命期可长达 50～200 年，而大自然的吸收能力终归有限。

CO_2 等温室气体所造成的全球温室效应已经众所周知。通过各种技术措施（例如：提高能量的转换效率；采用创新性的燃烧与能量转换技术；采取有效的节能技术措施；从燃烧产物中分离、捕集并大量长期存储或利用 CO_2 等），减缓以至最终控制能源与电力生产中的 CO_2 对大气的排放，保护人类赖以生存的地球环境，是全球能源与电力生产面临一个前所未有的挑战。

四、我国火电厂大气污染物排放标准

我国从 2004 年 1 月 1 日开始实施国家环境保护总局与国家质量监督检验检疫总局 2003 年 12 月 30 日颁布的 GB 13223—2003《火电厂大气污染物排放标准》，该标准对火力发电锅炉烟尘、二氧化硫与氮氧化物最高允许排放浓度规定了更严格、更科学合理的排放控制要求。

该标准按三个时段对不同时期的火电厂建设项目分别规定了排放控制要求：

1996 年 12 月 31 日前建成投产或通过建设项目环境影响报告书审批的新建、扩建、改建火电厂建设项目，执行第 1 时段排放控制要求。

1997 年 1 月 1 日起至 GB 13223—2003 实施前通过建设项目环境影响报告书审批的新

建、扩建、改建火电厂建设项目，执行第2时段排放控制要求。

2004年1月1日起，通过建设项目环境影响报告书审批的新建、扩建、改建火电厂建设项目，执行第3时段排放控制要求。

1. 烟尘最高允许排放质量浓度（以下简称浓度）和烟气黑度限值（见表1-1）

表1-1　　　　　　火力发电锅炉烟尘最高允许排放浓度和烟气黑度限值

时 段	烟尘最高允许排放浓度（mg/m³）					烟气黑度
	第1时段		第2时段		第3时段	(林格曼黑度，级)
实施时间	2005年1月1日	2010年1月1日	2005年1月1日	2010年1月1日	2004年1月1日	2004年1月1日
燃煤锅炉	300[①] 600[②]	200	200[①] 500[②]	50 100[③] 200[④]	50 100[③] 200[④]	1.0
燃油锅炉	200	100	100	50	50	

① 县级及县级以上城市建成区及规划区内的火力发电厂锅炉执行该限值。

② 县级及县级以上城市建成区及规划区以外的火力发电厂锅炉执行该限值。

③ 在本标准实施前，环境影响报告书已批复的脱硫机组，以及位于西部非两控区的燃用特低硫煤（入炉燃煤收到基硫分小于0.5%）的坑口电厂锅炉执行该限值。

④ 以煤矸石等为主要燃料（入炉燃料收到基低位发热量小于或等于12550kJ/kg）的资源综合利用火力发电锅炉执行该限值。

2. 二氧化硫最高允许排放浓度限值（见表1-2）

表1-2　　　　　　火力发电锅炉二氧化硫最高允许排放浓度限值　　　　　　mg/m³

时 段	第1时段		第2时段		第3时段
	2005年1月1日	2010年1月1日	2005年1月1日	2010年1月1日	2004年1月1日
实施时间					
燃煤锅炉及 燃油锅炉	2100[①]	1200[①]	2100 1200[②]	400 1200[②]	400 800[③] 1200[④]

① 该限值为全厂第1时段火力发电锅炉平均值。

② 在本标准实施前，环境影响报告书已批复的脱硫机组，以及位于西部非两控区的燃用特低硫煤（入炉燃煤收到基硫分小于0.5%）的坑口电厂锅炉执行该限值。

③ 以煤矸石等为主要燃料（入炉燃料收到基低位发热量小于或等于12550kJ/kg）的资源综合利用火力发电锅炉执行该限值。

④ 位于西部非两控区的燃用特低硫煤（入炉燃煤收到基硫分小于0.5%）的坑口电厂锅炉执行该限值。

该标准规定的允许排放浓度，在国际同类标准体系中处于中上等水平，世界上允许排放浓度最低的某些发达国家亦为400mg/m³。根据我国目前的实际状况，该排放浓度限值对绝大多数火力发电厂均必须建设烟气脱硫装置。

3. 氮氧化物最高允许排放浓度限值（见表1-3）

实测的火电厂烟尘、二氧化硫和氮氧化物排放浓度，必须按式（1-1）进行折算。燃煤锅炉按过量空气系数 $\alpha=1.4$ 进行折算，燃油锅炉按过量空气系数 $\alpha=1.2$ 进行折算，燃气轮机组按过量空气系数 $\alpha=3.5$ 进行折算，相当于 $O_2=6\%$ 时的浓度值，即

$$c = c' \times (\alpha'/\alpha) \tag{1-1}$$

式中　c——折算的烟尘、二氧化硫和氮氧化物排放浓度，mg/m^3；

　　　c'——实测的烟尘、二氧化硫和氮氧化物排放浓度，mg/m^3；

　　　α'——实测的过量空气系数；

　　　α——规定的过量空气系数。

表 1-3　　　　　火力发电锅炉及燃气轮机组氮氧化物最高允许排放浓度限值　　　　mg/m^3

时　段		第 1 时段	第 2 时段	第 3 时段
实施时间		2005 年 1 月 1 日	2005 年 1 月 1 日	2004 年 1 月 1 日
燃煤锅炉	$V_{daf} < 10\%$	1500	1300	1100
	$10\% \leqslant V_{daf} \leqslant 20\%$	1100	650	650
	$V_{daf} > 20\%$			450
燃油锅炉		650	400	200
燃气轮机组	燃　油			150
	燃　气			80

该标准的排放限额与工业发达国家的现行标准还有一定的差距。欧盟 2001 年提出的 NO_x 的最低排放标准为 $200mg/m^3$，美国的现行最低排放标准为 $350mg/m^3$，日本则为 $120mg/m^3$。没有采取任何降低 NO_x 排放技术措施的燃煤粉的常规电站锅炉的 NO_x 排放值明显高于标准中的规定值。

第三节　洁净煤发电技术发展概况

洁净煤利用技术包括从煤炭开发到利用的所有技术领域，其基本领域包括煤炭加工、煤炭燃烧、煤炭转化、污染物及 CO_2 排放控制、固体废弃物处理和利用。

洁净煤发电技术是洁净煤利用技术中的一个最主要的内容，旨在最大限度地发挥煤作为发电能源的潜能，同时实现最少的污染物及 CO_2 排放，达到煤的高效、清洁利用和发电的目的。提高燃煤发电的能量转换效率与环境保护已经成为全球未来电力工业发展面临的两大迫切任务。

从 20 世纪 80 年代起，包括我国在内的许多国家从能源利用和保护环境的长远目标考虑，相继开展了洁净煤利用技术的研究与开发工作，创新性技术与概念不断涌现，在洁净煤发电技术各个领域的工程应用中取得了重大进展。目前，我国新建的大型火力发电机组所采用的洁净煤发电技术已经处于国际先进水平，在部分领域已经接近国际领先水平。

洁净煤发电的任务主要是在发电设备中实现煤的清洁燃烧与高效利用的发电技术，概括起来，可划分为以下几个主要技术领域。

1. 煤炭利用前的洗选处理技术

煤炭利用前的净化处理技术，就是对原煤进行加工处理以改进煤炭的品质，提高燃煤的效率，减少污染物排放，因此，煤炭利用前的净化处理是洁净煤发电的源头技术。最主要的技术措施为选煤，以降低原煤中的灰分与硫分等杂质的含量，提高煤质。

2. 煤炭燃烧过程中的洁净燃烧技术

煤炭的高效洁净燃烧是实现洁净煤发电的一个重要技术措施。在燃煤过程中排放的众多污染物中，危害很大的 NO_x 是唯一可以通过改进燃烧方式来降低其排放量的气体污染物，通过合理地组织煤的燃烧过程，来减少在燃料燃烧阶段 NO_x 的生成量，以较低的代价来较大地降低 NO_x 的排放，取得事半功倍的效果，因此，是比较经济、合理且易于推广的技术措施。通常，煤的洁净燃烧技术又称为低氮氧化物燃烧（或低 NO_x 燃烧）技术。

煤的洁净燃烧包括两个主要领域：一是采取先进的低 NO_x 燃烧技术改进传统的煤粉燃烧方式；二是新型的煤燃烧与发电技术，目前主要有循环流化床燃烧技术、整体煤气化联合循环发电、增压流化床联合循环发电、燃料电池技术等。其中一些技术不仅可以大幅度减少 NO_x 的排放、还具有易于脱除 SO_2 与 CO_2 的技术优势，同时，燃煤发电效率也得到了不同程度的提高。

3. 烟气净化技术

对常规燃煤粉的电站锅炉，在炉膛内的燃烧环境下，几乎煤中所有的可燃硫分均会迅速转化成为 SO_2。煤粉炉的燃烧温度很高，现在尚没有可以在炉膛内的燃烧过程中高效脱除 SO_2 的可行技术措施，也不可能通过改进炉内燃烧过程来抑制 SO_2 的生成，因此，就目前的技术水平和现实能力而言，烟气脱硫是降低电站锅炉 SO_2 排放量的比较有效的技术手段。通过烟气净化技术控制硫氧化物的排放已取得共识，燃煤火电厂烟气脱硫是目前世界上应用最广泛的一种控制 SO_2 排放的技术，因此，近年来，脱硫装置的采用和技术的发展非常迅速。

烟气脱硫通常使用石灰或石灰石等吸收剂，在干态或湿态下，与烟气接触进行脱硫反应。由于燃煤电厂所产生的烟气量巨大，一般达每小时几十万到几百万立方米，而烟气中的 SO_2 的浓度却十分低，通常每立方米烟气中只含有 1000mg 左右，因此，脱硫费用是很高的。另外，大部分烟气脱硫装置均会产生脱硫副产品，因此，实施烟气脱硫技术的同时还需考虑脱硫产物的有效回收与处理，以防止二次污染。

对氮氧化物来说，虽然合理有效地组织煤的燃烧过程，可以较大幅度地降低 NO_x 的生成量，但是，在排放限制日益严格的现状下，炉内燃烧降低 NO_x 的技术措施已经不能满足要求，必须采取烟气脱氮的技术措施。目前，烟气脱氮技术的成熟程度与应用规模还远不如烟气脱硫技术，而且其设备投资和运行费用也比烟气脱硫高。

世界各国烟气净化技术正朝着进一步简化烟气净化装置、减少投资、降低运行和维护费用的目标努力。实现脱硫脱氮一体化的联合烟气净化技术是目前的重要研究课题，也是未来烟气净化的发展方向。

煤中含有多种痕量重金属，以汞为主要代表，是极易挥发的元素，毒性极大。我国煤的平均汞含量为 0.22mg/kg，在炉内燃烧中大多以气相形式存在，排入大气环境。汞在自然界没有自净与生物降解能力，在大气中的停留时间为 1~2 年，排入水体后通过生物链不断富集，对动植物的生命活动造成很大的危害。燃煤烟气脱汞已经成为烟气净化的一个新内容。

4. CO₂ 减排技术

能源资源的开发利用促进了人类的发展，同时也带来了严重的生态环境问题，化石燃料的使用是 CO_2 等温室气体增加的主要来源，科学观测表明，地球大气中 CO_2 的浓度已从工业革命前的 280×10^{-6}（体积分数）上升到目前的 379×10^{-6}（体积分数），全球气温也在近百年内升高了 $0.74℃$，特别是近 30 年来升温明显，全球变暖已经并将持续对地球的自然生态环境和人类赖以生存的环境造成前所未有的影响，使人类社会面临着巨大的生存环境恶化的威胁。据科学预测，到 2050 年，如果还采用当今传统的燃煤技术，大气中 CO_2 的浓度将达到 550×10^{-6}（体积分数），人类将不能在地球上继续使用碳基化石燃料。

因此，在未来洁净煤发电技术的发展中，既要提高能源的转换效率，减排常规污染物，又必须整合 CO_2 的减排、捕集与封存，需要考虑减排污染物、汞与 CO_2 的经济性协调配合，有望形成以控制 CO_2 排放为基本出发点、含 CO_2 减排的一体化污染物脱除技术或近零排放的未来洁净煤发电技术。新建或在役传统燃烧煤粉电厂的改进与改造也均面临巨大的挑战。

5. 煤的转化

煤炭的转化利用方式主要是煤的气化和液化，不仅可有效地提高煤炭热能的利用率，而且可以减轻直接烧煤的污染，使用也很方便，因此，是在煤炭能源利用过程中减少环境污染、节约能源的有效途径之一。目前，煤的气化技术的发展与应用已经超过煤的液化技术，但煤的液化具有比煤的气化更长远的应用前景。

煤的气化是指由煤经干馏或气化等方式而得到气体产物的工业过程，在煤气化的过程中可以有效和方便地脱除大部分有害物质，也能够以较低的成本分离并捕集 CO_2，使在煤气的进一步利用中大幅度减少污染物的排放。煤气化工艺与煤化工过程结合，可以生产多种化工产品，与燃气—蒸汽动力装置相结合，组成整体煤气化联合循环，进行更洁净、更高效的发电。

我国已把洁净煤技术作为重大的战略措施，列入"中国 21 世纪议程"和国家重大基础研究和产业化领域，电力工业将洁净煤发电技术列为跨世纪的五大科技工程之一，大力开发和实施洁净煤发电技术，不仅关系到我国环境的保护和经济的可持续稳定增长，而且是未来能源技术市场激烈竞争的需要。

第二章

火力发电动力用煤的洗选加工

第一节 我国动力用煤的原煤质量及加工概述

一、动力用煤及其加工特点

我国煤炭资源丰富，品种齐全，尤其是适用于动力用煤的煤种，如气煤、长焰煤、不粘煤、褐煤、无烟煤等储量较多，其特点是难选煤多，高灰、高硫煤的比重大。我国动力用煤中灰分和硫分有以下赋存特点：

（1）煤层的内在灰分较高，多为中、高灰分煤，内在灰分一般在 $10\%\sim20\%$。煤矿多为中等厚度煤层和薄煤层，煤层中的夹带矸石层较多，开采时混入矸石的比例较大，使生产的原煤的外在灰分含量显著增加。灰分小于 15% 的煤约占 40%，原煤的平均灰分含量为 28% 左右。

（2）硫分分布不均匀。只有东北、内蒙东部及新疆、青海等少数地区的煤属低硫和特低硫煤，其他地区煤矿的硫分普遍偏高，例如，山西煤的硫分介于低硫和中硫之间，河北、山东、河南等地的煤也主要为低硫、中硫煤，贵州、四川、重庆等地为中高硫煤。表2-1给出了各类动力用煤的平均硫分。硫分赋存的另一个特点是浅部煤层硫分低，深部煤层硫分高，将来开采的煤的硫分将有继续升高的趋势。

表 2-1 动力用煤的平均硫分

项 目	无烟煤	贫 煤	烟 煤	褐 煤	未分煤种	平 均
占动力用煤（%）	16.16	7.85	40.5	12.81	22.68	
平均 $S_{t,d}$（%）	1.24	1.67	0.68	0.55	0.80	0.86

因此，我国有相当数量的动力用煤需要进行以排矸降灰和脱硫为主要目的的煤炭洗选加工。对动力用煤来说，煤炭加工的核心是选煤。因多数选煤工艺常在水中（或其他流体介质中）进行，故也称为洗选煤。选煤是降低原煤中杂质（常规的选煤方法可除去50%～70%的灰分和30%～40%的硫分）含量，提高煤质，并加工成质量均匀、用途不同的各品种煤的煤炭加工技术。

选煤加工提高煤质表现在以下几个方面：

（1）排矸降灰，可以大大减少煤中灰分并提高煤的发热量。

（2）降低硫的含量。煤中硫的可脱除性，主要取决于硫的赋存状态和分布特征，煤中的硫以有机硫、硫化铁硫和硫酸盐硫三种形式存在。硫化铁硫主要以黄铁矿形式存在，硫酸盐硫通常含量很少。对于煤中的有机硫部分，目前还难以找到可行的除硫工艺，可考虑采用生物脱硫技术。对含黄铁矿高的煤，由于其形态易于解离，通过常规的重力分选即可以除掉一部分硫分，还可以利用黄铁矿与煤的磁性相反的特征，采取高梯度磁选方法脱除细粒黄铁矿。入选 1 亿 t 原煤一般可减少燃煤 SO_2 的排放量 100～150 万 t，而其成本仅为烟气脱硫的 1/10。

（3）煤炭脱硫过程中可以直接回收硫。硫是化学工业的重要原料，我国又是硫储量相对贫乏的国家。

（4）实现生产更多品种的煤炭，如洗大块、中块、小块、粒煤，洗末煤，洗粉煤等，可以满足不同用户对煤炭粒度的要求。

（5）对动力用煤最大的用户——电厂来说，煤的洗选加工对电厂的投资、运行费用、发电成本等经济指标影响巨大。

目前，我国原煤的入选率仍较低，2006 年原煤入选率为 33％，计划到"十一五"末，原煤入选率达到 50％。

与洗选炼焦煤等工艺用煤相比，动力用煤选煤具有不同的特点与要求：

（1）动力用煤的洗选是以排矸为主，并随带脱除煤中的部分硫分；

（2）燃煤火电厂一般需要末煤，而工业和民用锅炉则需要块煤；

（3）对动力用煤洗选宜选用单台处理能力大、节能节水、运行可靠且操作维护方便的洗选煤设备。

二、动力用煤选煤工艺

1. 选煤工艺分类

各种选煤方法依原煤的有机质和其他杂质的密度、物理化学性质及颜色、形状等的不同而异。按选煤方法的不同，可分为物理选煤、物理化学选煤、化学选煤等。

传统的商业选煤工艺方法分为重力选煤法和浮游选煤法。属于重力选煤法的有重介质选煤、跳汰选煤等，均是比较成熟的物理选煤工艺，在煤炭行业和冶金行业已经有十分广泛的应用。浮游选煤法是一种常用的物理化学选煤方法。这几种选煤方法——跳汰选煤、重介质选煤、浮游选煤等，经过近一个世纪的研究和发展，在理论和工艺上日趋完善，选煤设备向着大型化和多层次化发展。

在新型、高效选煤方法的研究和工艺设备的开发方面，随着对超低灰煤要求量的增加，对煤炭的深度降灰脱硫开展了大量的研究，一些先进的物理和物理化学选煤技术，例如微细磁铁矿粉重介脱硫、高压静电选煤、高梯度磁选法脱硫、化学脱硫、电磁脱硫、细菌脱硫、微波脱硫、液态二氧化碳选煤法、微泡浮选、油团选和选择性絮凝等，可以生产出灰分小于 3％，硫分小于 0.5％的洁净精煤。

选煤工艺也可以按湿法分选和干法分选进行分类。湿法分选时，用于块煤排矸的方法有重介选、定筛跳汰选、斜槽选、螺旋滚筒选、动筛跳汰选等；适合于处理末煤的湿法有定筛跳汰选、重介旋流器、水介旋流器、摇床以及螺旋分选机等。湿法选煤这类工艺也称为洗选煤工艺。

干式分选法有风力摇床、风力跳汰、空气重介流化床以及选择性破碎等。在我国占可开采量 2/3 以上的煤炭地处山西、陕西和内蒙古西部和宁夏等严重缺水地区，因而要普遍采用耗水量较大的湿法选煤方法有一定困难。空气重介质流化床干法选煤技术和复合式干法分选机是我国自主开发的新型高效干法选煤技术。这些技术和设备可应用于缺水地区的动力用煤分选，在严寒地区还可以避免煤的冻结。此外，这些技术还适用于动力用煤的排矸以及褐煤和易泥化煤的分选。

我国动力用煤选煤工艺多为跳汰或重介质选煤方法，有少数厂家采用重介质、跳汰联合工艺，基本为一次分选，直接回收原生煤泥。

2. 动力用煤选煤工艺比较

各种常用动力用煤分选工艺适用性、分选效果和主要特点的比较见表 2-2。

表 2-2　　　　　　　　　　　　　　动力用煤分选工艺比较

分选方法	适用粒度（mm）	工艺流程	适用可选性	分选效果	备注
湿　　法					
定筛跳汰	<50	较复杂	各种煤	较好	用水较多
重介选	300～6	复杂	各种煤	好	用重介质
斜槽选	<100	较简单	易选至较难	中	耗水特大
螺旋滚筒	<100	较简单	易选至较难	好	粉煤再处理
水介旋流	<13	简单	易选煤	较低	自生介质
动筛跳汰	300～25	简单	各种煤	好	用水极少
浮游选	<0.5	复杂	适合煤泥	好	
干　　法					
复合式风选	80～6	简单	易选至较难	中	自生介质
空气重介选	50～13	较复杂	各种煤	好	用重介质
选择性破碎	>50	简单		低	
筛分	6～100	简单	各种煤	好	

三、动力用煤洗选加工的意义

1. 提高煤炭产品质量

煤炭通过洗选加工可以实现在使用前排矸、降灰和提高发热量的目的，对产品的含灰量可以根据需要进行分级；可以降低产品的硫含量，对含硫铁矿高的煤，通过重力选则可部分去除；可以实现产品品种的多样化，如洗大块、洗中块、洗混中块、洗小块、洗粒煤、洗末煤、洗粉煤等。

2. 提高动力用煤用户的经济效益

以火电厂为例，煤质对电厂投资、运行费用和发电成本等经济指标会产生很大影响。火电厂的贮煤、输煤、制粉、锅炉、排渣、脱硫等系统的设计均和煤炭质量有关。例如，对于高硫分的煤，火电厂通过运用烟气脱硫装置进行脱硫，脱硫设施的投资占电厂投资的 20% 左右，且运行费用也很高。煤中含矸 20% 与不含矸相比，前者要多投资 10% 以上。煤中的矸石对运行费用也有很大影响，含矸量大的煤会使制粉系统出力降低，制粉电耗增大，制粉设备部件磨损加剧，所有这些都会使火电厂的发电成本增大。

3. 减轻运输环节负担

我国煤炭资源90%以上在长江以北，煤炭基地也基本上分布在北方。而东南沿海和华南地区的煤炭消耗量占全国煤炭产量的半数以上。煤炭运输量很大，直接将未经洗选的煤运往目的地，会使运输过程中的无效载荷大量增加，浪费运输能力和运输资金。

4. 有利于保护环境

未经洗选的煤含灰量、矸石含量和含硫量均较高，在煤炭燃烧过程中产生大量的飞灰、灰渣和SO_2，这些有害物质会对环境形成污染。经过洗选的煤，95%以上的矸石被分离出去，还可以分离60%以上的硫铁矿硫，从而减轻了烟气除尘设备和烟气脱硫设备的负担，减少了燃烧过程中污染物的排放，有利于保护环境。

第二节 重介质选煤

重介质选煤是重力选煤的一种，主要目的是排除煤中的矸石，并同时脱除部分无机硫分。重力选煤是采用密度介于煤和矸石之间的重液或悬浮液作为分选介质，利用被选煤颗粒间密度、粒度、形状的不同，因而在液体（重悬浮液）中运动时产生运动速率和方向差异的原理，而使其彼此分离的选煤方法。

重介质选煤具有分选效率高、分选密度调节范围宽、适应性强、分选粒度宽的优点，主要用于排除矸石、分选难选和极难选的煤。重介质选煤是严格按照密度分选的，煤的粒度和形状只影响到分选的速度，因此，重介选煤是所有重力选煤方法中块煤排矸效率最高的方法。目前，动力用煤较多采用这种选煤工艺。

一、重介质的制备和净化回收

重介质选煤所用分选介质的密度，介于被分选的高低密度矿物颗粒的密度之间。在选煤的过程中，密度小的颗粒上浮，密度大的颗粒下沉，以达到分选的目的。由于所用分选介质的密度大于水的密度，故称为重介质。该重悬浮液的制备是按分选的要求，将磁铁矿粉等物质和水混合制成一定密度的重介质悬浮液。

重介悬浮液的净化与回收工艺过程主要包括：从精选出的产品上脱除悬浮液，从稀悬浮液中回收加重质（即经磁选将磁铁矿粉分离出来），将回收的加重质再配制成预定的分选密度悬浮液供补给之用。

二、重介质选煤脱硫过程

重介质选煤可以除去原煤中的绝大部分煤矸石的道理是不言而喻的，同时它也是一种有效的物理脱硫方法。煤中的硫分主要有黄铁矿硫和有机硫两种形态，其中黄铁矿硫通常占总硫的2/3左右。利用黄铁矿的密度大于煤的密度，并且其磁化特性与煤相反（黄铁矿具有顺磁性，而煤本身具有反磁性）的双重特性，通过重力（或离心力）和磁铁矿粉的磁力亲和作用将黄铁矿从煤中分离出来。因此，该法在除去大量灰分的同时还可脱去30%～50%的硫分。

三、重介质选煤设备

在重介质选煤工艺中，将煤破碎并与重介质混合后送入选煤设备中（如旋流器等），在离心力的作用下，使矸石和黄铁矿颗粒与煤颗粒分离，分离出来的煤浆经过滤、干燥后成为产品精煤。

重介质洗选煤设备主要有分选大于 6mm 的块煤的斜轮重介质分选机和立轮重介质分选机以及用于分选末煤用的重介质旋流器等。

以重介质旋流器为例（见图 2-1），原煤与悬浮液混合后，用泵或高位定压箱以一定的压力切向送入旋流器，完成分离过程。最早的重介旋流器为立式的，现已经改进为卧式的，倾角为 10°。图 2-2 所示为采用泵给料的重介质选煤工艺。

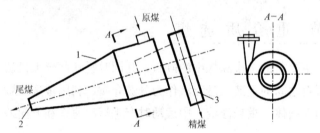

图 2-1　重介质旋流器结构示意图
1—圆锥体；2—底流口；3—溢流室

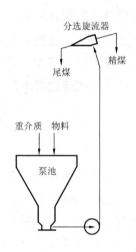

图 2-2　泵给料的重介质
选煤工艺简图

第三节　跳　汰　选　煤

跳汰选煤法始终居各种选煤方法之首，全世界每年入选的原煤中 50％ 以上是采用跳汰机处理的。

一、跳汰选煤的特点

跳汰选煤工艺具有一系列的优点。除极难选煤外，它适合各种不同可选性的原煤，对宽筛分或窄筛分均可，块、末煤均适用，流程简单，投资少，设备操作和维修方便，处理能力大且有足够的分选精度，成本较低等。

二、跳汰选煤的基本工作原理

跳汰过程是各种密度、粒度及形状的物料在上下运动的流体介质（或称为脉动水流）的直接作用下进行重选、分选并分层的过程。跳汰选煤的基本原理示意如图 2-3 所示。在外力（压缩空气或机械活塞）的推动下，水箱内的水流作上下运动，周期性使水流过堆放在筛板上的煤层，使物料在床层内分散与分层，达

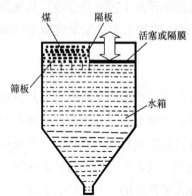

图 2-3　跳汰选煤工作原理示意

到分选煤中的不同矿物质的目的。

跳汰分选过程是一个复杂的物料运动重组过程，多年来，人们致力于找出原本异类颗粒群混合物的床层却呈现出以密度差别为主要特征的分层机理，但迄今为止，还没有能合理反映和描述跳汰过程中颗粒按密度分层机理的理论模型。

三、跳汰选煤设备

跳汰选煤的关键设备是跳汰机，这是一种能产生流体上升和下降运动，并使不同矿物颗粒按密度、粒度得到分选的机械。跳汰选煤设备的种类比较多，适用的场合和用途也有所不同。跳汰机根据使跳汰室中形成垂直方向上的脉动水流的动力机构不同，可分为活塞跳汰机、无活塞跳汰机和隔膜跳汰机。

活塞跳汰机依靠偏心轮带动的活塞作上下往复的周期运动，无活塞跳汰机中水流的脉动是依靠压缩空气交替进入和排出空气室来达到同样的目的。目前无活塞式跳汰机广泛用于选煤工艺。

在无活塞跳汰机机型中，按压缩空气进出的风阀形式分为立式风阀跳汰机和卧式风阀跳汰机；按风室的布置位置分为筛侧空气室式与筛下空气室式跳汰机；按筛板是否移动又分为定筛跳汰机和动筛跳汰机，定筛跳汰是传统的跳汰选煤法，是我国跳汰选煤的主要设备。目前工业上应用最多的是筛侧空气室式跳汰机和筛下空气室式跳汰机。

图 2-4 所示为筛侧空气室式跳汰机的结构示意图。当压缩空气送入空气室时，空气室内的水被空气压向跳汰室，在跳汰室内形成一股垂直上升的水流；当压缩空气向室外排出时，水又回到空气室内，跳汰室内即形成一股垂直下降的水流，随着压缩空气向空气室交替输入和排出，跳汰室内形成交替上升和下降水流。

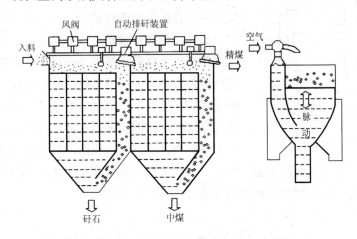

图 2-4　筛侧空气室式跳汰机结构示意图

第四节　浮　游　选　煤

浮游选煤又称为浮选。浮选是一种物理化学选煤方法，它是根据各种矿物不同的表面

第二章　火力发电动力用煤的洗选加工

13

物理化学性质，从矿浆（磨细煤与水的混合物）中浮出某种或某些矿物质的分选方法。该法在动力用煤常规分选中采用不多，通常用于水煤浆制造工艺。

一、使用范围

浮选方法适合颗粒粒度小的煤的分选（粒度<0.5mm的煤泥），能够有效处理的原煤范围恰是一般重力选煤方法效率低、分选速度慢甚至无效果的粒度范围。浮选是在气、固、液三相的系统中完成的。

二、浮游选煤的基本原理

浮游选煤是依据不同矿物表面（煤和其他矿物质）所存在的湿润性差别进行选煤的。由于煤的表面是非极性的，而其他大部分矿物质的表面是有极性的，因此，矿浆中煤颗粒和矿物质颗粒的表面与强极性水分子作用的程度不同，导致了矿浆中煤和矿物质各自的湿润特性不同，即煤与水的亲和性较弱，而其他矿物质与水的亲和性较强。

为了利用湿润性的差别，使煤颗粒与矿物质分离开来，在浮游选煤工艺中，需要在矿浆中产生大量的气泡，当煤颗粒与气泡发生碰撞时，气泡易排开其表面薄且容易破裂的水化膜，使煤粒黏附到气泡的表面，从而进入泡沫层；而矿物质颗粒与气泡发生碰撞时，颗粒表面的水化膜很难破裂，气泡很难附着到矿物质颗粒的表面上，因此，矿物质则留在矿浆中，从而实现了煤粒与矿物质的分离。

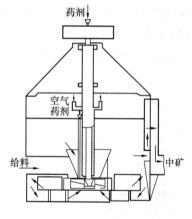

图 2-5　XJX 型浮选机结构示意图

由浮游选煤的基本原理可知，实现浮选的关键技术是要产生大量的、小而稳定且不易兼并的气泡，为了促进形成泡沫，除了通过搅拌等措施外，通常还需要加入促进起泡的添加剂，扩大煤与矿物质的湿润性的差别，促使空气在矿浆中的弥散。

三、浮游选煤设备

浮选机是浮游选煤的主要设备，种类很多。按照浮选机搅拌方式分为机械搅拌或非机械搅拌两大类。在机械搅拌式浮选机中，将经过磨细和浮选剂处理过的矿浆送入浮选机，在槽内强烈搅拌，在矿浆中产生气泡，其中某些矿物容易与浮选机内的气泡黏着而上浮，形成泡沫层，将泡沫层从煤浆上面刮出，另一些矿物质则留在煤浆中，由下部排出，达到分离某些矿物质的目的。XJX 型浮选机结构示意图如图 2-5 所示。

第五节　空气重介质流化床干法选煤

所谓空气重介质流化床分选就是利用空气－重介质和煤形成流化态后的类流体性质，将密度不同的物质分离开来。空气重介质流化床干法选煤技术已实现工业化，我国已建有世界上第一座空气重介质流化床干法选煤厂。

一、基本原理

将经过筛分后的块状煤（6～50mm）与重介质（由磁铁矿粉和煤粉按一定比例混合而成）加入到流化床分选装置中，具有一定压力和速度的空气从流化床底部送入其中。在空气的作用下，流化床中的物料发生流态化，在合适的工艺条件下形成具有一定平均密度的均匀稳定的气固两相流化床。

完全流化后的气固流化床中的物料在很多方面呈现出类似于流体的性质。床层中小于床层平均密度的物料将上浮于床面，大于床层平均密度的物料将沉于床底，其密度分层的过程服从阿基米德定律（见图2-6）。按照密度大小分层之后的物料再经过分离和脱重介质即可实现分选目的，获得合格产品。

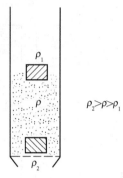

图 2-6　空气重介质流化床干法分选原理

二、分选设备

空气重介质流化床干法分选机原理如图2-7所示。主要由空气室、气体分布器、分选室和输送刮板装置等组成。具有一定粒度的块状煤（6～50mm）从分选机上部的原煤进料口加入分选机，加重质从上部的介质入料口中加入，具有一定速度的压缩空气经过气体分布器后，作用于重介质发生流化作用形成气固两相流化床。在流化床中，小于床层密度的物料上浮，称为浮物；大于床层密度的物料下沉，称为沉物。分层后的物料分别由无极链刮板输送装置分别向两个方向输送。浮物——精煤从右端排料口排出，沉物——矸石或尾煤从左端排料口排出。分选机下部各风室与供风系统连接，设有风压与风量调节指示装置。分选机上部与引风除尘系统相连，通过调节引风量和供风量使风选机内部保持负压状态，可有效地防止粉尘外逸。空气重介质流化床分选机可有效分选外在水分小于5%的6～50(80)mm粒级煤炭。

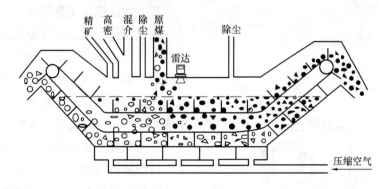

图 2-7　空气重介质流化床干法分选机示意图

第六节　动力用煤的选煤流程

一、块煤重介选矸工艺流程

这种工艺系统适用于可选性差，原煤中块煤多，矸石含量大，末煤灰分不高，水分较低，易于分级的情况。分级粒度一般为 25mm 或 13mm。其工艺流程如图 2-8 所示。

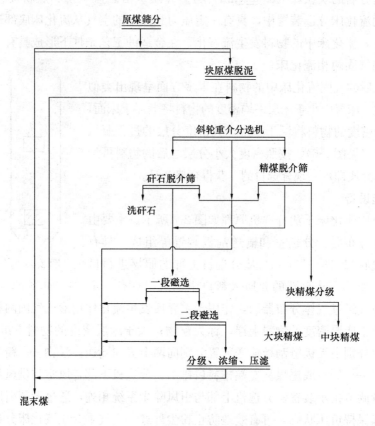

图 2-8　块煤重介选矸工艺流程

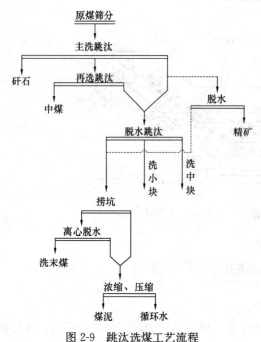

图 2-9　跳汰选煤工艺流程

二、跳汰选煤工艺流程

跳汰选煤工艺适用于原煤灰分较高、可选性中等或偏难的气煤，要求选出一种中间产品或一部分低灰分精煤供炼焦配煤，洗选过程产生的中煤、洗末煤和泥煤分级作动力用煤时可使用这种流程，如图 2-9 所示。

三、高硫煤的脱硫工艺流程

目前能够应用于生产实际的煤燃前脱硫方法主要有跳汰机脱硫、浮选机脱硫、摇床脱硫、旋流器脱硫、螺旋选矿机脱硫等，各种脱硫方法的脱硫效果与煤中硫的赋存形式有关。一种跳汰、旋流器、摇床和浮选联合脱硫的工艺流程如图 2-10 所示。采用上述工艺流程，经各环节分选后，总脱硫率可达50％左右。

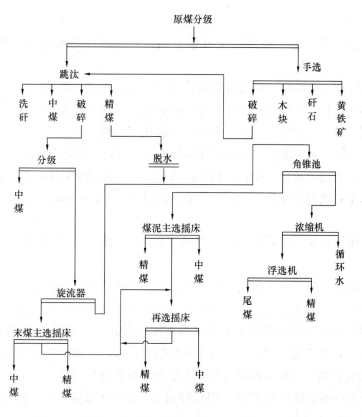

图 2-10　跳汰、旋流器、摇床和浮选联合脱硫工艺流程

第七节　煤矸石及其利用

煤矸石是指煤炭开采、洗选加工过程中产生的固体废弃物。每生产 1 亿 t 煤炭，排放矸石 1400 万 t 左右；每洗选 1 亿 t 炼焦煤，排放矸石 2000 万 t；每洗 1 亿 t 动力用煤，排放矸石量 1500 万 t。2005 年，国内各类煤矿生产煤炭 1045 亿 t，洗煤 385 亿 t，排放矸石量 19~20 亿 t。煤矸石是我国排放量最大的工业废物，约占我国工业固体废物的 1/4。有关部门的资料显示，全国历年累计堆存的煤矸石约 36 亿 t，规模较大的矸石山约 2600 座，占地 1.2 万公顷。随着洁净煤技术的发展和采煤机械化水平的提高，煤矸石、煤泥等排放量还要增加。

煤矸石的大量堆放，不仅压占土地，影响生态环境，矸石淋溶水将污染周围土壤和地下水，而且煤矸石中含有一定的可燃物，在适宜的条件下发生自燃，排放二氧化硫、氮氧化物、碳氧化物和烟尘等有害气体污染大气环境。

煤矸石发热量一般为 3349~6280kJ/kg，其无机成分主要是硅、铝、钙、镁、铁的氧化物和某些稀有金属。其化学成分组成为：SiO_2 为 52%~65%；Al_2O_3 为 16%~36%；Fe_2O_3 为 2.28%~14.63%；CaO 为 0.42%~2.32%；MgO 为 0.44%~2.41%；TiO_2 为 0.90%~4%；P_2O_5 为 0.007%~0.24%；K_2O+Na_2O 为 1.45%~3.9%；V_2O_5 为

図 2-10　跳汰、旋流器、摇床和浮选联合脱硫工艺流程

0.008％～0.03％。

自 20 世纪 60 年代起，很多国家开始重视煤矸石的处理和利用。利用途径有以下几种：

（1）回收煤炭和黄铁矿。通过洗选或筛选从煤矸石中选出煤炭，同时分离出黄铁矿。或从选煤用的跳汰机——平面摇床流程中回收黄铁矿、洗混煤和中煤。回收的煤炭可作动力锅炉的燃料，洗矸可作建筑材料，黄铁矿可作化工原料。

（2）用于发电。主要用洗中煤和洗矸混烧发电。目前，煤矸石发电应向大型循环流化床燃烧技术方向发展，逐步改造现有的煤矸石电厂，提高燃烧效率，提高废弃物的综合利用率和利用水平，实现污染物达标排放。在我国已有 300MW 循环流化床锅炉煤矸石电厂投运。

（3）制造建筑材料。代替黏土作为制砖原料，利用煤矸石本身的可燃物，可以节约煤炭。

（4）煤矸石可以部分或全部代替黏土组分生产普通水泥。自燃或人工燃烧过的煤矸石具有一定活性，可作为水泥的活性混合材料，生产普通硅酸盐水泥（掺量小于 20％）、火山灰质水泥（掺量为 20％～50％）和少熟料水泥（掺量大于 50％）。还可直接与石灰、石膏以适当的配比，磨成无熟料水泥，可作为胶结料，以流化床炉渣作骨料或以石子、流化床炉渣作粗细骨料制成混凝土砌块或混凝土空心砌块等建筑材料。

（5）煤矸石可用来烧结轻骨料。用煤矸石作主要原料制造轻骨料，用于建造高层楼房，建筑物重量减轻 20％。

（6）用盐酸浸取可得结晶氯化铝。浸取后的残渣主要为二氧化硅，可作生产橡胶填充料和湿法生产水玻璃的原料。剩余母液内所含的稀有元素（如锗、镓、钒、铀等），视含量决定其提取价值。

此外，煤矸石还可用于生产低热值煤气，制造陶瓷，制作土壤改良剂，或用于铺路、井下充填、地面充填造地。

目前我国有煤矸石电厂 120 多座，装机容量 1840MW，年发电量 87 亿 kW·h，最大单机容量 300MW。计划到 2010 年，煤矸石综合利用量达 3.9 亿 t 以上，利用率达 70％以上。

第三章

常规燃煤粉火电厂
低氮氧化物燃烧技术

第一节　概　　述

在燃煤火力发电厂排放的大气污染物中，氮氧化物（NO_x）因其对生态环境的污染危害极大且难以处理，成为重点控制排放的污染物之一。包括我国在内的世界上许多国家均相继立法对燃煤电站锅炉的 NO_x 排放浓度加以限制，随着人类对生态环境的要求越来越高和污染控制技术的发展，对 NO_x 排放的限制将更加严格。

一、氮氧化物排放的现状和限制

氮氧化物是煤中含有的氮化合物和空气中的氮气与燃烧空气中的氧气在高温燃烧过程中生成的，电站锅炉排放的氮氧化物与锅炉的容量和结构、锅炉的燃烧设备、燃烧的煤种、炉内温度水平和氧浓度分布、锅炉的运行方式等因素有关。

据统计，我国大型常规燃煤电站锅炉 NO_x 的实际排放浓度范围为 $500\sim2000mg/m^3$（标准状况下，干烟气，按 NO_2 计，换算到 $6\%O_2$，下同），各种煤燃烧方式的 NO_x 排放浓度范围见表 3-1。

表 3-1　　　　　　　　　燃煤火力发电厂 NO_x 的排放浓度范围

燃烧系统	NO_x 排放值（mg/m^3）	燃烧系统	NO_x 排放值（mg/m^3）
固态排渣炉	$600\sim1200$	直流燃烧器	$900\sim1300$
直流燃烧器	$600\sim1000$	旋流燃烧器	$1300\sim2000$
旋流燃烧器	$850\sim1200$	褐煤炉	$500\sim680$
液态排渣炉	$950\sim1800$	流化床锅炉	$200\sim700$
		炉排炉	$300\sim800$

试验测试结果显示，对常规燃煤粉的电站锅炉来说，随着燃烧运行中烟气中含氧量的增加，NO_x 的生成量和增加的幅度与燃料的种类、燃烧方式以及排渣方式有关，如图 3-1 所示。一般情况下，液态排渣燃烧方式较固态排渣高，低挥发分的煤较高挥发分的高，旋流燃烧器较直流燃烧器高。对于大型电站锅炉，虽然其容积热负荷趋于减小，但其炉膛截面热负荷增大，炉内温度水平升高，故 NO_x 的生成和排放浓度也增大。因此，大型电站

锅炉是控制 NO_x 排放的主要对象。

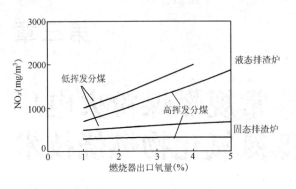

图 3-1　不同燃烧方式和煤种的 NO_x 排放浓度比较

我国 2004 年开始执行的 GB 13223—2003《火电厂大气污染物排放标准》，按三个时段规定了不同时期建设的火电厂燃煤锅炉 NO_x 最高允许排放浓度（见表 1-3）。对绝大部分没有采取任何降低 NO_x 技术措施的常规燃煤粉电站锅炉，其排放值均明显高于限定值。

实践表明，如果在锅炉的设计和运行中采用了低 NO_x 燃烧控制技术，燃用烟煤的锅炉的 NO_x 排放浓度基本可以达到我国的排放标准，而燃用低挥发分煤或无烟煤的锅炉仍普遍超标，因此，必须采取更先进的、比较复杂的低 NO_x 燃烧控制技术。显然，煤种的影响是很显著的，我国现行的 NO_x 排放标准考虑了锅炉所燃煤种的影响。

二、低氮氧化物燃烧技术的重要意义

煤粉锅炉已经过了近百年的工程实践，在设计、运行、可靠性等方面具有其他任何一种燃烧方式所无法比拟的优越性，设计和运行技术已相当成熟，燃烧效率接近 100%，且单机容量几乎不受限制，锅炉机组的参数逐步提高，大型超临界机组发电效率已接近燃煤联合循环所能达到的发电效率。

从技术和经济性以及人们对传统的煤粉燃烧技术可靠性和成熟性的强烈依赖程度的角度来看，在以后相当长的一段时间内，任何一种先进的燃煤发电技术都不具备完全替代传统的煤粉燃烧方式而成为燃煤发电主力机组的能力。因此，世界各国在对各种先进煤发电技术进行研究和开发的同时，还纷纷投入巨资对传统的煤粉燃烧方式进行改进，开发经济适用的、低 NO_x 排放的洁净煤粉燃烧技术，使常规煤粉炉控制污染物排放的技术日趋完善，继续保持煤粉燃烧技术的优势，因此，低 NO_x 煤粉燃烧技术在近年来得到了迅速的发展和不断的改进。

三、控制氮氧化物排放的技术

当前控制常规燃煤粉电站锅炉 NO_x 排放的技术措施大致可分为两类。

1. 低 NO_x 排放燃烧技术

低 NO_x 排放燃烧技术的特点是通过对运行方式的改进或对燃烧过程进行控制，来抑制燃烧过程中 NO_x 的最终排放量。

在燃煤过程中排放的众多污染物中，NO_x 是唯一可以通过改进燃烧的方式来降低其排放量的气体污染物，因此，在诸多降低 NO_x 排放的技术措施中，通过选择合理燃烧参数和合理地组织燃烧过程来减少在燃料燃烧阶段 NO_x 的生成量，是比较经济且合理的降低 NO_x 排放的技术措施。

与烟气净化技术相比，这类技术措施比较简单、易行，初投资较低，运行费用也低得多，但降低 NO_x 排放的幅度受到一定的限制。

对新设计的、燃烧烟煤的煤粉锅炉，通过采用先进的低 NO_x 燃烧技术措施，即可使 NO_x 的排放浓度减至未采取任何限制排放措施时排放浓度的 $50\%\sim60\%$。

2. 脱除 NO_x 的烟气净化技术

烟气脱氮技术的特点是将在炉内燃烧过程中已生成的气体污染物 NO_x，通过烟气处理来大大降低 NO_x 排放量。烟气脱氮装置虽能大幅度地降低燃煤锅炉烟气中的 NO_x 排放浓度，但初投资大，运行费用较高。在必须采取烟气脱氮技术来降低 NO_x 的排放浓度时，也需要采取成本较低的低 NO_x 燃烧技术来尽可能多地降低烟气中 NO_x 的浓度，从而大大消减烟气脱氮的设备和运行费用。

本章将主要介绍控制 NO_x 排放的燃烧技术措施，烟气脱氮技术将在第五章介绍。

第二节　煤燃烧中 NO_x 生成机理和降低 NO_x 的理论依据

一、煤燃烧中 NO_x 的生成机理

NO_x 一般是指 NO 和 NO_2，还包括 N_2O、N_2O_3 等。在煤燃烧过程中，NO_x 形成的途径主要有两条：一是有机地结合在煤中的杂环氮化物在高温火焰中发生热分解，并进一步氧化而生成 NO_x；二是供燃烧用空气中的氮气在高温状态与氧发生化合反应而生成 NO_x。在燃煤粉锅炉中生成的 NO_x 中主要是 NO，约占 95%，NO_2 仅占 5% 左右，以及很少量的 N_2O 等。

煤燃烧过程中，不仅有生成 NO_x 的化学反应，同时还存在着其中部分 NO_x 被还原成 N_2 或被破坏的化学反应，何种反应占优势，取决于反应环境（氧化气氛、还原气氛、反应温度等）。

煤燃烧过程中生成的 NO_x 有三种类型：热力型 NO_x、燃料型 NO_x 和快速型 NO_x，其各自的来源和生成规律均不同。

（一）热力型 NO_x

1. 化学反应原理

在高温环境下，由燃烧用空气中的氮而氧化生成的 NO_x，称之为热力型 NO_x，也称为温度型 NO_x。热力型 NO_x 的生成机理已经基本清楚，其生成过程可由链锁反应原理来描述，主要的生成反应如下

$$O_2 + M \longrightarrow 2O + M$$
$$O + N_2 \longrightarrow NO + N$$
$$N + O_2 \longrightarrow NO + O$$
$$N + OH \longrightarrow NO + H$$

由于第二个反应的活化能较高，因此，该化学反应步骤控制 NO 的生成。

2. 热力型 NO_x 的化学反应动力学

热力型 NO_x 的生成速率满足 Arrhenius 定律，采用以下速率表达式计算

$$\frac{d[NO]}{dt} = 6 \times 10^{16}[O_2]^{0.5}[N_2]T^{-0.5}\exp(-69090/T) \quad [mol/(cm^3 \cdot s)] \qquad (3\text{-}1)$$

式中　　[NO]、[O$_2$]、[N$_2$]——相应组分 NO、O$_2$、N$_2$ 的摩尔浓度，mol/cm^3；

$\qquad\qquad\quad$ t——反应时间，s；

$\qquad\qquad\quad$ T——反应温度，K。

热力型 NO$_x$ 形成的主要控制因素是温度，温度对热力型 NO$_x$ 的生成速率的影响呈指数函数关系。实际上，在 1350℃ 以下时，热力型 NO$_x$ 的生成量是很少的，但随着温度的升高，NO$_x$ 生成量迅速增加，当温度达到 1600℃ 时，热力型 NO$_x$ 的生成量可占炉内 NO$_x$ 生成总量的 25%～30%。影响热力型 NO$_x$ 生成的另一个主要因素是反应环境中的氧浓度，NO$_x$ 生成速率与氧浓度的平方根成正比。

一般情况下，对不同的炉型、不同的燃烧方式以及不同的煤种，其燃烧过程中生成的热力型 NO$_x$ 的数量变化很大，相应地占 NO$_x$ 生成总量的份额也不同。例如，在同样过量空气系数的条件下，燃烧低水分、高热值煤时，炉内燃烧温度高，热力型 NO$_x$ 占 NO$_x$ 生成总量的份额要高于燃烧高水分、低热值煤的情况。

（二）燃料型 NO$_x$

在煤粉炉中，煤在燃烧时产生的 NO$_x$ 总量中 70%～80% 来自燃料型 NO$_x$。一般认为，燃料型 NO$_x$ 是燃料中含有的氮化合物在燃烧过程中发生热分解，并进一步氧化生成的，同时，还存在着 NO 的还原反应。

燃料型 NO$_x$ 的生成与还原不仅与煤种的特性、煤中氮化合物存在的形态、燃料中的氮热解时在挥发分和焦炭中分配的比例和各自的成分有关，还与氧浓度等因素密切相关，燃烧温度也有一定的影响。

1. 煤中氮化合物存在的形态

煤中的氮化合物存在两种不同的化合状态，既挥发分氮与焦炭氮。

（1）挥发分氮。挥发分氮是一种不稳定的杂环氮化合物，存在于煤的挥发分中，在燃烧受热时易发生分解，生成挥发性氮化合物。一般情况下，当煤中的挥发分析出一部分后，挥发分氮才开始析出，其析出量随着煤的热解温度和加热速率的增加而增加。

挥发分氮中最主要的氮化合物是 HCN 和 NH$_3$。二者所占的比例与煤种和燃烧工况有关。对于烟煤，HCN 在挥发分氮中的比例大于 NH$_3$，而贫煤的挥发分氮中以 NH$_3$ 为主，无烟煤则二者均较少。随着温度的升高，挥发分氮中的 HCN 和 NH$_3$ 均增加，但是，焦炭氮转化成 HCN 的比例大于转化成 NH$_3$ 的比例，当温度超过 1100℃ 时，NH$_3$ 的量几乎不再增加。

（2）焦炭氮。焦炭氮是一种相对比较稳定的氮化合物，是在挥发分氮析出后残存于焦炭中的燃料氮，它们以氮原子的状态与各种碳氢化合物结合成氮的环状化合物或链状化合物。

对于烟煤，挥发分氮多于焦炭氮，而低挥发分煤的挥发分氮少于焦炭氮。对同一种煤，随着温度的升高，燃料氮转化为挥发分氮的比例增加。

2. 燃料型 NO$_x$ 的生成途径

（1）由挥发分氮转化生成 NO$_x$。在煤燃烧初始阶段的挥发产物析出过程中，大部分的挥发分氮（气相氮化合物）随煤中其他挥发产物一起释放出来，首先形成中间产物，NH_i（$i=1$，2，3）、CH 以及 HCN，其中主要是 NH_3 和 HCN。在氧气存在的条件下，含氮的中间产物会进一步氧化而生成 NO；在还原性气氛中，则 HCN 会生成多种胺（NH_i）。胺在氧化气氛中既会进一步氧化成 NO，又能与已经生成的 NO 进行还原反应。

（2）由焦碳中的燃料氮转化生成 NO_x。焦炭燃烧时在焦炭表面生成 NO 的反应和 NO 被还原的反应均属于异相反应，其反应机理非常复杂且尚不完全清楚。一般认为存在以下反应过程。

在富燃料的情况下，挥发分氮生成的 NO 比例下降，异相反应氧化生成的 NO 份额增加。一般认为，焦炭氮首先转化成 HCN，HCN 再和氧反应氧化成 NO，即

$$焦炭\ N \longrightarrow HCN$$
$$HCN+O_2 \longrightarrow NO+CO+H$$

NO 也可以被 HCN 还原

$$HCN+NO \longrightarrow N_2+CO+H$$

NO 也可以被焦炭还原，在焦炭表面对已生成的 NO 的还原反应如下

$$NO+C \longrightarrow 1/2N_2+CO$$
$$NO+CO \longrightarrow 1/2N_2+CO_2$$

在氧化性气氛中，随着过量空气系数的增加，挥发分氮生成的 NO_x 将迅速增加。在煤粉燃烧的一般环境下，挥发分氮生成的 NO_x 通常占燃料型 NO_x 总量的 60%～70%，而焦炭氮所生成的 NO_x 仅占到 30%～40%。

3. 燃料型 NO_x 的转化率

煤中的氮化合物由成煤植物中的蛋白质分解而来，煤中氮含量一般在 0.5%～2.5%。如上所述，在燃烧过程中同时存在着燃料型 NO_x 的生成与还原过程，因此，并不是燃料中全部的氮在燃烧过程中均会最终生成 NO_x。

定义燃烧过程中最终生成的 NO 浓度和燃料中的氮全部转化为 NO 时的浓度之比为燃料型 NO_x 的转化率，即

$$转化率 = \frac{NO\ 的最终生成浓度}{燃料氮全部转化为\ NO\ 的浓度} \tag{3-2}$$

也有将转化率定义为转化为 NO 的氮与原始燃料氮之比，即

$$转化率 = \frac{转化为\ NO\ 的氮}{原始燃料氮} \tag{3-3}$$

显然，二者是一致的。表 3-2 给出了煤和重油中燃料氮转化为 NO_x 的转化率的大致范围。

表 3-2　　　　　　　在不同燃料和燃烧装置情况下燃料氮转化率的大致范围

燃料与燃烧装置		燃料氮转化率	燃料与燃烧装置		燃料氮转化率
硬煤	煤粉燃烧装置	0.1～0.6	褐煤	煤粉燃烧装置	0.1～0.3
	流化床燃烧	0.1～0.3	重油		0.4～0.5
	火床炉	0.08～0.2			

4. 燃料型 NO_x 转化率的影响因素

影响燃料型 NO_x 的转化率的因素包括煤质与燃烧设备运行参数这两方面的因素。煤质因素包括：

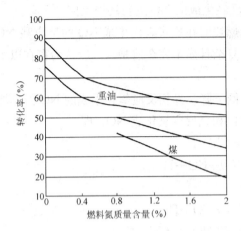

图 3-2　燃料型 NO_x 的转化率与燃料中氮含量的关系

(1) 燃料中氮的含量。燃料中氮的含量增高时，燃料型 NO_x 的转化率呈降低的趋势，其规律如图 3-2 所示。但并不等于燃料氮越高，烟气中生成的 NO_x 浓度越低，通常情况下，燃料氮含量越高，所生成的燃料型 NO_x 量也较高。

(2) 固定碳与挥发分的含量之比。在一定的过量空气系数下，煤中固定碳与挥发分的含量比例越高，NO_x 的转化率越低。

(3) 煤的挥发分。挥发分对 NO_x 转化率的影响与过量空气系数的大小有关。在 $\alpha > 1$ 的氧化气氛中，煤的挥发分越多，燃料型 NO_x 的转化率越高。但是，在 $\alpha < 1$ 的还原性气氛中，高挥发分煤种的燃料型 NO_x 的转化率反而降低，这是由于高挥发分的煤迅速着火后，使局部的氧量进一步降低，从而抑制了燃料氮向 NO 的转化，因此，煤中的挥发分含量越高，其生成的 NO_x 的浓度越低。

对低挥发分煤，其 HCN 和 NH_3 均较少，已经生成的 NO 即使在还原气氛中也不容易被还原，这也说明了在工程实践中为什么控制燃烧无烟煤的 NO_x 排放要比控制燃烧烟煤的 NO_x 排放的难度大得多。

影响燃料型 NO_x 转化率的运行因素包括：

(1) 过量空气系数。过量空气系数越高，烟气中的氧量越高，燃料型 NO_x 的生成浓度和转化率也越高。有研究表明，燃料型 NO_x 的生成速率与燃烧区的氧气浓度的平方成正比。因此，控制燃料型 NO_x 的转化率和生成量的主要技术措施是降低过量空气系数，在 NO_x 的生成区域采用富燃料燃烧方式是十分有效且比较方便的减排 NO_x 的技术措施。

(2) 温度的影响。一般认为，燃料型 NO 主要生成在挥发分的析出和燃烧阶段，约在 750℃时开始析出，该温度比火焰的温度要低，在不到 1000℃ 时挥发分的析出和燃烧均接近结束，因此，无论炉内火焰温度高低，燃料氮在达到热解温度时均会分解，并最终生成 NO_x，在焦炭发生燃烧时的高温下，燃料型 NO_x 的转化率达到最大值。

温度继续上升时，在焦炭表面上 NO 的还原反应使部分已经生成的 NO 还原成 N_2，因而，在一定的温度范围内，NO 的生成速率与还原速率接近平衡，使 NO 的生成量变化不大。当温度再进一步升高，NO 的还原反应速率大于 NO 的生成速率，使 NO_x 的生成量有所降低，但是，温度升高时，热力型 NO_x 的生成量也在急剧增加。

由于燃料型 NO_x 的反应机理十分复杂，且可靠的实验数据还十分有限，目前还很难确切地说明温度对燃料型 NO_x 生成量的综合影响规律。

（三）快速型 NO_x

快速型 NO_x 是通过燃料产生 CH 原子团撞击 N_2 分子，生成 CN 类化合物，再进一步氧化成 NO。这个反应在反应区附近进行得很快，所以称之为快速型 NO_x。

以下反应式是控制 NO、HCN 和其他氮化物生成速率的重要反应，即

$$CH + N_2 \longrightarrow HCN + N$$

快速型 NO_x 的生成对温度的依赖程度很弱。与热力型 NO_x 和燃料型 NO_x 生成量相比，它的生成量要少得多，在分析计算中一般可以不计入，仅在燃用不含氮的碳氢燃料时才予以考虑。

一般来讲，热力型 NO_x、燃料型 NO_x 和快速型 NO_x 的生成量随火焰温度的变化规律可以由图 3-3 来初步定性描述。

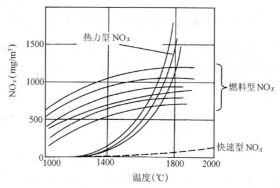

图 3-3 热力型 NO_x、燃料型 NO_x、快速型 NO_x 与火焰温度的关系

二、抑制 NO_x 生成的理论依据

由燃煤过程中 NO_x 的生成机理可知，不同类型的 NO_x 在煤粉燃烧过程中的生成规律是有显著区别的。对常规的煤粉燃烧设备，NO_x 主要是通过燃料型 NO_x 的生成途径而产生的，占主要份额，同时，热力型 NO_x 生成的影响因素和控制的技术措施已比较明确，因此，在具体实施燃烧技术措施时，主要是控制和减少燃料型 NO_x 的生成。

在煤燃烧过程中合理控制影响 NO_x 生成的因素，即可以有效地抑制燃烧过程中 NO_x 的生成量，降低排放浓度。

1. 抑制热力型 NO_x 的基本策略

降低火焰峰值温度、降低最高温度区域的局部氧浓度、降低燃料在最高温度区域的停留时间是抑制热力型 NO_x 生成的基本策略。

对于大型电站煤粉燃烧锅炉，炉膛内火焰中心的峰值温度接近或超过 1600℃，热力型 NO_x 占到 25%～30% 的份额，因此，降低火焰的峰值温度和燃料在高温火焰区内的停留时间，对抑制热力型 NO_x 的生成总是十分有效的。同样，降低在高温火焰局部的氧浓度，也总是有利的。

2. 抑制燃料型 NO_x 的基本策略

为了减少燃料型 NO_x 的排放量，不仅要尽可能地抑制 NO_x 的生成，还要创造有利于 NO_x 还原的条件，以促使已经生成的 NO_x 发生还原反应。

在煤粉燃烧的高温条件下，燃料氮中的 70%～90% 会转化为挥发分氮，而在 $\alpha<1$ 的富燃料燃烧时，如果可以保证一定的停留时间，由挥发分氮生成的 NO_x 量会大大减少，而生成分子氮（N_2）。对采用大型燃烧器的大容量煤粉锅炉，是比较容易实现富燃料燃烧和较长停留时间的。

显然，在煤燃烧过程中的一定阶段，创造富燃料区，降低局部氧浓度，不仅对抑制挥

发分氮进一步生成 NO_x，而且对降低热力型 NO_x 均是有效的。

在 $\alpha < 1$ 的区域内，在一定的范围内提高温度对促进 NO 的还原反应是有利的，但过高的温度将不利于抑制热力型 NO_x 的生成。

3. 利用再燃燃料还原 NO_x

根据 NO_x 的还原机理，对已经生成的 NO_x，利用某种合适的燃料作为 NO_x 的还原剂，喷入炉膛内的合适位置，可以起到还原一部分 NO_x 的作用，同时也作为锅炉的一部分燃料在炉内燃烧放热。

第三节　燃煤粉电站锅炉降低 NO_x 的燃烧技术措施

在工程实践中，炉内降低 NO_x 的燃烧技术措施需要体现抑制和还原 NO_x 的基本策略，从合理组织燃烧的角度控制 NO_x 的生成和排放，现有的各种技术措施均具有不同程度降低 NO_x 排放的效果，且成本较低、技术成熟。降低 NO_x 排放的各种技术措施可归纳为以下三个主要方面。

一、改进锅炉燃烧运行参数

这类技术措施主要是对锅炉燃烧装置的运行方式和运行参数进行必要、合理的调整和改进，具有简单易行的特点，可以方便地应用于现有的锅炉设备，但是，此类技术措施降低 NO_x 的幅度比较有限。

（一）低过量空气系数运行

这是一种降低 NO_x 生成的最简单、最基本的技术措施，不需要对燃烧设备进行结构上的改进。

根据降低 NO_x 生成的基本原理，低过量空气系数运行可以抑制 NO_x 的生成量，对降低燃料型 NO_x 尤其有效。同时，降低锅炉燃烧的总体过量空气系数也是燃烧过程的优化调整与燃烧器的优化运行的必要技术措施，锅炉排烟损失也相应减低，所以，在减少 NO_x 排放的同时，也有助于提高锅炉运行的经济性。

但是，锅炉实际运行时，其过量空气系数不可能作大幅度的调整，过量空气系数过低时，会带来若干运行上的安全和经济性问题，例如，受热面的结渣、金属腐蚀、炉内传热变化、汽温特性变化以及飞灰可燃物增加等。

（二）降低燃烧器区域的火焰峰值温度

根据降低 NO_x 生成的基本原理，降低燃烧器区域的火焰峰值温度可以抑制 NO_x 的生成量，可行的技术措施主要有以下两种。

1. 燃烧器区域的烟气再循环

将排烟中的一部分低温烟气（一般占总烟气量的 10% 以上）直接送入炉膛燃烧器区域，或与燃烧用的空气混合后送入炉膛，因此，炉膛燃烧的火焰峰值温度将有所降低，使热力型 NO_x 减少。同时，烟气稀释了燃烧空气中的氧气，降低了局部的氧浓度，也使燃料型 NO_x 降低。

2. 降低预热空气温度

在燃烧气体燃料的条件下，适当降低预热空气温度，也可以起到降低火焰峰值温度的作用，从而降低热力型 NO_x 的生成量。对于燃煤锅炉需要首先考虑煤粉干燥与着火等因素。

（三）部分燃烧器运行方式

该运行方式适用于燃烧器多层布置的锅炉，在锅炉正常运行中，根据情况停投最上一层或两层喷口的燃料供应，仅送入空气，将全部燃料集中从炉膛下部的燃烧器送入炉内，在下部的燃烧器区域实现富燃料燃烧，上层送入的空气形成分级燃烧，有利于减少热力 NO_x 和燃料型 NO_x 的生成量。

二、燃烧空气分级技术

燃烧空气分级技术是国内外燃煤粉的锅炉上采用最广泛、技术上比较成熟的主流低 NO_x 燃烧技术之一，近年来，在我国 300MW 以上的电站锅炉上均已得到采用，并取得了良好的效果。空气分级技术分为燃烧器上的空气分级和炉内空气分级，可以在燃烧器的设计中单独采用或在整体炉膛配风设计中同时采用。

（一）空气分级技术的基本原理和影响因素

空气分级技术是通过改进燃烧器的设计或炉膛的配风设计，合理地分配和适时地送入燃烧各阶段所需的空气，在维持锅炉总体过量空气系数较低的基础上，在主燃烧区域进一步造成局部缺氧燃烧，创造抑制 NO_x 生成和有利于 NO_x 还原的气氛环境，在主燃烧区后创造富氧燃烧区，以确保燃料的燃尽。

1. 基本原理

空气分级技术降低 NO_x 生成量的基本原理可以描述为：在富燃料区，燃料在缺氧条件下燃烧，其燃烧速度和燃烧温度均降低，热力型 NO_x 减少，同时，燃料中释放的含氮中间产物 HCN 和 NH_3 等会将一部分 NO 还原成 N_2，因而抑制燃料型 NO_x 的生成。到了燃尽区，燃料在富氧的条件下燃尽，虽然不可避免地有一部分残留的氮会在燃尽区的富氧条件下氧化成 NO_x，但由于此区域的火焰温度较低，NO_x 生成量有限。所以，在空气分级的条件下总的 NO_x 生成量是降低的。

2. 实施空气分级技术的主要影响因素

空气分级燃烧技术会对锅炉的燃烧带来一些不利的影响因素。例如：飞灰可燃物含量有可能增加，使燃烧效率降低；燃烧器区域的富燃料所造成的还原气氛环境有加剧水冷壁结渣和金属高温腐蚀的可能性；由于火焰变长可能使炉膛出口烟温升高，会对过热汽温和再热汽温特性带来影响。因此，空气分级燃烧的设计要在保证锅炉安全经济运行的基础上实现降低 NO_x 的排放。

在空气分级燃烧的条件下，富燃料区的过量空气系数是影响 NO 生成浓度和飞灰可燃物含量的主要因素。

随过量空气系数从化学反应当量值开始降低，NO 的生成量减少，但当降低至 0.8 左右时，NO_x 的排放浓度几乎保持不变，含氮中间产物 HCN 和 NH_3 等对 NO 的还原达到某一平衡状态，因此，对降低 NO_x 生成，过量空气系数存在一个最佳值。另外，对挥发分较高的煤种，空气分级燃烧降低 NO_x 排放的效果比挥发分较低的煤种更明显，而且高挥发分煤的最佳过量空气系数略低于后者。

对于飞灰可燃物而言，总存在过量空气系数降低，飞灰可燃物增加的规律，并不存在最佳值。因此，在实际运行中，应综合考虑 NO_x 的降低和煤粉的燃尽率，以及可以采取的其他运行措施（如提高煤粉的细度）。

（二）燃烧器上的空气分级

改进传统的煤粉燃烧器设计的核心是通过各种可行技术来实现燃烧所需空气的分级送入，在煤粉气流火焰的局部区域造成缺氧燃烧环境。目前，体现空气分级技术的各种类型的低 NO_x 煤粉燃烧器已有十数种。

对于直流煤粉燃烧器和旋流煤粉燃烧器，由于组织煤粉燃烧的方式不同，所以，采用的空气分级方式也不同。

1. 直流燃烧器

直流燃烧器均采用四角布置切圆燃烧方式，这种燃烧方式是我国电站锅炉采用最多的一种传统的煤粉燃烧方式，它在炉膛内形成一个强烈旋转的整体火焰，有利于稳定煤粉气流的着火和强化后期混合，具有结构简单、操作方便、燃烧效率高等优点。此外，四角切圆燃烧时，炉内火焰充满较好，火焰的峰值温度较低，有利于减少 NO_x 的排放。在保持直流燃烧器这些优点的基础上，近年来发展起来了以下几种具有代表性的、基于空气分级原理的低 NO_x 燃烧器技术。

（1）同轴燃烧技术（CFS）。同轴燃烧技术又称为同心圆燃烧技术，也有将其称为径向空气分级燃烧技术。该技术的特点是将二次风向外偏转一个角度，形成一个与一次风同轴但直径较大的切圆。由于二次风向外偏转后，在煤粉气流喷口出口处推迟了二次风与一次风的初期混合，一次风切圆形成缺氧燃烧的火球，从而达到空气分级送入煤粉燃烧火焰中的目的，使 NO_x 的排放量降低。

同轴燃烧技术有两种形式：一种是偏转的二次风切圆与一次风切圆的旋转方向相同；另一种则是将二次风偏转一定角度后与一次风形成同心反切圆。第一种技术有加剧炉内整体旋转动量的趋势，炉膛出口烟气的残余旋转要比第二种技术强，出口温度偏差也较大。第二种技术由于一、二次风切圆方向相反，使煤粉和空气的混合加强，过量空气系数可以适当减小。两种形式的同轴燃烧技术描述如图 3-4 所示。

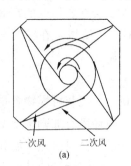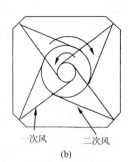

一次风　二次风　　　　一次风　二次风
（a）　　　　　　　　　（b）

图 3-4　同轴燃烧系统一、二次风射流方向示意图
（a）一、二次风同向；（b）一、二次风反向

二次风的向外偏转并未显著改变一次风射流的方向，而且由于有利于形成水冷壁附近的氧化气氛，可以减轻燃烧器区域的壁面结焦和水冷壁管的金属高温腐蚀。

同轴燃烧技术的关键是在于二次风的偏转角度，偏转角度过大，NO_x 的减排幅度增大，但飞灰可燃物也会增加，合适的偏转角度因煤种而异，一般选择在 25°左右。

在这一同轴燃烧原理的基础上，相继研制和应用了一些适合于直流煤粉燃烧器的低NO_x燃烧系统。例如，有的设计对不同层的燃烧器分别采用同向和反向同轴燃烧的组合技术，也有将同轴燃烧技术与炉膛整体空气分级技术结合在一起，使降低NO_x排放的效果更明显。

图3-5所示为某燃烧烟煤的300MW锅炉同轴燃烧系统一、二次风喷口布置，各层一、二次风均采用反切方式。

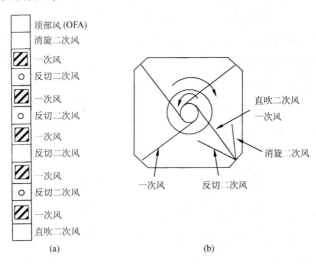

图 3-5　某300MW锅炉同轴燃烧系统一、二次风喷口布置示意图

（a）一、二次风喷口布置图；（b）一、二次风反切方式

（2）浓淡煤粉燃烧技术。浓淡煤粉燃烧技术是在燃烧器喷口前，将通常均匀的一次风煤粉气流刻意分离成两股煤粉浓度不同的气流（水平方向分离或垂直方向分离），使射入炉膛的一部分燃料在空气不足的条件下燃烧，即处于富燃料燃烧；另一部分燃料在空气过剩的条件下燃烧，即处于富空气燃烧。因此，称为浓淡燃烧技术。

浓淡燃烧时，燃料过浓的火焰部分因氧量不足，燃烧温度不高，所以，燃料型NO_x和热力型NO_x均会减少。燃料过淡的火焰内因空气量过大，燃烧温度也低，热力型NO_x生成量也减少。因此，浓淡燃烧的NO_x生成量低于常规燃烧方式。

从煤粉燃烧效率的角度，随着两股煤粉气流浓淡比的变化，总存在一个可使飞灰可燃物最低的一个最佳浓淡比，而对于NO_x，随浓淡比的增加，NO生成量减少，但进一步增加浓淡比，NO生成量变化不大，事实上，浓淡煤粉燃烧器只能在统一考虑飞灰可燃物和NO生成量的最佳浓淡比下运行。

由于浓淡燃烧是采取在燃烧器喷口前对来粉一次风气流进行气固分离的方法来实现在燃烧器出口区域的浓、淡煤粉空气气流燃烧的，因此，根据浓淡两股煤粉气流在燃烧器出口的相对位置不同分为水平浓淡燃烧和垂直浓淡燃烧。

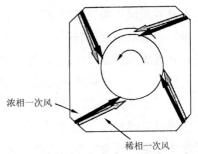

图 3-6　一次风水平浓淡燃烧示意图

在水平浓淡燃烧方式下（见图 3-6），将浓相煤粉气流喷入向火侧，稀相煤粉气流喷入背火侧。这一燃烧方式具有双重降低 NO_x 的特点：一是燃烧器喷口出口处组织浓淡燃烧，具有降低 NO_x 生成量的条件；二是浓相气流在切圆向火侧切向喷入炉内，形成内侧切圆富燃料燃烧，属于还原气氛，又进一步降低了 NO_x 的生成量。稀相煤粉气流在切圆的背火侧切向喷入炉内，形成外侧切圆。

水平浓淡燃烧方式除了创造了低 NO_x 排放的环境外，还进一步改善了着火条件，燃烧稳定，进一步降低了飞灰可燃物含量，并可以维持水冷壁附近的氧化性气氛，对防止结焦和水冷壁管的金属高温腐蚀创造了有利的条件。

垂直浓淡燃烧器是在垂直方向上形成浓淡燃烧，它除了具有降低 NO_x 生成的功能外，还在燃烧器出口处设置不同形式的钝体结构，在燃烧器出口处形成一个稳定的回流区，回流区中的烟气一方面使得初始段浓淡气流分隔开来，另一方面，可以使煤粉火焰在较宽的负荷变化范围内维持稳定。其结构如图 3-7 所示。

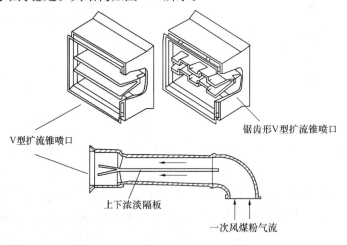

图 3-7　垂直浓淡煤粉燃烧器（WR 燃烧器）

浓淡燃烧技术也可以直接在多层燃烧器布置的电站锅炉上实现，在保持送入锅炉的总风量不变的条件下，调整各层燃烧器的燃料和空气的分配，形成不同煤粉浓度的煤粉气流，也能在不同程度上达到降低 NO_x 排放的效果。

2. 旋流燃烧器

旋流燃烧器墙式燃烧是广泛应用于电站锅炉的另一种燃烧方式，传统的旋流燃烧器的特点是一次风煤粉气流以直流或旋流的方式进入炉膛，二次风从煤粉气流的外侧旋转进入炉膛，射流的强烈旋转使两股气流进入炉膛后立即强烈混合，卷吸大量已着火的高温烟气，在着火段形成氧气过量的燃烧区域，而且火焰短，放热集中，易出现局部的火焰峰值区。所以，传统的旋流燃烧器比四角直流燃烧器的 NO_x 排放量高得多。

为了降低传统的旋流燃烧器的 NO_x 排放量，需要在空气分级上克服旋流燃烧器一、二次风过早强烈混合的问题，使二次风逐渐混入一次风气流，实现沿燃烧器射流轴向的分级燃烧过程，避免易形成高温、富氧的局部环境。实际应用的各种不同形式的低 NO_x 旋流燃烧器的结构主要是以双调风旋流煤粉燃烧器为基本形式。

双调风煤粉燃烧器的特点是在燃烧器的出口实现空气逐渐混入煤粉空气气流，合理地控制燃烧器区域空气与燃料的混合过程，以阻止燃料氮转化为 NO_x 和热力型 NO_x 的生成量，同时又保证较高的燃烧效率。

图 3-8 所示为双调风旋流燃烧器空气分级的示意，图 3-9 所示为一典型的双调风燃烧器的结构图。燃烧器一次风管的外围设置了两股二次风，即内层二次风和外层二次风（又称三次风），分别由各自通道内的调风器控制其旋流强度，内层二次风的作用是促进一次风煤粉气流的着火和稳定火焰，外层二次风的作用是在火焰下游供风以保证煤粉的燃尽。另外，旋转的外二次风卷吸的热烟气也能起到改善火焰稳定性的作用。

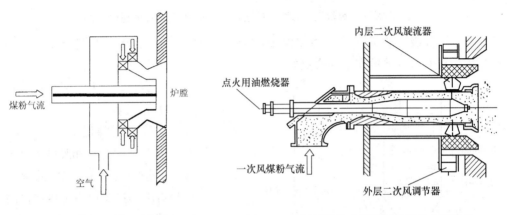

图 3-8　双调风旋流燃烧器空气分级示意　　　图 3-9　双调风旋流式煤粉燃烧器的典型结构

这一空气分级方式可以将燃烧的不同区段控制在沿射流轴向的不同位置，适当延迟燃烧过程，可降低火焰的峰值温度和降低燃烧的强度，从而形成一个核心为富燃料、四周为富氧的稳定火焰，既有利于稳定燃烧，也有利于减少 NO_x 的排放。

根据不同煤种的燃烧特性，采用合理的结构设计，在运行中控制燃烧器出口一次风和二次风气流的动量等可以达到低 NO_x 燃烧的目的。国内外不同锅炉制造厂家研制的低 NO_x 双调风旋流燃烧器在结构上各具特点且种类较多，此处不再详述。

（三）沿炉膛高度的空气分级

沿炉膛高度的炉内空气分级送入技术降低 NO_x 排放的基本原理是在炉膛下部的整个燃烧区组织欠氧燃烧，直流燃烧器与旋流燃烧器均可以采用。

大约 80% 的理论空气量从炉膛下部的燃烧器喷口送入，使下部送入的风量小于送入的燃料完全燃烧所需的空气量，进行富燃料燃烧。由于空气不足，可使燃料型 NO_x 降低，同时，燃烧器区域的火焰峰值温度也较低，局部的氧浓度也较低，也会使热力型 NO_x 的反应速率下降。其余约 20% 的空气从主燃烧器上部的燃尽风 OFA（也称为顶部风，见图 3-5)喷口送入，迅速与燃烧产物混合，保证燃料的完全燃尽。上部燃尽风可以与主燃烧器一体布置，或与主燃烧器相隔一定距离独立设置，或者二者相结合，见图 3-10。

与同等条件下空气不分级燃烧的燃烧器相比，能减少 20%～30% 的 NO_x 排放量，而且炉内空气分级比燃烧器上的空气分级对降低 NO_x 的效果要好，但仅采用炉内沿炉膛高

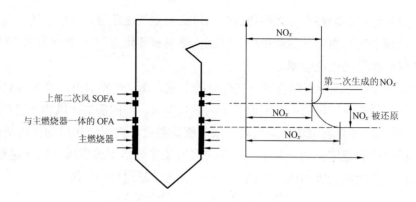

图 3-10 燃烧器分级配风的喷口布置示意和 NO_x 的还原过程

度方向空气分级，容易造成水冷壁结渣和腐蚀。如果同时结合同轴燃烧技术，则降低 NO_x 的效果和水冷壁的安全性会更好。

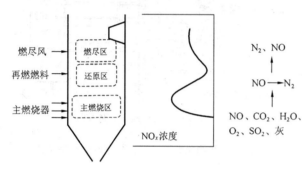

图 3-11 再燃与还原 NO_x 技术的示意

三、组织炉内燃料分级再燃与还原 NO_x 的过程

尽管为了降低 NO_x 的生成，开发了以上所述的各种改进燃烧器的设计，但是，其降低 NO_x 的幅度仍然比较有限，还难以满足更严格的 NO_x 排放限制，因此，如何在炉膛内还原已经产生的 NO_x 是新型低 NO_x 燃烧技术发展的一个重要方向。

在炉膛内采用燃料分级燃烧方式，就是通过合理组织燃料的再燃与还原 NO_x 的过程，使已生成的部分 NO_x 发生还原反应。图 3-11～图 3-13 所示分别是燃烧器在炉膛内同时实施空气和燃料分级的基本概念、方法和布置。通常，将燃烧所需燃料的 80％左右经主燃烧器送入燃烧器区域，其余 20％左右的燃料作为还原燃料送入炉膛上部区域，在其上部再送入相应的空气作为燃尽风。

燃料分级技术，除了可以有效地还原已经生成的 NO_x 以外，还扩大了炉膛内的燃烧区域，降低了火焰的峰值温度，NO_x 的原始生成量也相应减少。

最早采用的还原燃料主要是气体燃料（天然气等），其运行费用较高，近年来，开始直接采用煤粉作为还原燃料，但随着我国西气东送，许多地区将可以使用天然气资源，因此，使采用天然气的再燃还原 NO_x 技术在我国部分火电厂的应用成为

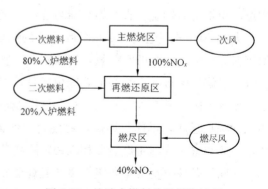

图 3-12 炉膛内燃料分级燃烧过程

可能。

1. 降低 NO_x 排放的基本原理

采用燃料分级燃烧时，在炉膛内可以近似地划分为三个区域：主燃烧区、再燃还原区和燃尽区。

(1) 主燃烧区。这是主要的燃料释热区，约 80% 的燃料总热量在该区释放出来。主燃烧区在 $\alpha > 1$ 的燃料状态下运行，该区域

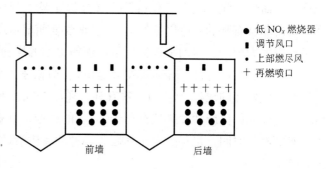

● 低 NO_x 燃烧器
■ 调节风口
＋ 上部燃尽风
＋ 再燃喷口

图 3-13　采用炉内再燃技术的喷口布置示意图

产生的 NO_x 值是再燃与还原区域 NO_x 的初始值。此外，在该区没有完全燃尽的燃料将离开该区进入再燃烧区。

(2) 再燃烧与炉内还原区。再燃燃料喷射到主燃烧区的下游（在 1300℃ 左右的温度区域），形成富燃料（$\alpha < 1$）、还原 NO_x 的再燃烧区。再燃燃料在氧化过程中分解形成烃类生成物，同时也放出燃烧热量。进入该区的活性氮类包括来自主燃烧区中形成的 NO_x 以及再燃燃料本身所含有的燃料氮。这些活性氮类与烃生成物（主要是 CH_i）反应生成中间产物如 HCN 和 NH_3，将主燃烧区内生成的大部分 NO_x 还原为 N_2。主要反应有

$$CH_i + NO \longrightarrow HCN + O$$

$$\cdots$$

除部分活性氮类还原成 N_2 外，一些氮仍保留 NO 的形式。如果以煤粉作为再燃燃料，氮也可能以碳氮形式离开该区。

(3) 燃尽区。这是炉膛内的最终燃烧区，空气加入该区造成富氧状态（$\alpha > 1$），以促进所有剩余的燃料燃尽。

利用燃料分级再燃与还原技术，至少可以使 NO_x 的排放降低 50%，如果与其他先进的降低 NO_x 的技术措施相结合，排放量还可以进一步降低。

2. 影响燃料再燃烧和还原 NO_x 的因素

(1) 再燃燃料种类。如前所述，燃料再燃烧降低 NO_x 的机理是利用燃料分解出来的碳氢基与 NO_x 发生反应的结果，因此，在条件允许下，再燃燃料应当选用低 N 的高挥发分燃料。不同的燃料对 NO_x 的还原率有重要的影响，最早，再燃燃料大多采用气体燃料，尤其是天然气，其本身不含氮，CH 的浓度大，故其还原 NO_x 的作用显著，又不生成 NO_x。天然气的热值高，极易燃烧，几乎不影响煤粉的燃烧过程。

采用与主燃料相同的同种煤粉或异种煤粉作为再燃燃料的最大优点在于它的经济性和在燃煤电厂中使用的方便性。

(2) 再燃燃料含氮量。由燃料再燃烧的机理可知，再燃燃料中含氮组分（即活性氮 HCN）越多，就越有利于将烟气中的 NO 还原成 N_2，因此，可以在较低的过量空气系数的范围内增大 NO_x 的还原率，但在较大的过量空气系数（$\alpha > 0.8$）或较高的再燃温度（$T \geqslant 1400℃$）的情况下，反而会由于含氮组分的迅速氧化使烟气中 NO_x 的浓度增大。

(3) 再燃煤粉的粒度。当采用煤粉作为再燃燃料时，随着煤粉粒度的减小，其比表面

积增大，活性增强。这不仅有利于还原 NO_x 的均相反应，而且对于焦炭还原 NO_x 的异相反应也是非常有利的，所以，NO_x 的排放浓度明显降低。另外，再燃煤粉的飞灰可燃物含量也将大大减少。这均是选择比常规煤粉更细的煤粉作为再燃燃料的原因。

(4) 燃料的反应性。煤粉挥发分是 NO_x 均相还原反应的主要组分。较高的挥发物含量导致生成较多的烃根（CH_i），这有利于还原 NO_x。另外，煤焦是 NO_x 异相反应的主要组分，其较高的反应活性必然有利于 NO_x 的还原。在燃尽区，较好的碳反应性能可以缩短焦炭的燃尽时间。也正是由于褐煤等煤种的反应活性较其他煤种高，所以被视为理想的再燃燃料。

(5) 再燃燃料的比例。要还原 NO_x 就必须有足够的烃根，然而产生所需要的烃根的煤量却不容易掌握。过多会引起灰中未燃尽碳量增加而使锅炉燃烧的经济性变差；过少则不能保证还原 NO_x 所需的烃根而使 NO_x 的还原率下降。试验表明，至少需要占总煤量10％的煤量作为还原燃料。随着再燃煤量的增加，NO_x 的排放量降低，但是，烟气中 CO 和灰中未燃尽碳也随之增加，所以，通常再燃煤量不超过总煤量的20％。

(6) 再燃区的位置和温度。再燃燃料的加入位置，要保证还原区所要求的温度水平和足够的燃料停留时间，以使还原反应正常进行。一般情况下，较高的再燃区温度可以促进 HCN 和 NH_3 快速生成 N_2，所以，再燃区的温度一般应高于 1200℃，但是，当再燃区的温度超过 1400℃时，反而使 NO_x 的排放浓度增大。尽可能长的停留时间不仅有利于还原更多的 NO_x，而且可以提高再燃燃料的燃尽率，特别是采用煤粉作为再燃燃料时，应满足飞灰可燃物含量的要求。

根据这一要求，再燃燃料应在接近主燃烧器的位置送入炉内，再燃燃料应该喷射到 NO_x 比较集中的火焰区，从而可以实现更有效地还原 NO_x。但是，从另一方面看，这一送入位置会使主燃烧区缩小，不仅会降低主燃烧器送入的煤粉的燃尽率，而且使较多的过剩氧量进入还原区，使还原区的过剩空气系数增加，对还原反应不利。

因此，主燃烧区的煤粉燃尽程度、再燃区的位置和温度都影响到燃料再燃烧和还原 NO_x 的效率，是需要在工程实践中研究的问题。

(7) 再燃区的过量空气系数。再燃区的过量空气系数的高低对 NO_x 的排放量有非常大的影响。因为，在再燃区内烃根和 NO 反应期间生成的 HCN 需要足够的氧来转换成 NCO，因此，再燃烧区的过剩空气量要尽量的低，无论何种再燃燃料，一般在再燃区内 $\alpha<0.8$ 的范围内，可以实现较高的 NO_x 还原率。但同时还需考虑燃料的燃尽，因此，再燃区域的过量空气系数应处于较低的范围，通常为 0.7～0.8。

(8) 再燃燃料的输送介质。如果采用煤粉作为再燃燃料，输送介质可以是空气也可以是烟气。输送管道内的空气量也将影响 NO_x 的排放值。

采用空气作为输送介质时，其中的氧量偏高，如果使再燃区域的过量空气系数大于所要求的范围，则再燃燃料中的氮和碳氢原子团的氧化反应加快，从而会增加再燃燃料对一次 NO_x 的还原，但同时也增加了燃料氮向 NO_x 的转化。

一般来讲，为了充分发挥再燃燃料还原 NO_x 的作用，采用含氧气很少的再循环烟气作为再燃燃料的输送介质是比较理想的。另外，再燃燃料在炉内烟气中的混合与扩散也是决定还原效果优劣的关键因素之一。

第四节　常规火电厂氮氧化物排放控制技术改造存在的问题与对策

组织低 NO_x 燃烧的大部分技术措施均有悖于传统的强化燃烧的概念，在某些方面，根据降低 NO_x 生成的原则组织燃烧的技术是与组织强化高效燃烧的传统观念相矛盾的，因此，采用低 NO_x 燃烧技术设计新的煤粉锅炉，或者在实施控制 NO_x 技术改造时会不同程度地遇到以下问题：

（1）较低温度、较低氧量的燃烧环境势必以牺牲燃烧效率为代价，因此，在不提高煤粉细度的情况下，飞灰可燃物含量会有所增加。

（2）由于在燃烧器区域欠氧燃烧，炉膛壁面附近 CO 含量增加，具有引起水冷壁金属腐蚀的潜在可能性。

（3）为了降低燃烧的温度，推迟燃烧过程，在某些情况下，可能会导致着火稳定性下降和锅炉低负荷燃烧稳定性下降。

（4）采取的大部分燃烧调整措施均可能使沿炉膛高度的温度分布趋于平坦，使炉膛吸热量发生不同程度的偏移，可能会使炉膛出口烟温偏高。

所采用的对策必然要在组织燃烧手段上采取更先进的技术或若干折中的技术措施，主要为合理的燃烧器与炉膛设计、燃烧工况的调整以及优化其他有关条件。其中包括：

（1）采取多种先进的低 NO_x 燃烧技术的合理组合方式；

（2）各个燃烧器的风粉配平、计量与运行监视；

（3）分别控制燃烧器区域和炉膛出口的过量空气系数；

（4）提高煤粉细度以提高着火稳定性和降低飞灰含碳量；

（5）注重监视燃烧器区域炉壁附近的氧浓度（维持 $O_2 > 1\% \sim 2\%$）与 CO 的浓度（维持 $CO < 0.2\%$），以避免水冷壁管金属发生腐蚀。

第四章

燃煤火电厂烟气脱硫技术

第一节　烟气脱硫技术概述

一、火电厂烟气脱硫的目的

燃煤火电厂排放的对环境存在危害的污染物很多，其中排放量最大，对环境的影响最直接、最严重，也是目前备受重视的是能够造成大面积酸雨危害的气体污染物，即硫氧化物（主要是 SO_2 和很少量的 SO_3）和氮氧化物（NO_x）。

大气中的 SO_2 达到一定浓度后，就会对人、动植物造成危害，特别是在大气相对湿度较大、有颗粒物存在时，会发生催化反应使 SO_2 生成 SO_3 和硫酸雾，其毒性要比 SO_2 大 10 倍以上。燃煤过程中氮氧化物的排放总量虽然比 SO_2 少，但其对环境的潜在危害程度却比 SO_2 严重，其中的 N_2O 也是造成大气臭氧层破坏的一种物质。

煤中的大部分硫分均会在燃烧过程中生成 SO_2，目前还不可能通过改进炉内燃烧过程来抑制 SO_2 的生成，而且煤粉炉的燃烧温度很高，也不利于有效地在燃烧过程中进行脱硫。所以，就现在的技术能力而言，烟气脱硫（flue gas desulfurization，简称 FGD）是降低常规燃煤电厂硫氧化物排放的比较经济和有效的手段，也是目前世界上火力发电厂应用最广泛的一种控制 SO_2 排放的技术。由于燃煤电厂所产生的烟气量巨大，一般达每小时几十万到几百万立方米，锅炉排烟的温度通常为 $120 \sim 150\,^{\circ}\mathrm{C}$，而烟气中的 SO_2 浓度却十分低，通常每标准立方米烟气中只有数千毫克的 SO_2。因此，根据采用的脱硫工艺不同，烟气脱硫的基建费一般占电厂总投资的 10%～20%，而且脱硫装置的运行费用也较高。

烟气脱硫是指脱除烟气中的 SO_2，有的脱硫工艺在脱除 SO_2 的同时也脱除 SO_3，有的工艺则不能有效地脱除 SO_3。但由于烟气中 SO_3 的含量仅为 SO_2 的 3‰～5‰，在锅炉烟气中 SO_3 一般只占到几十万分之几（按容积），因此，通常并不考虑 SO_3 的脱除率。

二、烟气脱硫技术的发展

自 20 世纪 70 年代世界上开始安装第一套大容量火电厂烟气脱硫（FGD）装置以来，烟气脱硫技术已经历了 30 多年的发展，已经投入应用的烟气脱硫技术有十余种。随着世界各国对能源生产过程中环境保护问题的重视，烟气脱硫已成为一项新兴的洁净煤发电产业而得到迅速的发展。

在烟气脱硫技术数十年的发展和大量使用的基础上，通过对脱硫工艺反应过程的深入理解和工程实践，一些脱硫工艺由于技术和经济上的原因逐步被淘汰，一些先进的脱硫工艺随着技术的发展而不断改善，脱硫效率、运行可靠性和成本等方面有了很大的改进，部分技术已经成熟并步入商业化应用阶段，有的则尚处于试验研究和工业示范阶段。

世界各国烟气脱硫技术正朝着进一步简化结构、减少投资、降低运行和维护费用的目标努力。实现脱硫脱氮装置一体化的联合烟气净化技术与可资源化烟气脱硫技术是目前重要的研究课题，也是未来烟气净化技术的发展方向。

近几年来，我国火电厂烟气脱硫装机容量增加很快，至 2007 年底，我国装备脱硫装置的燃煤火电机组总容量已达 2.7 亿 kW，占全国火电机组总容量的比例由 2000 年的 2% 左右增加到 45%。

三、烟气脱硫工艺的类型和主流工艺

1. 类型

燃煤电站锅炉烟气脱硫技术按脱硫反应物质在反应过程中的干、湿状态分为以下三类：

（1）湿法脱硫。湿法脱硫是用含有吸收剂的浆液在湿态下脱硫和处理脱硫产物，具有脱硫反应速率快、脱硫效率和吸收剂利用率高、技术成熟可靠等优点，但也存在初投资大、运行维护费用高、需要处理废水等问题，主要有石灰石/石灰—石膏湿法、氨洗涤脱硫和海水洗涤脱硫等。

（2）干法脱硫。干法烟气脱硫工艺均在干态下完成，无废水排放，烟气无明显降温，设备腐蚀较轻，但存在脱硫反应速率慢、脱硫效率和吸收剂利用低等问题，主要有炉内喷钙脱硫等技术。

（3）半干法脱硫。通常是在湿态下进行脱硫反应，在干态下处理脱硫产物，兼有湿法与干法的优点，主要有喷雾干燥法、炉内喷钙加尾部增湿活化法、循环流化床烟气脱硫法等。

也可以按脱硫反应产物的处理方式分成：

（1）抛弃法。将脱硫反应的废渣以某种方式抛弃，不回收。其主要优点是设备简单、操作较容易，投资及运行费用较低，但废渣需要占用场地堆放，容易造成二次污染。当烟气中 SO_2 浓度较低，脱硫产物无回收价值或投资有限，且大气污染物排放控制严格时，多采用抛弃法。

（2）回收法。回收法是将烟气脱硫的产物进一步处理，从而可以作为一种副产品加以回收利用，变害为利。回收法的另一意义是有些工艺中脱硫剂的再生使用。回收法多数采用闭路循环流程，避免或大大减少了二次污染。但是，流程较复杂，运行难度较大，投资和运行费用均较高。

按脱硫剂的使用情况可分为：

（1）再生法。在某些脱硫工艺中，脱硫剂在使用后可以采取某种比较经济的方式进行再生，从而循环利用。

（2）非再生法。脱硫剂为一次性使用，与脱硫产物一起抛弃或回收利用。

2. 主流的脱硫工艺

目前，在众多的脱硫工艺中，燃煤电厂的烟气脱硫技术以石灰石—石膏湿法工艺为主

流，在世界上应用最为成熟，使用范围广，脱硫效率高，但投资和运行费用也高。喷雾干燥法（SDA）、炉内喷钙加尾部增湿活化（LIFAC）、循环流化床烟气脱硫（CFB-FGD）、电子束辐照烟气脱硫脱氮工艺、氨洗涤脱硫和海水洗涤脱硫等也得到进一步的发展，并趋于成熟，开始占有一定的市场份额。

根据不同的脱硫工艺，脱硫装置可布置在锅炉的炉膛内或尾部烟道后，在尾部烟道后，可布置在除尘器前或除尘器后，见图 4-1。

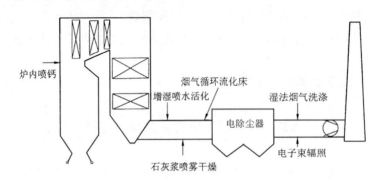

图 4-1 各种脱硫工艺的位置

四、燃煤电厂烟气脱硫系统的特点

燃煤电厂烟气脱硫装置和系统具有其特殊性，与火力发电行业的设备、系统特点及其运行规律相比有显著不同。

（1）脱硫装置呈多样性。由于燃煤电厂设备及运行状况对脱硫系统的影响表现在诸多方面，如锅炉等主机设备的条件、煤质和排烟的烟气条件、现场条件、环保要求、脱硫吸收剂的来源、脱硫副产品的性质及其利用等，另外，目前可选择的脱硫工艺较多，因此，脱硫的工艺流程、装置结构和设计参数均存在较大的差别，这与火电机组的产品单一、主机设备系列化有很大的不同。

（2）工艺特点接近于化工过程。火力发电行业的系统和设备的突出特点是耐高温的承压部件，以及防磨、防爆等，工艺过程以燃烧与传热为主要特征。而脱硫系统的设计和运行以强化传质、防止设备的腐蚀和系统的结垢和堵塞、反应环境的控制、处理大量的化学反应产物等为主要特征，更接近于化工过程。

（3）服务对象的特点不同。发电行业的服务目标是精确地向电网提供不能储存的电能，因此，要求电力生产必须连续、可靠，在指定时间内提供指定量的电能。而脱硫系统运行的目的是降低排向大气的 SO_2 量，目前大都采用在一定时间间隔内的排放总量控制。由于服务的对象不同，因而，两者的运行方式和要求的指标是不同的。

第二节 烟气脱硫剂的种类和特点

目前广泛使用的脱硫剂包括钙基脱硫剂、氨基脱硫剂和钠基脱硫剂，还有其他碱性物质、活性炭等。

1. 钙基脱硫剂

钙基脱硫剂主要是石灰石、石灰和消石灰，具有资源丰富、开采容易、价格相对低廉等特点。

（1）石灰石。石灰石的主要成分是 $CaCO_3$，石灰石在大自然中的储量非常丰富，表 4-1 给出了某石灰石原料的成分分析结果。石灰石无毒、无害，在处置和使用过程中十分安全，是有效地吸收烟气中 SO_2 的理想吸收剂，但石灰石不能有效地脱除 SO_3。石灰石作脱硫剂使用时必须磨制成颗粒粉末，或者再制成浆液。

表 4-1   某石灰石组成成分含量

分 析 成 分	百分比含量（%）	分 析 成 分	百分比含量（%）
$CaCO_3$	84.17	H_2O	0.08
$MgCO_3$	6.43	其他	9.32

（2）石灰。石灰的主要成分是 CaO（见表 4-2），自然界没有天然的石灰资源。烟气脱硫使用的石灰都是将石灰石煅烧后形成的。石灰的优劣完全取决于煅烧过程中的质量控制，否则会混有大量的欠烧或过烧的杂质，影响脱硫效率和运行费用。用于脱硫的石灰要求必须采用机立窑或旋转窑烧制，由于煅烧过程是一吸热反应，因此，要消耗一定的燃料，同时会产生 SO_2 等有害气体。石灰有很强的吸湿性，遇水后会发生剧烈的水合反应，对人体皮肤、眼睛有强烈的烧灼和刺激作用，应采取措施防止在石灰的处理过程中产生的危害和对环境的不良影响。

表 4-2   某石灰组成成分含量

分 析 成 分	百分比含量（%）	分 析 成 分	百分比含量（%）
CaO	52.00	Fe_2O_3	0.11
MgO	4.25	SO_3	0.00
Na_2O+K_2O	0.74	P_2O_5	0.01
SiO_2	5.38	其他	1.55
Al_2O_3	0.42	烧失量（CO_2、SO_2、水分等）	35.54

石灰作为吸收剂比石灰石具有更高的活性，其分子量比石灰石几乎小 50%，因此，单位质量的脱硫效率比石灰石约高一倍，是一种高效的吸收 SO_2、同时也能吸收 SO_3 的脱硫剂。石灰容易吸收空气中的水分，因此，在储运时应注意防潮。石灰主要用在石灰—石膏湿法脱硫、喷雾干燥法脱硫和循环流化床烟气脱硫工艺等。

（3）消石灰。消石灰是石灰加水经消化反应后的生成物，主要成分是 $Ca(OH)_2$。在消化过程中石灰粉化成约 $10\mu m$ 粒径的粉末状，作为吸收剂无须再经过磨粉工艺。$Ca(OH)_2$ 的分子量比 CaO 大，即单位质量中 Ca 的含量比 CaO 少。消石灰容易吸收空气中的 CO_2 还原成活性低的 $CaCO_3$。由于其在温度较低时具有很高的与 SO_2 及 SO_3 的反应活性，在脱除 SO_2 的同时，几乎能够脱除烟气中全部的 SO_3。消石灰一般应用在旋转喷雾干燥、炉内喷钙加尾部增湿活化、循环流化床烟气脱硫等工艺，也可作为管道喷射脱硫工艺的吸收剂。

2. 氨基脱硫剂

氨一般以氨水或液氨的形式作为脱硫的吸收剂，主要用于氨洗涤脱硫工艺和电子束辐照脱硫脱氮工艺。氨基脱硫剂的活性很好，因此，在同样条件下，用量要比其他脱硫剂少。采用氨基脱硫剂的脱硫工艺的副产品为硫酸铵，可用做农用化肥。但氨成品的价格较高，来源受限，并存在氨的泄漏会造成环境污染等问题。

3. 钠基脱硫剂

目前用做脱硫剂的钠基化合物有 Na_2SO_3、Na_2CO_3、$NaHCO_3$ 等，分别应用于湿式洗涤烟气脱硫工艺和用于炉内喷射与管道喷射等工艺的脱硫吸收剂，脱硫效果好，并且兼有一定的脱氮作用。钠基脱硫剂可以再生，对循环利用。使用钠基脱硫剂的主要问题是脱硫剂的来源困难，价格相对较高，另外，脱硫产物中的钠盐易溶于水，造成灰场水体的污染。

4. 活性炭吸附剂

活性炭是一种具有优异吸附和解吸性能的含碳物质，具有稳定的物理化学性能。活性炭孔隙结构优良，比表面积大，吸附其他物质的容量大且具有催化作用，一方面能使被吸附的物质在其孔隙内积聚，另一方面又能够在一定的条件下将其解吸出来，并保持碳及其基团的反应能力，使活性炭得到再生。活性炭可单独用来脱硫或脱氮（借助于氨），或用来联合脱硫脱氮，近年来已经开始应用于火电厂的烟气净化。

5. 其他脱硫吸收剂

某些脱硫工艺采用低廉的碱性物质（如火电厂排放的废弃物）作为脱硫剂，如利用飞灰中的碱性物质（CaO、MgO）脱除 SO_2，当飞灰中的碱性物质的含量大于 8% 时，可以取得比较有经济价值的脱硫效率（大于 50%）；也有采用电厂的冲灰水进行简易烟气脱硫的。虽然目前这类脱硫方法的脱硫效率较低，但具有以废治废的优点。其他被采用的碱性物质还有电石渣、碱性硫酸铝[$Al_2(SO_4)_3 \cdot Al_2O_3$]、某些金属氧化物等。

另外，对常规使用的脱硫剂进行调质处理，可以提高脱硫剂的品质和脱硫性能。

对燃煤电厂脱硫系统使用的脱硫剂来说，在某种意义上可以类比于燃料，但两者又有很大的不同。燃料有成熟的市场和完善的生产运输体系，供应范围大，能力大，弹性大。而脱硫吸收剂成品在我国尚未形成市场供应体系，资源的特点也完全不同。现阶段，大部分脱硫项目均需配套建设脱硫剂成品制备系统。

第三节 电站锅炉烟气脱硫工艺的主要技术、经济和环境指标

目前，火电厂烟气脱硫装置的投资和运行费用是燃煤电厂各种污染控制系统中最高的，因此，在具体选择烟气脱硫方案时必须进行科学合理的技术、经济和环境评价，其经济性不仅取决于脱硫工艺技术本身，在很大程度上还取决于与之配合的电厂机组的具体情况（如现有机组或新建机组）。

一、主要技术指标

1. 烟气脱硫效率

烟气脱硫效率表示烟气脱硫装置脱硫能力的大小，一般用百分比表示，是衡量脱硫系

统技术经济性的最重要的指标。脱硫系统的设计脱硫效率为在锅炉正常运行中（包括各种负荷条件和最差锅炉工况下），并注明在给定的钙硫摩尔比的条件下，所能保证的最低脱硫效率。脱硫效率除了取决于所采用的工艺和系统设计外，还取决于排烟烟气的性质等因素。

脱硫效率也是考核烟气脱硫设备运行状况的重要指标，是计算 SO_2 排放量的基本参数。对于连续运行的脱硫设备，入口 SO_2 的浓度是随时间变化的，而且变化幅度有时很大，因此，实时计算的脱硫效率也是随时间变化的。因此，某一监测时段内设备的脱硫效率，应取整个时段内脱硫效率的平均值。在计算脱硫效率时，只计入 SO_2 的脱除率，通常不考虑 SO_3 的脱除率。

平均脱硫效率的计算式为

$$\eta_{FGD} = \frac{C'_{SO_2} - C''_{SO_2}}{C'_{SO_2}} \times 100 \quad （\%） \tag{4-1}$$

式中　η_{FGD}——平均脱硫效率，%；

　　C'_{SO_2}——脱硫系统入口 SO_2 的平均质量浓度，mg/m^3；

　　C''_{SO_2}——脱硫系统出口 SO_2 的平均质量浓度，mg/m^3。

另外，也可以采用基于各瞬时的脱硫系统进出口 SO_2 的浓度计算对应的脱硫效率，然后再计算一段时间内的平均脱硫效率。

图 4-2 所示为燃煤锅炉排烟中 SO_2 浓度、要求的脱硫效率与折算含硫量之间的关系，K 为烟气中 SO_2 的排放系数，即考虑了飞灰的自脱硫效应，使烟气中 SO_2 的实际排放量占按可燃硫全部生成 SO_2 总量的百分比。图 4-2 中示出了排放系数 K 分别为 70%、80% 和 90% 时干排烟中 SO_2 的浓度，以及设定排放浓度限定值分别为 400、600、800mg/m^3 时，要求的脱硫效率变化范围。

2. 钙硫摩尔比（Ca/S）

从化学反应的角度，无论何种脱硫工艺，理论上只要有一个钙基吸收剂分子就可以吸

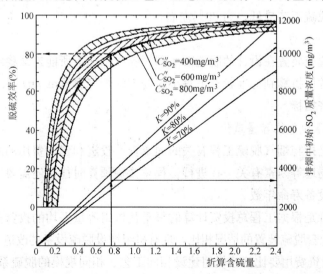

图 4-2　燃煤锅炉排烟中 SO_2 浓度、要求脱硫效率与折算含硫量的关系

收一个 SO_2 分子，或者说，脱除 1mol 的硫需要 1mol 的钙。但在实际反应设备中，反应的条件并不处于理想状态，因此，一般需要增加脱硫剂的量来保证吸收过程的进行。钙硫摩尔比（即 Ca/S 比）是用来表示达到一定脱硫效率时所需要的钙基吸收剂的过量程度，一般用加入脱硫系统的钙基吸收剂的摩尔数与烟气中 SO_2 的摩尔数的比值表示。Ca/S 比还反映了达到一定脱硫效率时钙基吸收剂的利用率，所需的 Ca/S 比越高，钙基吸收剂的利用率则越低。

以应用最为广泛的石灰石脱硫吸收剂为例，$CaCO_3$ 的分子量为 100g/mol，S 的分子量为 32g/mol，理论上，每脱除 1kg 的硫需要 3.125kg 的石灰石。钙硫摩尔比由式（4-2）计算，即

$$\frac{Ca}{S} = \frac{32}{100} \times \frac{CaCO_3}{S} \times \frac{G}{B} \tag{4-2}$$

式中　$CaCO_3$——石灰石中 $CaCO_3$ 含量的质量百分数，%；

$\quad\quad\quad$ S——考虑燃料中灰分自脱硫能力后硫含量的质量百分数，可取值为 KS_{ar}，%；

$\quad\quad\quad$ G——实际加入的石灰石量，kg/h；

$\quad\quad\quad$ B——实际燃料消耗量，kg/h。

反过来，如果已知为达到一定脱硫效率所需的钙硫摩尔比时，也可以由式（4-2）求出所需加入的石灰石量。在燃煤含硫量为 1%～2% 和 Ca/S 比为 1.05 时，石灰石的消耗量是锅炉燃煤量的 3%～6%。

在采用其他种类的钙基脱硫剂时，也可以得到类似的计算式。对除钙基脱硫剂以外的脱硫吸收剂往往根据具体情况定义脱硫吸收剂的利用率。

湿法脱硫工艺的反应是在气相、液相和固相之间进行的，反应条件比较理想，因此，在脱硫效率为 90% 以上时，其钙硫摩尔比略大于 1，一般为 1.1～1.2，最佳状态可达 1.01～1.02。而半干法在脱硫效率为 85% 时，钙硫摩尔比为 1.5～1.6；干法在脱硫效率为 70% 时，钙硫摩尔比可达 2.0～2.5。因此，湿法脱硫工艺的脱硫剂利用率最高，达 90% 以上，干法脱硫工艺最低，为 30% 左右。

3. 脱硫装置的出力

工程上采用脱硫装置在设计的脱硫效率和钙硫摩尔比下所能连续稳定处理的烟气量来表示其出力，通常用折算到标准状态下每小时处理的烟气量（m^3/h）来表示。

二、主要经济指标

1. 工程总投资和单位容量造价

工程总投资是指与烟气脱硫工程有关的固定资产投资和建设费用的总和，与发电机组的状况、容量、场地等因素有关。在进行工程总投资预算时往往还需要考虑年均投资，即工程总投资除以设备寿命年数。

单位容量造价是根据工程总投资计算的每千瓦机组容量平均的投资费用。

与新建机组配套脱硫装置的情况相比，现有机组增设脱硫设备的改造工程则受到更多现场条件的限制，投资费用要比新建机组建设相同工艺、相同规模的脱硫系统高，主要包括：增加烟道和烟囱耐酸腐蚀处理；需对原有设备进行改造，以适应脱硫装置投运后的新工况；

因场地限制，增加了设备、管道的合理布置和施工维修的难度等。所以，一个中等改造难度的电厂加装脱硫装置与新建电厂同步建设脱硫装置相比，工程总投资将增加约30%。

2. 年运行费用

烟气脱硫系统运行一年中所发生的全部费用，包括脱硫剂等原材料消耗费用、设备维修和折旧费、材料费、人员等费用。

3. 脱除每吨 SO_2 的成本

脱除每吨 SO_2 的成本是在烟气脱硫系统寿命期内所发生的一切费用与此期间的脱硫总量之比。它综合、全面地反映了烟气脱硫工艺在电厂实施后的经济性，可按式（4-3）计算，即

$$脱硫成本＝（工程总投资＋年运行费用×寿命）/（年脱硫量×寿命） \quad (4\text{-}3)$$

4. 售电电价增加

因烟气脱硫系统的投用而引起的售电电价[元/(kW·h)]增加的计算式为

$$电价增加＝年运行费用（元）/[机组容量（kW）×24（h）×365×锅炉可用系数] \quad (4\text{-}4)$$

其他还包括脱硫系统的性能指标，比如，脱硫装置的各种设备必须能耐受经常性的热冲击和腐蚀，应有良好的负荷跟踪特性，脱硫装置停运后维护工作量以及脱硫系统的投运率等。另外，还有与设备改造有关的其他指标。

表4-3 给出了以 300MW 燃煤电站锅炉为例，对当前各主流脱硫工艺的占地面积、动力消耗和投资的估计比较数据。

表 4-3   某些商业化脱硫工艺重要指标的比较（300MW 燃煤机组）

脱硫工艺	占地面积 （m²）	占厂用电 （%）	脱硫效率 （%）	工艺流程 复杂程度	占机组总投资 比例（%）
湿式石灰石—石膏法	2700～3000	1.6	≥95	最复杂	15
喷雾干燥法	1500～1800	1.0	≥85	中等	12
炉内喷钙尾部增湿法	900～1100	0.5	60～85	较简单	5～7
烟气循环流化床法	1000～1200	0.4	≥90	简单	5～7
电子束法	2500～2700	2.35	≥90	中等	～10

三、环境评估

脱硫系统可能产生的环境问题主要是废水和废渣等，某些脱硫工艺在吸收剂制备过程中还可能产生噪声和粉尘等。可资源化脱硫工艺将是其重要发展方向之一。

1. 废水

几乎所有的湿法脱硫工艺均会或多或少地产生废水，如湿法脱硫产物的脱水和浆液槽罐等设备的冲洗水等废水。脱硫废水的主要超标项目是 pH 值、COD、悬浮物及汞、铜、镍、锌、砷、氯、氟等。因此，在整体工艺中需考虑相应的废水处理措施。

2. 固体废弃物

大部分脱硫工艺对脱硫副产品采用抛弃堆放等处理方式时，要对堆放场的底部进行防渗处理，以防污染地下水；对表面进行固化处理，以防扬尘。

第四节　湿法烟气脱硫技术

湿法烟气脱硫技术以石灰石或石灰浆液洗涤法为代表，是目前世界上应用最多、脱硫效率最高、技术最为成熟的脱硫方式，但其初投资和运行费用也最高，系统和设备结构复杂，设计和运行中受制约的因素多，还需设置大规模的烟气升温和排水处理装置。其他典型的湿法脱硫还有氨洗涤法、海水洗涤法脱硫等。

湿法脱硫系统既可用于新装机组，也可用于现有机组的加装。在后一情况下，由于布置在锅炉的尾部，对现有锅炉系统没有显著的影响。

本节以介绍石灰石浆液洗涤脱硫法为主，最后简单介绍氨洗涤法脱硫，海水烟气脱硫技术将在第五节介绍。

一、石灰石浆液洗涤脱硫工艺的基本原理

1. 烟气湿法脱除 SO_2 的理论基础

（1）SO_2 在水中具有中等程度的溶解度，其水溶液呈酸性，因此，易于与碱性物质发生中和反应。

（2）SO_2 具有较强的极性，易于被吸收剂吸收。

（3）SO_2 溶于水生成的 HSO_3^-、SO_3^{2-} 等，可与钙等碱土金属离子形成溶解度很低的沉淀物。

（4）在与强氧化剂接触或有催化剂及氧存在时，SO_3^{2-} 会被氧化成 SO_4^{2-}，会生成更稳定的碱金属硫酸盐沉积物。

2. 工艺流程

湿法脱硫系统位于锅炉烟气除尘器和锅炉引风机之后，典型原理性工艺流程如图 4-3 所示。湿法烟气脱硫的最主要设备是脱硫吸收塔和气—气换热器，脱硫的主要化学反应发生在吸收塔及循环浆液槽内。

一定浓度的石灰石或石灰洗涤浆液连续从吸收塔顶部（或底部）喷入，与经气—气换热器降温后进入吸收塔的烟气发生接触。在烟气被洗涤的过程中，烟气中的 SO_2 被浆液中脱硫剂吸收生成亚硫酸钙（$CaSO_3$）和硫酸钙（$CaSO_4$）结晶物，其中的亚硫酸钙具有不稳定性，没有利用价值，而且在受热条件下，会分解放出 SO_2。

如果采用回收副产品法，即所谓的石膏回收法，则需向吸收塔底部的反应槽或在外部加装的氧化塔中，向浆液中鼓入空气，可将全部亚硫酸钙转化成二水硫酸钙（$CaSO_4 \cdot 2H_2O$）。然后，连续将一部分含石膏较浓的浆液送入增稠装置，清水则进入洗涤系统重新使用。最后，从增稠的浆液中洗涤出固体硫酸钙，并脱水分离出来，即可得到有价值的副产品石膏，可用于化学或建筑工业。但脱硫石膏的品质远不如天然石膏，市场前景不佳，因此，石膏回收法并不是一种理想的可资源化脱硫技术。

如果采用脱硫产物的抛弃工艺，则也需要通过氧化工艺，将亚硫酸钙转化为稳定的硫酸钙后作抛弃处理。

脱硫净化后的烟气经过除湿并通常还需经气—气换热器将烟气加热至易于在大气中扩

散的温度后由烟囱排入大气。

该工艺的脱硫效率受烟气流速、吸收剂浓度、pH 值、液气比等运行参数的影响。

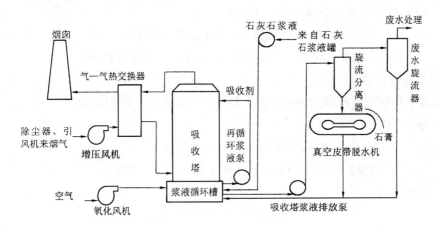

图 4-3 典型湿法脱硫系统工艺流程

3. 化学反应机理

脱硫的主要化学反应发生在脱硫吸收塔内，化学反应众多且十分复杂。目前，对全部反应的细节、尤其是对其中各个反应的反应动力学机理、反应之间的相互作用与化学平衡等方面尚没有完善深入的了解，一般认为，主要的化学反应包括：

(1) SO_2、SO_3 和 HCl 的吸收。烟气中的 SO_2 和 SO_3 溶于石灰石浆液的液滴中，SO_2 被水吸收后生成 H_2SO_3，H_2SO_3 电离成 H^+ 和 HSO_3^-，一部分 HSO_3^- 被烟气中的氧氧化成 H_2SO_4；SO_3 溶于水生成 H_2SO_4，HCl 也极容易溶于水，即

$$SO_2 + H_2O \longrightarrow HSO_3^- + H^+$$
$$H^+ + HSO_3^- \longrightarrow 2H^+ + SO_3^{2-}$$
$$SO_3 + H_2O \longrightarrow H_2SO_4$$

(2) 与石灰石的反应。溶于浆液液滴中的 SO_2、SO_3 和 HCl 与浆液中的石灰石的反应，此步反应的关键是 Ca^{2+} 的生成

$$CaCO_3 + 2H^+ \longrightarrow Ca^{2+} + CO_2 + H_2O \tag{4-5}$$

Ca^{2+} 再进一步反应

$$Ca^{2+} + 2HSO_3^- \longrightarrow Ca(HSO_3)_2$$
$$Ca^{2+} + SO_3^{2-} \longrightarrow CaSO_3$$
$$Ca^{2+} + SO_4^{2-} \longrightarrow CaSO_4$$
$$Ca^{2+} + 2HCl \longrightarrow CaCl_2 + 2H^+$$

(3) 氧化反应。在吸收塔下部是装有搅拌器的再循环浆液池，向循环浆液中鼓入空气使亚硫酸钙氧化成硫酸钙，同时将生成的 CO_2 排出，即

$$Ca^{2+} + 2HSO_3^- + O_2 \longrightarrow CaSO_4 + H_2SO_4 \tag{4-6}$$
$$H^+ + HSO_3^- + 1/2O_2 \longrightarrow 2H^+ + SO_4^{2-}$$
$$2H^+ + CO_3^{2-} \longrightarrow H_2O + CO_2 \uparrow$$

（4）$CaSO_4$ 晶体生成。由于浆液在反应器内有足够的停留时间，可以促成硫酸钙晶体（$CaSO_4 \cdot 2H_2O$）的生长。浆液中所有残余的 HSO_3^- 也被空气氧化生成 H_2SO_4 后再被浆液中的 $CaCO_3$ 中和形成 $CaSO_4 \cdot 2H_2O$，即

$$CaSO_4 + 2H_2O \longrightarrow CaSO_4 \cdot 2H_2O$$
$$2H^+ + SO_4^{2-} + CaCO_3 + H_2O \longrightarrow CaSO_4 \cdot 2H_2O + CO_2$$

4. 化学反应方程式

根据各个化学反应过程的物质平衡，其化学反应方程式可表示为：

（1）吸收反应

$$SO_2 + CaCO_3 \longrightarrow CaSO_3 + CO_2$$

或 $$2SO_2 + H_2O + CaCO_3 \longrightarrow Ca(HSO_3)_2 + CO_2$$

（2）氧化反应

$$CaSO_3 + 1/2O_2 \longrightarrow CaSO_4$$

或 $$Ca(HSO_3)_2 + O_2 \longrightarrow CaSO_4 + H_2SO_4$$

（3）中和反应

$$CaCO_3 + H_2SO_4 \longrightarrow CaSO_4 + CO_2 + H_2O$$
$$CaCO_3 + 2H_2SO_3 \longrightarrow Ca(HSO_3)_2 + CO_2 + H_2O$$
$$CaCO_3 + H_2SO_4 + H_2O \longrightarrow CaSO_4 \cdot 2H_2O + CO_2$$

（4）总的反应方程式

$$CaCO_3 \text{（s）} + SO_2 \text{（g）} + 1/2O_2 \text{（g）} + 2H_2O \text{（l）} \longrightarrow CaSO_4 \cdot 2H_2O + CO_2 \text{（g）}$$

值得一提的是，在实际的脱硫工艺中，有些反应进行得比较彻底，有的反应则可能受到其他反应的制约不一定能够进行。实验证明，烟气中的 SO_3 并不能被有效地脱除。

5. 化学反应的特点

湿法脱硫工艺的全部化学反应均是在脱硫吸收塔（包括下部浆池）喷淋洗涤过程中进行的，加之脱硫浆液的循环和强烈的搅拌，脱硫过程的反应温度均低于露点，温度适中，具有气相、液相、固相三相反应的特点，并有足够的停留时间。因此，脱硫反应速率快，脱硫效率高，钙的利用率高，在 Ca/S 略大于 1 时，脱硫效率可达 90% 以上。该工艺易于大型化，适合于大型电站锅炉的烟气脱硫。另一方面，由于脱硫过程的反应温度均低于露点，即均在湿态下进行，所以，锅炉来的烟气一般需要冷却降温，脱硫后的烟气需经再加热后才能从烟囱排出，否则将会造成下游设备的腐蚀和影响烟气抬升高度。

在脱硫反应过程中均需用水，因此，有废水处理问题。

二、石灰石—石膏脱硫系统的组成和主要设备

石灰石—石膏脱硫系统主要由以下各子系统组成：石灰石浆液制备系统，烟气输送和热交换系统，SO_2 吸收系统（包括浆液循环及氧化），石膏处理系统，废水处理系统。某燃煤电厂石灰石—石膏湿法脱硫系统的工艺流程见图 4-4。

（一）石灰石浆液制备系统

原料石灰石一般为块状，首先经破碎机破碎至 6mm 以下，然后送入球磨机磨制成一

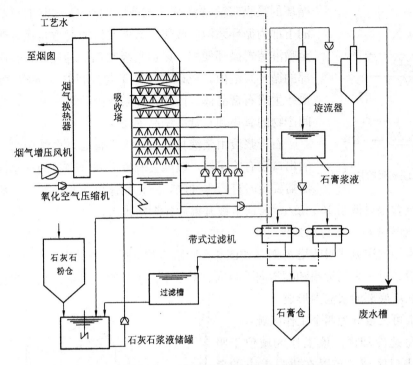

图 4-4 石灰石—石膏湿法烟气脱硫系统工艺流程

定细度的石灰石粉，石灰石粉细度要求 $63\mu m$（或 $44\mu m$），筛余小于 5%。磨制合格的细粉送至石灰石粉仓储存。石灰石粉仓中的石灰石粉经计量给料器送入石灰石制浆池，与池内的水搅拌混合，调制成一定浓度的石灰石浆液（一般固体物含量为 25% 左右）。根据排烟中 SO_2 反应所需的脱硫剂消耗量以及吸收塔内吸收浆液的 pH 值，通过浆液泵向吸收塔供应所需的石灰石浆液。

石灰石浆液制备系统由以下主要设备组成：

（1）石灰石破碎和磨粉设备；

（2）储存脱硫剂的石灰石粉仓；

（3）石灰石脱硫浆液配制、计量和供应设备；

（4）其他还有给料器、传送带、石灰石浆液泵等设备。

（二）SO_2 吸收系统

1. SO_2 吸收系统的组成

该系统是湿法烟气脱硫系统的核心部分，主要包括脱硫吸收塔、除雾器（也称除湿器）、浆液搅拌器、供水和排水、浆液分配联箱和喷嘴、循环浆液泵、浆液排放泵和氧化风机等设备。

2. 脱硫吸收塔的布置方式

在工程上，为了降低脱硫设备的投资、占地和运行维护费用，石灰石—石膏脱硫系统通常采用单塔方式，在单独的吸收塔中完成 SO_2 的吸收、中间产物的氧化直至形成石膏晶体的全部过程。

图 4-5 为典型脱硫吸收塔布置方式。在吸收塔的上部空间区域内烟气中的 SO_2 被连续

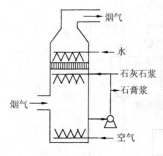

图 4-5 脱硫吸收塔布置

循环的吸收浆液洗涤并与浆液中的 $CaCO_3$ 发生反应；吸收塔的下部为循环浆池，收集下来的浆液通过数台循环浆液泵输送至喷淋装置循环使用，以提高吸收剂的利用率；在吸收塔的底部的循环浆池内，亚硫酸盐被氧化风机鼓入的空气强制氧化，最终生成石膏晶体。因此，在浆池内同时发生 SO_2 的吸收、中间产物的氧化和石膏的结晶等反应。

石膏浆液由浆液排放泵送入石膏处理系统脱水。在吸收塔的出口设有除雾器，以除去脱硫后烟气带出的细小液滴，除雾器需要定时进行水冲洗，防止固体沉积物堵塞。一般要求除雾器出口烟气含湿量低于 $100mg/m^3$，通常被升温后经烟囱排出。

3. 脱硫吸收塔的结构和工作过程

以最常用的逆流式吸收塔为例（如图 4-6 所示为喷淋脱硫塔的立体结构），在吸收塔内循环浆液经过一系列集箱和喷嘴向下喷入，对自下向上流过喷淋塔的烟气进行洗涤，反应生成物在塔底部的浆池内形成。

吸收塔可大致分为四个工作区域：

（1）急速冷却区。该工作区域位于吸收塔烟气进口区域，布置在进口上方的急速冷却喷嘴喷出的浆液使烟气迅速冷却并达到饱和状态，为进一步的吸收反应创造条件。

（2）SO_2 吸收区。处于饱和状态的烟气，在吸收塔的上部空间区域，在吸收浆液的喷淋下发生 SO_2 的吸收过程。为了获得理想的吸收效果，喷嘴通常设计成交叉喷淋系统，布置成能使喷雾完全覆盖吸收塔的整个横断面，喷淋区的设计应使得烟气分布和浆液分布十分均匀，使流体处于高度湍流状态，增强烟气和浆液的均匀接触，增大气液传质面积。均匀的浆液喷淋可以通过喷嘴的合理设计来达到，但由于入口处的烟气流速不可能很均匀，而且，由于浆液喷淋造成的烟气阻力降，尚不足

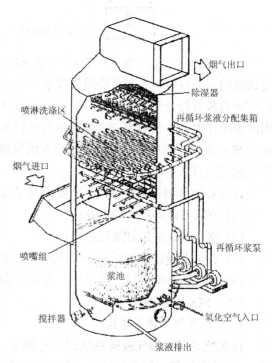

图 4-6 喷淋脱硫塔的立体结构图

以使烟气分布自动趋于均匀，所以，喷淋塔的设计还应考虑在喷淋吸收区的下部增设合理的烟气流动均布装置，比如，多孔板或栅板等。

由于吸收浆液与烟气是逆流，故存在较大的浓度梯度，即沿烟气流动的方向，SO_2 的含量下降，而吸收浆液的有效吸收成分的浓度增加，从而可以得到更高的脱硫效率。

（3）液滴分离区。烟气向上穿过喷淋塔，不可避免地要携带液滴，为了防止携带的浆

液在下游沉积结垢和造成腐蚀，须设置液滴分离区，即脱硫后烟气的除湿或除雾（下文讲述）。

（4）再循环浆液存储区（浆池）。脱硫吸收浆液在浆池内收集下来，经循环浆液泵多次循环使用，脱硫后的反应生成物也均在浆池中生成。为了平衡整个脱硫系统内的 Cl$^-$ 离子的浓度和物质的平衡，必须连续不断地从浆池中排出多余的石膏浆液。吸收塔内的脱硫负荷可以通过控制循环浆液泵的运行数目来灵活调节。

图 4-7 所示为另一种湿法烟气脱硫系统中逆流式脱硫吸收塔结构示意，脱硫吸收塔按逆流式喷淋吸收塔设计，将除尘、脱硫、氧化三项功能合为一体。底部为循环浆池，上部为左右两部分，左为喷淋区，右为回流区，在吸收剂浆液喷淋洗涤区，未经处理的烟气在喷淋区自下而上流过，经洗涤脱硫后在吸收塔顶部进入回流区，自上而下流经回流区，与携带的微细液滴再一次进行气液接触，完成二次脱

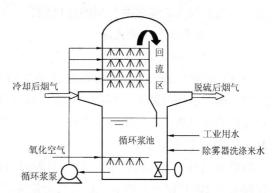

图 4-7　逆流式喷淋脱硫吸收塔结构示意

硫，并分离部分液滴，然后在吸收塔的中部排出。在吸收塔外部布置有两级水平式除雾器以除去烟气中的大部分水分。

4. 脱硫吸收塔的主要设计和运行参数

（1）吸收塔内的烟气流速。烟气流速是指设计处理烟气的空塔截面流速，以 m/s 为单位。因此，烟气设计流速决定了吸收塔的横截面面积，也就确定了塔的直径。设计烟速越高，吸收塔的直径越小，降低了吸收塔的造价。但另一方面，烟气流速增高，烟气与吸收浆液的接触和反应时间相应减少，烟气携带液滴的能力也相应增大。因此，在能够保证浆液与烟气的充分接触的条件下，应尽可能提高烟气流速。目前，随着吸收塔的设计不断改进，浆液烟气的吸收过程不断改善，设计和运行的烟气流速也在趋于提高。

传统的烟气设计流速一般低于 2m/s，目前的烟气流速已经达到 4～5m/s，以提高单塔处理的烟气量。

（2）液气比（L/G）。液气比是指相对于每单位体积的烟气的吸收浆液量，用 L/m^3 表示。液气比增大，意味着在同样的烟气量下，喷淋的浆液量增多，烟气与浆液的接触条件将更好，有利于 SO$_2$ 的吸收。但是，从另一方面看，循环的浆液量增加，浆液循环系统的阻力和浆液雾化喷嘴的阻力将大大增加，循环浆液泵的功率消耗将显著加大，增加了运行费用，同时烟气携带的液滴量也增大，给除湿装置增加了负荷，烟气出口温度会更低。

通常，对于喷淋塔，液气比的设计值为 5～20L/m^3。从另一层意义上看，喷淋塔内定义的液气比类似于循环流化床的物料循环倍率的概念。

其他重要的设计和运行参数还有循环浆液泵功率消耗和浆液在吸收塔内的停留时间，均取决于设计和运行中所采用的液气比，而液气比又受脱硫效率的制约。

（3）系统 pH 值。浆液的 pH 值是脱硫装置运行中需要重点控制的化学参数之一，它是影响脱硫效率、氧化率、钙利用率及系统结垢的主要因素之一。浆液的 pH 值高，意味着碱度大，有利于碱性溶液与酸性气体之间的化学反应，对脱除 SO_2 有利，但会对脱硫产物的氧化起到抑制作用。降低 pH 值可以抑制 H_2SO_3 离解为 SO_3^{2-}，使反应生成物大多为易溶性的 $Ca(HSO_3)_2$，从而减轻系统内的结垢倾向。浆液的 pH 值是靠补充新鲜石灰石浆液来维持的，实际的吸收塔的浆液 pH 值通常选择在 5～6 之间。为了使浆液的 pH 值稳定，通常加入具有缓冲作用的有机酸类。

（三）烟气系统和主要设备

1. 烟气系统的组成

烟气系统组成锅炉、脱硫吸收塔和烟囱之间的烟气通道，完成从锅炉的主烟道吸入经过除尘的烟气、烟气降温、脱硫、除雾、烟气升温等工艺过程，最后将净化后的烟气送回主烟道经烟囱排出。主要由增压风机、气—气热交换器、旁路烟道及旁路挡板、出口和入口挡板及烟道等设备组成。

锅炉烟气经电除尘器、引风机后经增压风机升压进入脱硫系统，首先，经气—气热交换器降温至 100℃ 以下，然后，进入吸收塔完成脱硫和除湿过程，经洗涤净化后的烟气温度约 50℃，一般需在气—气热交换器中再被加热至 80～100℃ 以上，以防止下游设备的腐蚀和对环境的影响，升温后的烟气由烟囱排入大气。

2. 气—气换热器（简称为 GGH）

气—气热交换系统的主要设备为气—气换热器，还有吹灰器、辅助加热器等设备。气—气热交换器负有双重的功能，即烟气冷却和烟气再加热功能。通常，该系统降低进入脱硫塔的烟气温度以有利于进行化学反应，同时放出热量，这部分热量用来在换热器的另一侧加热净化后的低温烟气，以提高脱硫装置的出口烟气温度；这一放热和吸热过程是通过同一个热交换器完成的。气—气热交换装置有回转式气—气换热器和管式气—气换热器两种型式，目前应用较多的是回转式气—气换热器。

回转式气—气换热器的工作原理和结构类似于电站锅炉的回转式空气预热器，利用未脱硫的热烟气通过平滑的或带波纹的金属薄片或载热体加热脱硫后的冷烟气。但是，工作温度要低得多，因此，其传热元件需要由防腐材料制成。另外，在实际运行中，总存在一少部分未经净化的烟气泄露到净化烟气侧，需要设计性能良好的密封装置并采用空气置换转动部分携带的烟气，可以使换热器的漏风率小于 0.5％。

由于热冷介质的温差较小，烟气热交换的效率很低，因此，烟气热交换装置是一体积庞大的设备，占地空间大，其设置与否及其设计参数的选择需要综合考虑环保的要求和可以采取的防腐措施。

一方面，烟气经脱硫塔后温度降低，将使烟囱排烟抬升高度降低，落地浓度增加，但脱除 SO_2 后的烟气中的 SO_2、烟尘浓度减少又可使落地浓度降低，故脱硫后烟气温度下降对落地浓度的影响因实际情况不同而异，仅从环境保护的角度，并不一定要加装烟气换热器来提高排烟温度。

另一方面，脱硫系统的排烟温度主要由脱硫装置投资和后部烟道及烟囱的防腐要求所决定的。脱硫烟气不加热或烟温过低，则要求后部烟道及烟囱必须采取较严格的防腐措施。要达到较高的脱硫后烟气温度，则烟气换热器的换热面积要足够大，甚至辅以蒸汽加热系统，投资和占地相应加大。一般来说，脱硫后烟气即使加热到 $80\sim90℃$ 后仍处于酸露点以下，对后部的烟道和烟囱仍具有腐蚀作用，均有必要采取防腐措施。

（四）除湿系统

除湿装置（也称为除雾器）也是烟气脱硫系统中一个重要部件，在实际运行中因为除湿装置发生故障而造成系统停运的情况是很多的。设计不当的除湿装置将会造成小颗粒液滴的排放，形成烟道雨雾，在下游烟道结垢以及使运行维护费用增加。另外，除湿运行状况不佳，对湿烟道排水系统可能会过负荷或发生堵塞现象。对于当前应用较广泛的不设置烟气再热的烟气脱硫系统，设计良好的除湿装置对防止出现烟道雨雾尤为必要。一般要求经烟囱排出前的烟气含湿量低于 $100mg/m^3$。

在不断提高脱硫塔内的烟气流速，以提高装置的处理能力的情况下，需根据具体的条件选择不同的除湿装置。除湿装置有垂直布置和水平布置两种类型，目前应用较多的是垂直布置的除湿装置。

垂直布置的除湿装置适合于安装在吸收塔的顶部，由于收集的液体又自动流回吸收塔的内部，所以，不需要排水装置。垂直除湿装置依靠聚集的液滴的重力分离液滴，从而使收集下来的液滴重新回到吸收塔内部区域。随着烟气流速的增加（烟速范围一般为 $2\sim5m/s$），液滴易被进一步破碎，从而造成二次携带，使除湿效率下降。因此，在希望烟气流速较高的场合，垂直布置的除湿装置的应用受到了限制。图 4-8 所示为垂直布置的除雾器及其水冲洗装置结构简图。

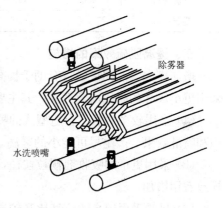

图 4-8　除雾器及其清洗装置

化学反应过程对除湿装置的运行性能有很大的影响。烟气通过除湿装置时，其中的 SO_2 与除湿装置表面的浆液发生 SO_2 的吸收反应，会形成大量的亚硫酸盐和硫酸盐，经过一定时间后将会发生结垢现象，严重时会使流通通道发生堵塞。为了防止或减缓结垢的过程，从物理的角度，装备完善的清洗系统，在运行中进行定时的水清洗。从化学反应的角度，可以采用控制氧化反应过程的方法，即采用强化氧化或抑制氧化均将有利于防止结垢。

（五）石膏处理和制备系统

当循环浆池内浆液中的石膏过饱和度达到 130% 时，需要排出一部分浆液。从脱硫吸收塔底部排出的石膏浆固体物质量分数为 $15\%\sim20\%$，考虑石膏的运输、储存和综合利用，需要进行石膏脱水处理，因此，排出石膏浆液送入石膏处理和制备系统。该系统包括石膏浆旋流器、石膏真空皮带脱水机、石膏传送带、石膏浆泵等设备。

石膏浆液首先进入石膏浆旋流器，在旋流器发生分离，形成的粗大石膏颗粒，在离心作用下进入流出口，浓缩至固体质量分数为 40% 的浆液被排入浓缩石膏浆罐，未反应的小颗粒石灰石及其他固态物，诸如飞灰的细小颗粒随水流进入溢流侧，溢流水回流到吸收塔反应器。

旋流器流出的浓缩石膏浆液在进入石膏浆罐后，根据系统的设计不同，有两种运行方式：一种是石膏回收运行；另一种是石膏抛弃运行方式，石膏浆直接引入抛浆池。

在采用石膏回收方式时，浓缩石膏浆液进入石膏脱水过滤系统。一般分为离心式和真空式两种脱水过滤机，离心式脱水机的脱水率可达95%，而真空式脱水率一般在90%左右。经脱水处理后的石膏固体物的表面含水率不超过10%，脱水石膏存放待运。考虑到进入脱硫系统的细颗粒粉煤灰的累积对脱水系统的不利影响，水力分离出来的溢流液送入浓缩器进一步浓缩，浓缩液作为废水排入冲灰系统。

为控制脱硫石膏中Cl^-等成分的含量不超过200mg/L，确保脱硫石膏满足用做建筑材料的要求，在石膏的脱水过程中设有冲洗装置，用清水对石膏进行冲洗，去除Cl^-等成分，脱硫副产品脱硫石膏纯度可达90%以上。表4-4为某电厂脱硫石膏的化学分析结果。

表4-4   某系统的脱硫石膏的化学成分   %

分析项目	SiO_2	Al_2O_3	Fe_2O_3	CaO	MgO	SO_3	烧失量
脱硫石膏	1.08	0.55	0.21	33.80	0.28	40.04	24.04

三、提高脱硫效率的措施

增加塔内气液固接触将有助于提高脱硫效率，降低液气比，可以在相同的脱硫效率下采用更小尺寸的脱硫塔及部件。其主要的技术措施为：

（1）采用较多数量、合适型式的喷嘴并布置在合适的位置，以取得最佳的喷淋覆盖面积和喷淋效果，产生尽可能小的雾滴。

（2）采用更小的吸收剂颗粒粒径，增大表面积以提高其反应活性。但磨制细小颗粒将导致费用增加。

（3）尽量采用较高的液气比和较高的吸收塔内烟气流速。

四、石灰石湿法烟气脱硫装置存在的问题和对策

1. 减少和消除脱硫系统和设备结垢的氧化控制技术

吸收塔内部、除湿装置和浆液管道内发生不同程度的结垢现象是十分普遍的，燃用高硫煤的电厂尤其严重，是影响脱硫系统正常稳定工作的一个主要因素。

发生结垢的原因是在氧化程度低下，甚至无氧化发生的条件下，生成的一种反应物$Ca(SO_3)_{0.8}(SO_4)_{0.2} \cdot 1/2H_2O$，称为CSS——软垢，使系统发生堵塞。因此，是否发生结垢与系统的运行方式有密切的关系，合理的运行方式将减少或消除结垢的发生，控制氧化过程的技术是目前采用的一个有效的方法。

控制氧化是通过控制脱硫洗涤中亚硫酸盐的氧化率，以减少或消除结垢发生的一种运行控制方法。

氧化是湿法脱硫工艺中一个重要的化学过程，其作用是使吸收塔浆液中的亚硫酸钙经氧化后生成硫酸钙。发电厂烟气中的氧量一般为6%左右，这部分氧气可以自然将部分的亚硫酸钙氧化成硫酸钙，因这种自然氧化过程而得到的氧化率随锅炉和脱硫系统的设计和

运行不同而异。实验研究表明，当亚硫酸钙的氧化率在 $15\%\sim95\%$ 之间、钙的利用率低于 80% 时，硫酸钙易发生结垢。

所谓的控制氧化是采用抑制或强制氧化的方法将亚硫酸盐的氧化率控制在小于 15% 或大于 95%。抑制氧化是通过在浆液中添加抑制氧化的物质，控制氧化率低于 15%，使浆液中的 SO_4^{2-} 浓度远低于饱和浓度，生成的少量硫酸钙与亚硫酸钙一起沉淀。强制氧化则是通过向浆液中鼓入足够的空气，使氧化反应趋于完全，氧化率高于 95%，保证浆液中有足够密度的石膏晶种，以有利于晶体在溶液中成长。这样既防止了结垢，也有利于石膏的生产和品质。

增大液气比也是防止系统结垢的重要技术措施。例如，某电厂的湿法烟气脱硫装置在运行中采用的液气比高达 26，稀释了固体沉积物，也起到了防止系统结垢的效果，但是，过大的液气比会造成过高的动力消耗。

2. 湿法脱硫系统中的腐蚀特点与防腐措施

湿法脱硫运行中面临的一个重要问题就是防腐，它影响工程的造价、设备的寿命、运行的经济及停运检修的难易程度。

脱硫系统内部环境十分复杂，固体、液体和气体相互混合，化学反应交替进行，临界温度起伏波动，煤的含硫量、温度、pH 值、氯化物、氟化物、露点温度、烟气流速、颗粒物冲刷和沉积腐蚀等影响因素众多，可能导致系统各部件不同程度的腐蚀。造成腐蚀的主要因素是烟气中的硫氧化物和氯化氢等。经测定，在正常运行工况下，系统钢制设备的腐蚀率达 1.25mm/年，个别部位达到 5mm/年，导致设备维修费用较高。

参见图 4-3 的湿法脱硫工艺吸收系统，未经处理的烟气在热交换器之前的烟道内、烟气侧热交换器入口段和热交换器内热侧的大部分区段一般不会发生腐蚀，可以不采用防腐材料。

易发生不同程度腐蚀的区段具体可以分为以下几个部分。

（1）烟气热交换器到吸收塔入口。原烟气经热交换器后温度降低为 $80\sim100℃$，一般已在烟气的酸露点温度以下，会有硫酸蒸汽结露腐蚀发生。

（2）吸收塔入口干湿界面区域。吸收塔内的湿饱和烟气在喷淋作用下始终保持在 50℃左右，在吸收塔入口段会形成干湿烟气界面。这段烟道的表面会形成严重的结露，循环使用的石灰石浆液中的氯化物的含量过高，吸收塔内洗涤浆液也会在烟道表面富聚，容易结垢，是腐蚀最严重的区域。另外喷淋区域附近的塔壁会遇到雾状洗涤液的冲刷而造成腐蚀。

（3）吸收塔出口到热交换器之间区域。吸收塔出口到热交换器之间的湿烟气温度仍为 50℃，烟气中的 SO_2 浓度会大幅度降低，仅含有少量的 SO_2。部分残余的 SO_2 会生成具有腐蚀作用的亚硫酸，同时，由于石灰石湿法洗涤方法无法有效吸收烟气中的 SO_3，因此 SO_3 溶于水生成硫酸雾，再加上少量的盐酸雾，在温度较低且湿度很大的条件下，各种腐蚀性物质极易形成液滴而沉积在温度较低的壁面上，从而造成腐蚀。

（4）热交换器出口至烟囱。即使采取烟气再热措施，脱硫后的烟气温度仍比不脱硫时低，含湿量也大大增加，因此，由于同样的腐蚀物质，脱硫后的烟气对其后烟道，特别是烟囱的腐蚀非但没有改善，反而有所增加。在采用湿法脱硫时，烟囱应按湿烟囱的方案设计和施工，对现有电厂应加强烟囱的隔热和防腐措施。

（5）石灰石浆供给系统和石膏浆液的排出和处理系统。在石灰石浆供给系统和石膏浆液的排出和处理系统中，往往含有氯离子、硫酸根离子和亚硫酸根离子等，因此，也需考虑防腐措施。

目前我国对湿法脱硫工艺主要设备的防腐仍没有形成统一的技术规范，一般用于湿法脱硫的防腐技术主要有衬胶、涂玻璃鳞片树脂和使用合金钢等材料。

3. 氯对湿法烟气脱硫工艺及设计的影响

湿法烟气脱硫过程中的氯主要来源于煤，煤中氯的含量一般均较低，我国一般为 0.1% 左右，少数煤为 0.2%～0.3%，某些高灰分煤的氯含量可高达 0.4%。尽管氯含量较少，但煤中所有化合态的氯均在高温下分解，最终生成 HCl 气体，所有 HCl 气体均能迅速溶解到燃烧产物水蒸气中，形成 Cl^-，随烟气一同排出。Cl^- 的腐蚀破坏性极大。

在脱硫过程中有如下化学反应

$$CaCO_3 + 2HCl \longrightarrow CaCl_2 + H_2O + CO_2 \tag{4-7}$$

随着烟气中的 SO_2 和 HCl 不断地被石灰石吸收，吸收浆液中的 $CaSO_4 \cdot 2H_2O$（石膏）和 $CaCl_2$ 的含量也不断提高，但由于 $CaSO_4$ 的溶解度很小，吸收浆液中的 SO_4^{2-} 浓度不大于 0.1%，因而，Cl^- 的腐蚀影响就显得非常严重。吸收浆液的典型温度为 50℃ 左右，$CaCl_2$ 极易溶于水，而在通常情况下，随石膏处理带走的氯量十分有限，再加之脱硫系统水的循环使用，Cl^- 在吸收浆液中逐渐富集，浓度可高达百分之几。Cl^- 是引起金属孔蚀、缝隙腐蚀、应力腐蚀和选择性腐蚀的主要原因，Cl^- 的存在大大加快了脱硫设备的腐蚀破坏。

当氯化物含量高于 2% 时，不锈钢材料已不能使用，要采用耐腐蚀衬里材料。当氯化物含量超过 6% 时，则需要更换更昂贵的防腐材料，脱硫系统运行时吸收浆液的氯化物含量应保持在 2%～3%。

另外，吸收浆液中的氯化物还会抑制吸收塔内的化学反应过程，比如，降低 SO_2 的脱除效率，抑制吸收剂的溶解，吸收剂的消耗量随氯化物浓度的增加而增加，并造成后续石膏脱水处理困难，导致成品石膏中含水量增大。石膏中的氯含量增加会影响石膏的综合利用价值。由此可见，虽然氯在煤中的含量极低，但对于湿法脱硫工艺来说，是一个不容忽视的因素。

由于煤中的氯化物易溶于水，原煤经过洗煤后，不仅可以除去煤中的部分硫，还可以将大部分的无机氯化物除去。因此，火电厂燃用洗选煤还可以减轻腐蚀、简化湿法脱硫工艺、降低造价。

4. 耗水量大

湿法脱硫系统的耗水量很大，需设置大规模的废水处理装置。

湿法烟气脱硫系统追求的目标是脱硫效率达到 95% 以上、可靠性更高、取消烟气再热系统和提高脱硫副产品的品质等。

五、氨洗涤脱硫工艺

该工艺是一种以氨水为脱硫吸收剂的湿法脱硫工艺，其工艺流程、洗涤器的设计和运行方式与石灰石湿法脱硫类似，SO_2 脱除率可达 98％，其主要特点是脱硫副产品为可以直接利用的硫酸铵化肥。

氨洗涤脱硫工艺主要由脱硫洗涤系统、烟气系统、氨水制备储存系统、硫酸铵结晶系统等组成，其核心设备是脱硫洗涤塔。氨洗涤脱硫的典型工艺采用两级烟气洗涤流程。锅炉来的烟气经烟气换热器后冷却至 90～100℃，进入前置洗涤器经洗涤除去 HCl 和 HF 等有害气体。一级洗涤后的烟气经过液滴分离器除去水滴，进入氨水洗涤器完成二级洗涤。氨水喷淋洗涤烟气，吸收烟气中的 SO_2，生成亚硫酸铵沉入洗涤器下部浆池。在浆池中鼓入空气，进一步氧化生成硫酸铵，洗涤产生的硫酸铵溶液（30％浓度）排出洗涤塔，可以进一步结晶干燥处理，生产硫酸铵结晶体作为化肥，或直接作为液体化肥出售。从洗涤器排出的烟气经除雾器除去雾滴，再经烟气换热器加热后由烟囱排放。

氨洗涤脱硫工艺根据所得产品的不同可分为氨—酸法、氨—亚硫酸铵法和氨—硫酸铵法，以上所述为氨—硫酸铵法。

氨法烟气脱硫工艺过程主要由吸收过程和结晶过程组成。在吸收塔中，烟气中的 SO_2 与氨水吸收剂逆向接触，SO_2 被氨水吸收，生成亚硫酸氢铵和硫酸铵，主要反应为

$$NH_3 + H_2O + SO_2 \longrightarrow NH_4HSO_3$$
$$NH_4HSO_3 + NH_3 \longrightarrow (NH_4)_2SO_3$$

在吸收塔底部浆液槽，亚硫酸氢铵被充入的强制氧化空气氧化成硫酸铵，其反应为

$$(NH_4)_2SO_3 + 1/2O_2 \longrightarrow (NH_4)_2SO_4$$

由浆液槽排出的硫酸铵吸收液，先经过灰渣过滤器滤去飞灰，再在结晶反应器中析出硫酸铵结晶液，经脱水、干燥后得到副产品硫酸铵。

氨是一种比钙基脱硫吸收剂更理想的脱硫吸收剂，但氨洗涤脱硫工艺所采用的氨水的来源远不如钙基脱硫吸收剂广泛，氨的价格也比较高，高运行成本是影响氨法脱硫工艺得到广泛应用的重要因素。同时，由于氨的泄露问题尚未得到很好的解决，因此，其在燃煤电厂的大规模使用受到很大限制。但作为化肥工业副产品的合成氨供应有较大的潜力，如果能够很好地解决氨泄露等问题，则是一种很有应用前景的可资源化烟气脱硫技术。

第五节　海水烟气脱硫技术

海水烟气脱硫工艺是利用天然海水所固有的碱度来作为 SO_2 的吸收剂，达到脱除烟气中 SO_2 的一种湿法脱硫方法。与石灰石湿法脱硫工艺相比，它不需要吸收剂制备和副产品处理系统，也不产生任何废弃物，系统和设备不结垢，具有技术成熟、工艺简单、系统可靠、投资和运行维护费用低、运行稳定等优点。

天然海水呈碱性，pH 值一般为 7.8～8.3，碱度为 2.0～3.0mmol/L，其主要成分是氯化物、硫酸盐和一部分可溶性碳酸盐，其固有的天然碱度和盐分具有很强的酸碱缓冲和吸收 SO_2 的能力。

海水烟气脱硫工艺按是否添加其他化学物质分为两类：一类是直接用海水作为吸收剂，不添加任何化学物质，是目前多选用的海水脱硫方式；另一类是向海水中添加一定量

的石灰以调节吸收液的碱度。

一、海水烟气脱硫工艺的主要化学反应过程

烟气中 SO_2 与海水接触发生以下主要反应

$$SO_2 + H_2O \longrightarrow SO_3^{2-} + 2H^+$$

$$SO_3^{2-} + 1/2O_2 \longrightarrow SO_4^{2-}$$

$$H^+ + OH^+ \longrightarrow H_2O$$

$$CO_3^{2-} + 2H^+ \longrightarrow CO_2 + H_2O$$

在吸收塔内 SO_2 被海水吸收生成 SO_3^{2-} 和 H^+，此时海水呈酸性，待进入曝气池与新鲜海水混合并鼓入大量空气后，SO_3^{2-} 被氧化成 SO_4^{2-}，同时 H^+ 与海水中的 CO_3^{2-} 发生反应，生成的 CO_2 被驱除，恢复脱硫海水的 pH 值和含氧量，同时降低 COD，使海水恢复后排入大海。海水吸收 SO_2 的最终产物是硫酸盐，硫酸盐是海水中的主要成分之一，是海洋环境中不可缺少的物质。

二、海水烟气脱硫工艺系统

如图 4-9 所示，该工艺系统主要由烟气系统、SO_2 吸收系统、海水供应系统、海水恢复系统组成。脱硫效率主要受海水碱度和液气比的限制。一般来说，SO_2 吸收系统的能力较大，整个脱硫系统的出力主要受海水恢复系统中的 SO_3^{2-} 被氧化成 SO_4^{2-} 的能力和 pH 值恢复能力的限制。

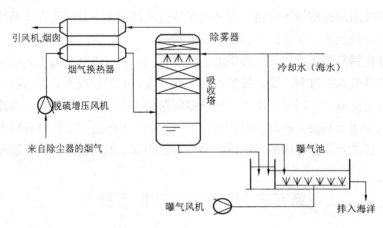

图 4-9　海水烟气脱硫系统

1. 烟气系统

电站锅炉电除尘器后的烟气经脱硫增压风机升压后送入烟气换热器降温，然后自下而上流经吸收塔。净化后的烟气经吸收塔顶部的除雾器除去雾滴，再次经烟气换热器升温至 70℃ 以上后排放至烟囱。

2. SO_2 吸收系统

脱硫反应主要是在逆流式吸收塔内完成。新鲜海水自塔的上部喷入，经除尘处理和降温后的烟气自塔底向上与海水进行逆流接触，烟气中的 SO_2 迅速被海水吸收，洗涤后的酸性海水在吸收塔底部收集并排出吸收塔。

3. 海水供应系统

火电厂的海水烟气脱硫系统是采用将汽轮机机组冷却用海水的一小部分由凝汽器下部的水井吸出打入吸收塔洗涤烟气，然后脱硫洗涤水自流至曝气池与其中大量的机组冷却水混合。

4. 海水恢复系统

海水恢复系统的主体结构是曝气池。吸收塔排出的含有 SO_3^{2-} 的酸性海水排入曝气池，并与排入曝气池中的大量海水混合（约为吸收用海水量的 20 倍）。同时向曝气池中鼓入大量压缩空气，使海水中溶解氧维持在接近饱和状态，在溶解氧的作用下，使海水中的 SO_3^{2-} 全部氧化成 SO_4^{2-}。因此，将易分解的亚硫酸盐氧化成稳定的硫酸盐，并使 COD 降低。同时，海水中的 CO_3^{2-} 与吸收塔排出的 H^+ 发生反应释放出 CO_2，使脱硫排水的 pH 值恢复到 6.5 以上，处理后的海水 pH 值、COD 值等达到排放标准后排入大海。

三、海水烟气脱硫工艺的主要特点

海水烟气脱硫工艺是一种湿式抛弃法脱硫工艺，一般适用于靠海边、扩散条件较好、用海水作为冷却水、燃用中低硫煤的电厂。

（1）工艺简单，无需脱硫剂的制备，系统可靠，可用率高。

（2）系统脱硫效率高，一般可达 90%。

（3）不需添加脱硫剂，无废水废料处理，与其他湿法脱硫工艺相比，投资省，运行费用低。

（4）脱硫后循环水的温升不超过 1℃，循环水的 pH 值和溶解氧有少量降低。国外对海水烟气脱硫工艺对海水生态环境影响的研究表明，其排放的重金属和多环芳烃的浓度均未超过规定的排放标准。

第六节　喷雾干燥法烟气脱硫技术

石灰石—石膏湿法烟气脱硫系统的一个突出问题是耗水量很大，需设置大规模的废水处理装置。因此，应寻求技术上经济上更为可行的、无废水排放的且无需烟气再热的干法或半干法烟气脱硫工艺。

喷雾干燥法烟气脱硫技术属于半干法脱除锅炉排烟中 SO_2 的脱硫工艺，以石灰为脱硫剂，技术比较成熟，工艺流程较简单，占地较少，可靠性较高，初投资较低，脱硫效率一般在 80% 左右，最高可达 85%，而且不产生废水。但系统的运行费用较高，其脱硫剂石灰的耗量比湿法脱硫大，其钙硫摩尔比为 1.5 左右。

喷雾干燥脱硫工艺根据所采用的喷雾雾化器的形式不同可分为两类：旋转喷雾干燥脱硫和气液两相流喷雾干燥脱硫。目前，已经投入商业化运行的以旋转喷雾干燥脱硫工艺为多。

一、旋转喷雾干燥脱硫的工艺原理

整个旋转喷雾干燥脱硫系统由脱硫剂灰浆配置系统、SO_2 吸收和吸收剂灰浆蒸发系统、收集飞灰和副产品的粉尘处理系统组成，如图 4-10 所示。

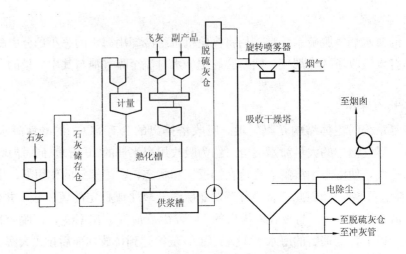

图 4-10 旋转喷雾半干法烟气脱硫工艺流程

首先，石灰经消化并加入热水制成消石灰浆液，即

$$CaO + H_2O \longrightarrow Ca(OH)_2$$

消石灰浆液经过滤后由泵输入到吸收塔内的雾化装置，在吸收塔内，浆液被雾化成细小液滴的吸收剂与烟气混合接触，与烟气中的 SO_2、SO_3 发生化学反应生成亚硫酸钙（$CaSO_3$）和硫酸钙（$CaSO_4$），同时，脱硫剂带入的水分迅速被蒸发而干燥，形成粉末状的反应副产品（大部分为亚硫酸钙），烟气温度随之降低，但仍然高于酸露点，可以直接排放，且不产生废水。

吸收塔内发生的主要化学反应为

$$Ca(OH)_2 + SO_2 \longrightarrow CaSO_3 \cdot 1/2\,H_2O + 1/2H_2O$$
$$Ca(OH)_2 + SO_3 \longrightarrow CaSO_4 \cdot 1/2\,H_2O + 1/2H_2O$$

脱硫反应的一部分产物及未被利用的脱硫剂以干燥的颗粒物形式随烟气带出吸收塔，进入除尘器被收集下来；同时由于重力的作用，一部分较大颗粒的固体产物沉积在吸收塔的底部，其中仍含有未经反应的氢氧化钙。为了提高脱硫吸收剂的利用率，将这部分固体颗粒和除尘器收集下来的部分脱硫灰及粉尘混合物一起经再次磨细后，加入制浆系统中循环使用。因此，该脱硫工艺使用的脱硫吸收剂实际上是以消石灰为主、含有少量飞灰和再循环反应副产品的混合物。

由于在该工艺过程中，脱硫产物的氧化不彻底，从除尘器收集下来的粉尘主要是含亚硫酸钙的脱硫灰，一般采用抛弃法，通过电厂的除灰系统排入灰场。

喷雾干燥脱硫工艺的脱硫效率虽然没有湿法烟气脱硫那样高，但它不必处理大量废水，可使系统简化、降低造价。

二、喷雾干燥脱硫工艺的特点

（1）旋转喷雾器是该工艺的核心设备，是一个采用变频调速电动机直接驱动的高速旋转设备，转速达 7000～10000r/min，其雾化的质量和工作的可靠性是影响脱硫效率的关键因素。

（2）由于排烟温度高于烟气酸露点温度，也由于该脱硫工艺几乎可以吸收烟气中所有

的 SO_3，所以，不需要对脱硫后的烟气管道、引风机和烟囱作特殊的防腐处理。

（3）该系统的运行工况对温度变化范围没有很高的要求。

（4）该系统在跟踪机组负荷变化上能够满足调峰机组的要求。

（5）由于采用石灰作为脱硫剂，应采取措施防止在石灰的处理过程中产生的危害和对环境的不良影响。

（6）无需采用烟气冷却和再加热系统。

（7）该工艺不产生大量的废水，所产生的废水主要来源于脱硫系统停用时脱硫剂储存罐槽的冲洗水，一般只含有石灰，不会对环境造成严重的危害。

（8）脱硫固体产物的主要成分是 $CaSO_3$、$CaSO_4$、$Ca(OH)_2$、CaO、$CaCO_3$ 等物质，以及一定量的粉煤灰，通常不能完全利用，须输送至灰场妥善堆放。

（9）运行中存在的主要问题是雾化喷嘴结垢、堵塞与磨损，以及吸收塔内壁面上结垢等。

三、脱硫系统的布置

在现有电站锅炉加装喷雾干燥烟气脱硫设备，一般有两种布置方式。

（1）将锅炉排出的烟气先经过吸收塔，然后再经过原有的电除尘器除尘，如图 4-1 所示。由吸收塔出来的烟气温度降低，含湿量增加，固体颗粒的成分和粒径分布及导电特性等因素发生变化，所以，对电除尘器的工作影响较大，尽管有些因素的变化对除尘器的工作性能是有利的，但由于入口的粉尘浓度成倍增加，原除尘器的改造是必需的，否则烟尘排放浓度会超标。

（2）将锅炉排出的烟气先经原有除尘器除尘再通过吸收塔，在吸收塔下游设置一个专门收集脱硫灰的除尘器（静电除尘器或布袋除尘器）。

为了简化系统，通常采用第一种布置方式。

四、脱硫吸收塔

喷雾干燥脱硫工艺的关键设备是喷雾干燥吸收塔。吸收塔的内部示意结构见图 4-11。

为了使烟气能够充满吸收塔的整个空间，吸收塔的烟气入口一般设计成切向进气方式，再通过烟气分配器经由旋转雾化器的四周进入吸收塔的空间。在吸收塔内，烟气与经

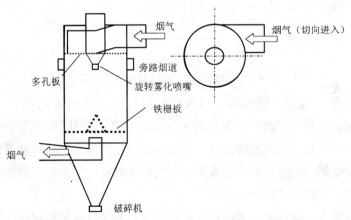

图 4-11　旋转喷雾干燥塔结构示意图

喷雾器喷入的石灰浆吸收液雾滴接触并发生反应，烟气自脱硫塔下部引出，经电除尘器收集粉尘和脱硫副产物后，再由引风机送至烟囱。

脱硫干燥吸收系统均设置旁路烟道，在吸收塔发生故障时，将锅炉排烟引向旁路，直接送至烟囱排出，以保证锅炉的正常运行。

第七节　炉内喷钙尾部增湿活化烟气脱硫技术

单独采用炉内喷钙（石灰石）的干法脱硫技术具有投资省的优点，但其脱硫效率偏低。炉内喷钙加尾部加湿活化技术是在炉内喷钙的基础上发展起来的一种半干法脱硫工艺，且无废水排放。但是，该工艺的脱硫效率仍低于湿法脱硫，而且脱硫系统的投运与锅炉的运行工况密切相关，其能应用的机组容量也受到一定的限制。

一、脱硫工艺概述

炉内喷钙尾部增湿活化烟气脱硫工艺是在炉内喷钙脱硫的基础上，在锅炉尾部增设了增湿、活化工序，以提高脱硫效率，因此，是一种改进的石灰石喷射脱硫技术。该技术除保留了通常的炉内喷射石灰石粉脱硫装置以外，还在空气预热器与除尘器之间的烟道上增设了一个独立的活化反应器，将炉内未反应完全的 CaO 脱硫剂，通过雾化水增湿进行活化后，再次与烟气中 SO_2 发生反应，进行二次脱硫。然后，将经收集下来的部分粉尘（含有未反应的脱硫剂）和脱硫灰渣循环使用。从活化反应器排出的烟气经除尘、再热后由引风机排入烟囱。炉内喷钙尾部增湿活化脱硫工艺流程如图 4-12 所示。

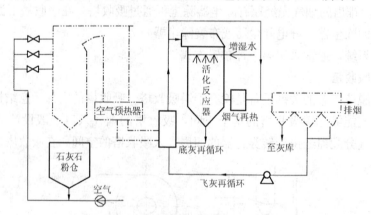

图 4-12　炉内喷钙尾部增湿脱硫系统简图

该工艺多以石灰石粉为脱硫剂，石灰石粉由气力输送的方式喷入炉膛中的 $850\sim1150℃$ 温度区域，石灰石受热分解为氧化钙和二氧化碳。氧化钙与烟气中的 SO_2 反应生成硫酸钙。由于反应在气固两相间进行，受到传质速度的影响，反应速度较慢，吸收剂利用率较低。炉内喷钙后的脱硫效率随煤种、石灰石粉的特性、炉型及炉内空气动力场和温度场等因素改变，一般为 $20\%\sim50\%$。

在尾部增湿活化反应器内，增湿水以雾状喷入，与未反应的氧化钙接触生成反应活性更高的氢氧化钙，进而与烟气中的 SO_2、SO_3 反应。活化器内的脱硫效率取决于雾化的水量、液滴的粒径分布、烟速以及出口烟温等因素，一般为 40%～60%。当钙硫摩尔比在 2.5 以上时，整个脱硫系统的脱硫效率为 60%～85%。在采用底灰再循环时，可以使整体脱硫效率接近 90%。

由于在烟气中喷入增湿水，使烟气温度下降，增湿水由于吸收烟气热量而被迅速蒸发，未反应的脱硫剂、反应产物呈干态随烟气排出被除尘器收集下来，不产生废水。脱硫产品中亚硫酸钙含量较高，其进一步的综合利用受到限制。

二、脱硫系统的组成

炉内喷钙尾部增湿活化脱硫系统主要由以下各个子系统组成。

(1) 石灰石粉制备和储存系统。将原料石灰石磨制成所要求的粒径范围（通常为 40～100μm，80% 以上的粒度小于 40μm），并储存在石灰石粉仓中。

(2) 炉内石灰石喷射系统。包括石灰石粉的给粉计量、输送、石灰石粉喷射以及该工艺系统所独有的助推风系统（见图 4-13）。助推风一方面起着将石灰石粉输送并喷入炉膛的作用，另一方面，则提供一定量的氧气，弥补石灰石在炉膛内发生脱硫反应所消耗的氧气。

(3) 炉后增湿活化系统。包括活化反应器、底渣再循环系统、压缩空气系统、增湿水系统、脱硫灰再循环等。

(4) 烟气加热（根据需要设置）、旁路烟道和系统运行控制等。

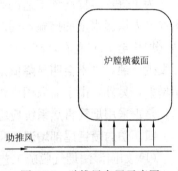

图 4-13　助推风布置示意图

三、化学反应过程

炉内喷钙尾部增湿活化脱硫实际上由炉内和炉后活化反应器内两次脱硫过程组成，其各自的化学反应过程为：

1. 炉内脱硫吸收剂热解并脱硫

喷入炉内的石灰石粉在炉膛中 850～1150℃ 温度区域，煅烧分解为氧化钙和二氧化碳。氧化钙与烟气中的 SO_2 反应生成硫酸钙，即

$$CaCO_3 \longrightarrow CaO + CO_2$$
$$CaO + SO_2 + 1/2 O_2 \longrightarrow CaSO_4$$

通常，钙基吸收剂（主要是 $CaCO_3$）在烟温高于 1200℃ 的区域内，发生热解所生成的 CaO 会被烧僵，化学反应活性变得很差，能得到的脱硫效率很低（20% 以下）。如果能使 $CaCO_3$ 热解生成具有较高的化学活性的 CaO，炉内脱硫效率还能够有一定程度的提高。比如，开发特制的高效钙基吸收剂，炉内的脱硫效率还可以进一步提高到 50%～60%。但总的来看，炉内脱硫用钙基吸收剂的利用率都不够高。

2. 炉后尾部活化反应器内增湿水合脱硫

$$CaO + H_2O \longrightarrow Ca(OH)_2$$
$$Ca(OH)_2 + SO_2 \longrightarrow CaSO_3 \cdot 1/2\,H_2O + 1/2\,H_2O$$
$$Ca(OH)_2 + SO_2 + 1/2 O_2 \longrightarrow CaSO_4 + H_2O$$

在炉内未与 SO_2 反应的 CaO 随烟气输送至布置在锅炉尾部的活化反应器，进行喷水

增湿，发生水合反应生成 Ca (OH)$_2$，在较低温度下可再次与 SO$_2$ 反应，以提高系统的脱硫效率和钙基吸收剂的利用率。

显然，提高该工艺系统脱硫效率的最重要的环节是尾部喷水增湿。随雾化增湿量增大，脱硫效率会显著提高，增湿使烟气接近饱和（活化器出口烟气温度接近露点温度）时，脱硫效率可达 90% 以上。但是，如果活化器出口烟气温度太低，且低于或接近烟气露点温度时，会造成活化器底渣循环等运行故障。另外，为了保证脱硫渣为干态，防止未被完全汽化的水滴可能对烟气下游设备带来的危害，以及水雾湿壁导致固体颗粒沉积、结垢和腐蚀等影响设备安全运行的故障，所以，必须控制增湿活化后烟气温度与露点温度的差值，一般控制出口烟气温度高于烟气中水露点温度 10～15℃，这是该工艺的一个重要的控制指标。因此，由于温度必须维持在较高的水平，也限制了脱硫效率的提高。

为了进一步提高该工艺的脱硫效率，一方面可采用较大的增湿活化空间；另一方面，采取增大增湿水量的措施，同时采取对吸收反应后的烟气进行再热以提高烟温的措施，将烟气加热至 75℃ 左右，高于烟气中酸露点温度，可以避免引风机和烟囱出现酸蒸汽凝结而发生腐蚀，也不会明显降低烟囱的提升高度。但是，会使系统复杂、设备投资和运行费用增大，另外，由于需采用锅炉的热风对烟气进行再热，因此，也将影响锅炉的效率。所以，是否采用烟气再热系统应综合考虑脱硫的技术经济性。

四、炉内喷钙尾部增湿活化脱硫技术的特点

（1）如同湿法烟气脱硫工艺，可以采用石灰石作为脱硫剂，具有资源分布广泛、价格低廉、处理简便等特点。

（2）系统工艺流程简单、占地面积小、无废水排放、初投资低、运行费用较低，并能得到较高的脱硫效率。

（3）既适用于新建大型电站锅炉及中小型工业锅炉，又适合于现役锅炉增设脱硫装置的改造，不需另设单独脱硫风机，增加的阻力完全可以由锅炉的引风机克服。

（4）脱硫副产品的成分与喷雾干燥脱硫工艺相似，脱硫灰渣为干态，为稳定的中性物质，但是，它包括了更多的飞灰（70%～80%），石灰的含量也较高。脱硫产品一般采取堆放处理，但要考虑堆放对地下水的影响。

（5）活化反应器的底渣和除尘器下的部分灰再循环使用，有利于提高脱硫效率和脱硫剂的利用率。

（6）脱硫系统与电站机组尤其是锅炉的运行关系紧密。由于在炉膛内喷入脱硫剂，会对锅炉的工作产生不同程度的不利影响，存在造成锅炉炉内受热面结渣、加剧受热面磨损的可能性。

（7）由于脱硫系统启动迅速，因此，对锅炉负荷的变化有良好的跟踪能力。

（8）脱硫系统的投运将使锅炉尾部排出的粉尘量成倍增加，因此，需要增加除尘器的设计出力或改造现有的除尘器，以保证除尘效果。

五、脱硫系统对锅炉运行的影响

炉内喷钙尾部增湿活化脱硫系统为非独立系统，对锅炉的运行有直接的影响，这是与其他类型的脱硫系统显著不同之处，主要体现在以下几个方面。

1. 锅炉热效率下降

由于石灰石在炉内发生煅烧反应，化学反应吸热造成锅炉有效热量的损失；同时也造成炉膛上部烟温下降，使飞灰含碳量增加。如果采用了热风加热烟气装置也造成锅炉热损失增加，一般来说，由于这些因素的影响，脱硫系统的投入会造成锅炉热效率降低0.3%～0.5%。

2. 对受热面磨损、积灰和结焦的影响

脱硫系统正常运行时，投入的石灰石粉量大约为燃用的煤粉量的10%左右（随入炉煤的含硫量变化）。当石灰石在炉内发生煅烧反应后，大量CaO颗粒未来得及与SO_2反应，就以飞灰形态流过对流受热面，因此，造成灰量增加，不仅加剧磨损，而且使积灰速度加快；其次，虽然CaO的熔点较高（2500℃以上），但其在高温下易与Fe_2O_3、SiO_2、Al_2O_3等结合形成低熔点共晶体，熔点在1000～1200℃，使灰渣中的易熔成分增加，积灰加剧，再次，由于$CaCO_3$的分解产生CO_2和$CaSO_3$生成$CaSO_4$时所耗用的氧量，增强了炉膛上部的还原气氛，也是对流受热面积灰加剧的潜在原因之一。

从另一方面讲，灰中的CaO增加使灰渣的黏度降低，更易从受热面上清除掉；并且由于CaO的存在降低了飞灰的烧结强度，使易产生高温腐蚀问题、较难清除的硫酸盐黏结灰转变成松散性积灰。所以，虽然受热面的积灰增加，但多为松散灰，易于清除。

3. 脱硫系统的启动和停运对锅炉运行工况的影响

石灰石粉和助推风喷射投入和切除，活化反应器的运行切换，烟气再热系统的投入，均会对锅炉的运行工况造成短时间内不同程度的影响，比如，炉膛负压波动，炉膛出口烟温、蒸汽温度波动，排烟温度变化等。

4. 对静电除尘器的影响

由于石灰石粉的煅烧和烟气的增湿，脱硫后进入静电除尘器的烟气成分、温度、湿度和粉尘的组成、浓度等均发生了较大的变化。在一般情况下，烟气温度由130～150℃降到70～75℃，湿度由5%～7%增加到10%～12%，SO_3浓度降低90%～99%，SO_2浓度降低80%左右，氧量也有所增加。烟气中的粉尘主要由飞灰、$CaSO_3$、$CaSO_4$以及未完全反应的脱硫剂CaO、$Ca(OH)_2$、$CaCO_3$等组成，粉尘颗粒表面粗糙、空隙率增大，烟气的含尘浓度增加一倍以上（>50g/m³）。

对静电除尘器工作的综合影响主要体现在以下三个方面：

（1）由于烟气温度降低，烟气的体积流量降低，并由于增湿使粉尘的比电阻下降，有利于粉尘的捕集，所以，静电除尘器的除尘性能有所改善。

（2）由于除尘器入口烟气粉尘含量增加很多，尽管除尘效率有所提高，但也增加了出口烟气的粉尘含量，所以，需要考虑静电除尘器的增容和适应脱硫烟尘的结构改造。

（3）静电除尘器本身具有一定的脱硫效果，一般为7%～10%的脱硫效率，且锅炉负荷较低时，脱硫效率趋高。其原因是烟气中尚未反应的脱硫剂粉粒在电场的作用下，颗粒的运动方向与烟气流动方向垂直，有利于进一步的反应。另外，在阳极极板上的积尘也含有未反应的脱硫剂，也起到进一步脱硫的作用，而且锅炉负荷越低，烟气流速低，反应的机会越大，脱硫效果越显著。

第八节 循环流化床烟气脱硫技术

循环流化床烟气脱硫是一种采用石灰作为吸收剂、以循环流化床作为脱硫吸收反应器的新型半干法脱硫工艺。该工艺以循环流化床的反应原理为基础，充分利用了循环流化床所独有的特点，包括气固两相间优越的传热与传质，吸收剂多次循环且接触反应时间长，因此，脱硫吸收剂的利用率大大提高，能在较低的钙硫摩尔比（Ca/S＝1.1～1.5）下达到90％以上的脱硫效率，与湿法烟气脱硫的脱硫效率相当。

早在20世纪70年代初，循环流化床反应器就被用于处理炼铝设备的尾气，80年代中期用于净化电站锅炉的排烟。目前，该脱硫工艺已经达到了工业化应用的程度。

循环流化床烟气脱硫工艺与其他脱硫工艺比较，具有的技术优势包括工艺简单，无需烟气冷却和加热；设备基本无腐蚀、无磨损、无结垢，无废水排放，脱硫副产品为干态；占地少，节省空间，设备投资低；钙的利用率高，运行费用不高；对煤种适应性强，既适用于不同硫份的燃煤电厂，也适合于现有电厂增设脱硫装置的改造等。近年来，该脱硫工艺在火电厂烟气脱硫中得到了比较迅速的推广，已应用于300MW燃煤电站锅炉烟气脱硫中。但是，该脱硫工艺需要采用较高纯度和活性的石灰作为脱硫剂，脱硫产物的综合利用也受到一定的限制。

一、循环流化床烟气脱硫系统组成及工艺流程

1. 类型

根据脱硫吸收剂的制备方法和送入循环流化床反应器的方式，工艺系统分为两种类型：一种是将石灰干粉和水分别经喷嘴送入反应器内，另一种是将石灰制成浆液直接经雾化喷嘴送入循环流化床反应器内，分别如图4-14和图4-15所示。

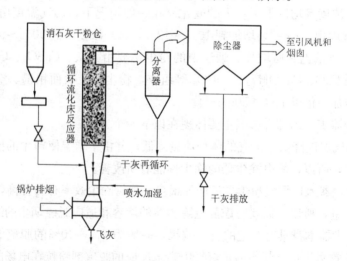

图4-14 循环流化床干法烟气脱硫流程图（石灰粉）

2. 系统组成和主要设备

（1）循环流化床吸收反应器为脱硫系统的主体设备，其结构为典型的循环流化床反应

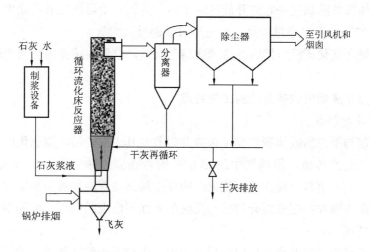

图 4-15　循环流化床烟气脱硫流程图（石灰浆）

器（循环流化床的结构和特点参见第七章的有关内容），底部装有布风装置（布风板或文丘里管），在反应器下部密相区布置有石灰浆（或石灰粉）喷嘴、加湿水喷嘴、返料口等，反应器上部为过渡段和稀相区。

（2）循环流化床反应器的出口为旋风分离器，分离器下部为返料管和返料装置，用来分离反应器循环物料，并送回循环流化床反应器。

（3）石灰制粉或石灰浆制浆系统。

（4）除尘器（静电除尘器或布袋除尘器）。

（5）控制系统。整个控制系统可由安装在集中控制室内的 DCS 系统完成，也可独立使用可编程控制器 PLC 系统。该工艺过程设有三个控制回路：①通过调节喷嘴喷水量或喷浆量来控制循环流化床反应器内烟气温度；②通过调节进入系统的新鲜石灰量来控制系统出口的 SO_2 浓度；③通过调节循环灰的排出量来控制循环流化床反应器进出口的压差，以维持反应器内物料稳定。

3. 工艺流程

锅炉空气预热器出口的烟气从循环流化床反应器的底部经布风装置进入反应器，烟气同时作为流化床的流化介质，维持循环流化状态。新鲜石灰浆（或干石灰粉与水）通过布置在反应器中央的两相流喷嘴（或单独喷嘴）并由压缩空气雾化后进入反应器，与床中物料颗粒（灰粒等）迅速混合。

在循环流化床的固体颗粒循环通道内，利用循环流化床的优越的传热传质条件，烟气与表面附着有石灰浆的循环固体颗粒接触，同时烟气所携带的热量导致石灰浆水分蒸发，烟气中的 SO_2、SO_3 与石灰进行吸收反应。

烟气和悬浮的固体反应物颗粒在反应器内向上流动直至旋风分离器，在旋风分离器内，大部分的固体颗粒，包括脱硫产物（钙盐等）、飞灰及尚未反应的石灰被分离下来，通过返料装置送回循环流化床反应器，其中尚未反应的石灰继续参与烟气的脱硫反应。事实上，不仅在反应器内，在旋风分离器等全部颗粒循环通道内均会发生吸收 SO_2 的反应。

剩余的少量固体颗粒随烟气一起离开旋风除尘器，进入除尘器进行最后除尘。除尘后的烟气温度为 $70\sim75℃$，不必经过加热，即可经过烟囱排入大气。

为了维持循环流化床反应器内的合理物料存有量，总要连续排出相当于脱硫剂给料量的灰渣至灰场。

二、循环流化床烟气脱硫系统的工艺特点

1. 脱硫反应的特点

石灰浆液滴与干态的固体颗粒发生碰撞并附着在其表面，循环流态化的颗粒强烈湍动作用强化了气液间的传质，使烟气中的 SO_2 被附着在固体颗粒表面的石灰浆薄层吸收，干燥与化学反应同时进行，使在气固流化床内发生局部微观的气液两相反应。因此，既利用了气固流化床内颗粒的强烈混合与参与反应的表面积巨大的特点，也利用了气液反应优于气固反应的特点。

在反应器系统内的主要化学反应为以下过程，生成亚硫酸钙和硫酸钙等干态产物，即

$$Ca(OH)_2 + SO_2 \longrightarrow CaSO_3 \cdot 1/2H_2O + 1/2H_2O$$

$$CaSO_3 + 1/2O_2 \longrightarrow CaSO_4$$

在进行脱硫反应的同时，还可以脱除其他有害气体（如 HCl 和 HF 等），即

$$Ca(OH)_2 + 2HCl \longrightarrow CaCl_2 + 2H_2O$$

$$Ca(OH)_2 + 2HF \longrightarrow CaF_2 + 2H_2O$$

如果采用兼有脱氮功能的吸收剂，则还可以在同一循环流化床反应器内完成联合脱硫脱氮的过程。

2. 反应器的工作温度

如上所述，由于流化床内反应条件良好，因此，反应器内的温度并不成为影响反应速度的重要因素。锅炉排烟可以直接进入循环流化床反应器进行脱硫（及脱氮）反应，运行中需使反应器内温度尽可能接近露点温度，以达到尽可能高的脱硫效率，同时将反应器出口烟气温度控制在烟气露点温度以上，所以，该工艺不需要设置烟气冷却和烟气加热装置。反应器内的温度可通过调节加湿喷水量或石灰浆的浓度来控制。

3. 运行特点

该工艺对煤种变化的适应性强，可以处理燃烧不同含硫量煤的烟气。对锅炉负荷的变化也有良好的适应性，适合于从中小型锅炉到大型电站锅炉的排烟处理。

由于循环流化床内高浓度的干燥循环颗粒的强烈掺混合对反应器壁面的冲刷作用以及适当的温度环境，可以避免由于浆液接触反应器壁面而引起固体颗粒的聚集和反应器壁面的结垢，使反应器内壁保持干净。

4. 脱硫副产品

脱硫产物呈干粉状，主要成分是 $CaSO_3$、$CaSO_4$、$Ca(OH)_2$、CaO、$CaCO_3$ 等无害物质以及一定量的粉煤灰，有利于综合利用，或者灰场堆放，无废水排放，不会产生二次污染。

系统基本不存在设备的腐蚀问题，可以采用普通的材料，降低了设备的造价。

第五章

燃煤火电厂烟气脱氮装置

第一节　烟气脱氮技术概述

20世纪60年代，氮氧化物 NO_x 被确认为大气的主要污染物之一。人类活动排入大气的 NO_x，90％以上是各种燃料的燃烧产物。因此，在燃料利用领域开始重视从燃烧烟气中有效地脱除氮氧化物的技术和装置的研究与开发，从而形成了烟气脱氮这一新的技术领域。

大气中氮氧化物（NO_x）气体包括一氧化氮（NO）、一氧化二氮（N_2O）、二氧化氮（NO_2）、三氧化氮（NO_3）、三氧化二氮（N_2O_3）及五氧化二氮（N_2O_5）等，除了不稳定的 NO_3，其余都属于稳定物质。NO 与 NO_2 是造成大气污染的主要物质。燃烧设备排放的 NO_x 中 NO 一般约占 95％，而 NO_2 仅占 5％左右。随化石燃料种类和燃烧方式的不同，燃烧生成的 NO_x 的数量也随之变化。

一氧化氮是一种无色、无刺激的不活泼气体。而二氧化氮则是棕红色、有刺激性臭味的气体。NO 和 NO_2 都是有毒气体，其中 NO_2 比 NO 的毒性高 4～5 倍。

NO 与血液中血红蛋白的亲合力非常强，生成亚硝基血红蛋白或亚硝基铁血红蛋白，降低血液输氧能力，引起组织缺氧和中枢神经麻痹。一般正常人的 NO 允许最高体积分数为 25×10^{-6}。

NO_2 刺激呼吸系统后会引起急性或慢性中毒，主要表现为对肺的损害，此外还对心、肝、肾及造血组织等均有影响。NO_2 能进入呼吸道深部组织，溶解成亚硝酸或硝酸后产生刺激和腐蚀作用。若发生高浓度 NO_2 的急性中毒，则会迅速产生肺水肿，甚至导致窒息死亡。慢性中毒引发的是慢性支气管炎和肺水肿。

与 SO_2 相似，NO_2 与气溶胶颗粒物具有协同作用。NO_2 与 SO_2 和悬浮颗粒物共存时，其对人体的危害远大于 NO_2 单独存在时，而且也大于各自污染物的影响之和。

自然环境中的 NO_2 除了与碳氢化物反应形成光化学烟雾外，还能抑制植物的光合作用，使植物发育受阻，生长受到损害，并可能是人体致癌的有关因素。

烟气脱氮是用反应吸收剂与烟气接触，以除去或减少烟气中的 NO_x 的工艺过程，亦称为烟气脱氮。烟气脱氮技术是在低 NO_x 燃烧技术的基础上，进一步降低氮氧化物排放污染的一个主要技术措施。无论从技术的难度、系统的复杂程度，还是投资和运行维护费用等方面，烟气脱氮均远远高于烟气脱硫，使烟气脱氮技术在燃煤电站锅炉烟气净化上的应用和推广受到很大的影响和限制。世界各国对燃煤电厂 NO_x 排放的控制主要是通过逐步提高其排放限制标准，不断开发新的减排技术并引进排放权交易等经济手段进行调节加以实现。

与发达国家相比，我国燃煤电厂在 NO_x 排放控制方面起步相对较晚，以致于 NO_x 排放总量的快速增长抵消了近年来卓有成效的 SO_2 控制效果。2006 年我国电力行业 NO_x 排放总量已经占到排放总量的 63.5%。如果不加强治理，NO_x 的排放总量将会继续增长，甚至有可能超过 SO_2 而成为大气中最主要的污染物。随着我国环保意识的增强，相应法律法规的健全和执法力度的加大，尤其是《排污费征收使用管理条例》在 2004 年 7 月 1 日正式实施，燃煤电厂 NO_x 的控制势在必行。因此，在各种脱氮工艺中寻求适合锅炉结构、燃烧方式和烟风系统布置方式、初投资和运行费用合理的火电厂烟气脱氮解决方案尤为重要。

目前，已经研制和开发的烟气脱氮工艺有 50 余种，大致可归纳为干法烟气脱氮和湿法烟气脱氮两大类。

一、干法烟气脱氮技术

干法脱氮技术的特征是用气态反应剂使烟气中的 NO_x 还原为 N_2 和 H_2O。主要有选择性催化还原法、非选择性催化还原法和选择性无催化还原法，其中选择性催化还原法被采用的较多。其他干法脱氮技术还有氧化铜法、活性炭法等。

干法脱氮的主要特点为：反应物质是干态，多数工艺需要采用催化剂，并要求在较高温度下进行，因此，该类烟气脱氮工艺不会引起烟气温度的显著下降，因此，无须烟气再加热系统。

1. 选择性催化还原法（SCR 法）

用氨（NH_3）作为还原剂，在催化剂的存在下，将烟气中的 NO_x 还原成 N_2，脱氮率可达 90% 以上，取决于所采用的催化剂的不同，其适宜的反应温度范围也不同，一般在 $250\sim420℃$ 之间。由于所采用的还原剂 NH_3 只与烟气中的 NO_x 发生反应，而一般不与烟气中的氧发生反应，所以，将这类有选择性的化学反应称为选择性催化还原法。

2. 选择性无催化还原法（SNCR 法）

在不采用催化剂的条件下，将氨作为还原剂还原 NO_x 的反应只能在 $950\sim1100℃$ 这一温度范围内进行，因此，需将氨气喷射注入炉膛出口区域的相应的温度范围内的烟气中，将 NO_x 还原为 N_2 和 H_2O。也称为高温无催化还原法或称为炉膛喷氨脱氮法。如果加入添加剂（譬如氢、甲烷或超细煤粉），可以扩大其反应温度的范围。当以尿素 $[(NH_2)_2CO]$ 为还原剂时，脱氮效果与氨相当，但其运输和使用比 NH_3 安全方便。但是，采用尿素作还原剂时，可能会有 N_2O 生成，这是一个值得注意的问题。

这类脱氮方法的脱氮率为 $40\%\sim60\%$，而且对反应所处的温度范围很敏感，高于 $1100℃$ 时，NH_3 会与 O_2 反应生成 NO，反而造成 NO_x 的排放量增加，低于 $700℃$ 则反应速率下降，会造成未反应的氨气随烟气进入下游烟道，这部分氨气会与烟气中的 SO_2 发生反应生成硫酸铵，在较高温度下，硫酸铵呈黏性，很容易造成空气预热器的堵塞并存在腐蚀现象，另外，也使排入大气中的氨量显著增加，造成环境污染。

为了适应电站锅炉的负荷变化而造成炉膛内烟气温度的变化，需要在炉膛上部沿高度开设多层氨气喷射口，以使氨气在不同的负荷工况下均能喷入所要求的温度范围的烟气中。该法的主要特点是无需采用催化反应器，系统简单。

二、湿法烟气脱氮技术

由于锅炉排烟中的 NO_x 主要是 NO，而 NO 极难溶于水，所以，采用湿法脱除烟气中的 NO_x 时，不能像脱除 SO_2 一样采用简单的直接洗涤方法进行吸收，必须先将 NO 氧化为 NO_2，然后再用水或其他吸收剂进行吸收脱除，因此，湿法脱氮的工艺过程要比湿法脱硫复杂得多。

湿法脱氮的工艺过程包括氧化和吸收，并反应生成可以利用或无害的物质，因此，必须设置烟气氧化、洗涤和吸收装置，工艺系统比较复杂。湿法脱氮大多具有同时脱硫的效果。

湿法的主要特点是，脱氮反应的局部或全部过程在湿态下进行，需使烟气增湿降温，因此，一般需将脱氮后的烟气除湿和再加热后经烟囱排放至大气。

主要有气相氧化液相吸收法，液相氧化吸收法等。

1. 气相氧化液相吸收法

向烟气中加入强氧化剂（ClO_2、O_3 等），将 NO 氧化成容易被吸收的 NO_2 和 N_2O_5 等，然后用吸收剂（碱、水或酸等液态吸收剂）吸收，脱氮率可达 90% 以上。

2. 液相氧化吸收法

用 $KMnO_4$-KOH 溶液洗涤烟气。$KMnO_4$ 将 NO 氧化成易被 KOH 吸收的组分，生成 KNO_3 和 MnO_2 沉淀，MnO_2 沉淀经再生处理，生成 $KMnO_4$ 重复使用。

湿法脱氮的效率虽然很高，但系统复杂，氧化和吸收剂费用较高，而且用水量大并会产生水的污染问题，因此，在燃煤锅炉上很少采用。

第二节　选择性催化还原 NO_x 的基本原理

目前，已经在火力发电厂采用的烟气脱氮技术主要是前述的两种干法脱氮技术，其中采用最多的主流工艺是选择性催化还原法。该法脱氮效率高，无需排水处理，无副产品，但脱氮装置的运行成本很高，系统复杂，烟气侧的阻力会增加。此外，采用 SCR 方法，要消耗昂贵的 NH_3，而反应产物却是完全无用的 N_2，不能实现废物利用，也是这一方法的不足。

一、SCR 反应原理

选择性催化还原（selective catalytic reduction，SCR）脱氮是在一定温度和有催化剂存在的情况下，利用还原剂把烟气中的 NO_x 还原为无毒无污染的 N_2 和 H_2O。这一原理于 1957 年被发现，后来研制出了 V_2O_5/TiO_2 催化剂，并分别在 1977 年和 1979 年在燃油和燃煤锅炉上成功投入商业运用。还原剂可以是碳氢化合物（如甲烷、丙烯等）、氨、尿素等，工业应用的还原剂主要是氨，其次是尿素。以氨为还原剂的主要反应方程式如下

$$4NH_3 + 4NO + O_2 \longrightarrow 6H_2O + 4N_2$$
$$4NH_3 + 2NO_2 + O_2 \longrightarrow 6H_2O + 3N_2$$
$$4NH_3 + 6NO \longrightarrow 6H_2O + 5N_2$$
$$8NH_3 + 6NO_2 \longrightarrow 12H_2O + 7N_2$$

在没有催化剂的情况下，上述化学反应只在很窄的温度范围内（850～1000℃）进行。通过选择合适的催化剂，可以使反应温度降低，并且使反应温度范围扩大（250～420℃），便于在锅炉尾部烟道的适当位置布置催化反应装置。

当反应条件改变时，还可能发生以下副反应

$$4NH_3 + 3O_2 \longrightarrow 2N_2 + 6H_2O + 1267.1kJ$$
$$2NH_3 \longrightarrow N_2 + 3H_2 - 91.9kJ$$
$$4NH_3 + 4O_2 \longrightarrow 4NO + 6H_2O + 907.3kJ$$

发生 NH_3 分解的反应和 NH_3 氧化为 NO 的反应都在 350℃ 以上才能进行，450℃ 以上反应速度明显加快。温度在 300℃ 以下时仅有 NH_3 氧化为 N_2 的副反应可能发生。

以下列反应为例

$$4NH_3 + 4NO + O_2 \longrightarrow 6H_2O + 4N_2$$

SCR 的表面反应过程如图 5-1 所示。由图 5-1 可见，NH_3 在催化剂的作用下与烟气中的 NO 反应生成 N_2 和 H_2O 是由一系列过程组成的循环过程：喷入烟气中的 NH_3 在通过催化剂层时，首先被吸附到催化剂表面的吸附活性位上，该过程速度较快；然后气相中的 NO 与被吸附的 NH_3 反应生成过渡态化合物，NH_3 的 3 个 H 原子有两个和 NO 的 O 原子结合，其余一个将催化剂表面的 V⇒O 双键还原生成 V→O，该反应速度较慢，是速率控制步骤；之后过渡态化合物分解，生成 N_2 和 H_2O；最后气相中的 O_2 与 V→OH 反应重新生成 V⇒O，从而实现一个催化循环。由上述过程可见，在催化循环过程中，烟气中的 NO 是否被催化剂吸附无关紧要，而为了完成催化循环，烟气中的 O_2 是不可缺少的。

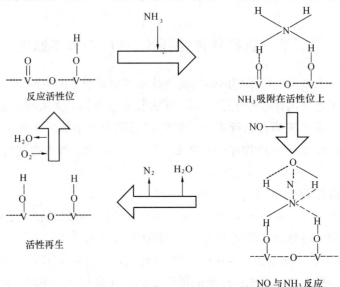

图 5-1 SCR 表面反应机理

实际使用时，催化剂通常制成板状、蜂窝状的催化元件，再将催化元件制成催化剂组件，组件排列在催化反应器的框架内构成催化剂层。烟气中的 NO_x、NH_3 和 O_2 在流过催化剂层时，经历以下几个过程：①NO_x、NH_3 和 O_2 扩散到催化剂外表面并进一步向催化剂的微孔表面扩散；②NO_x 和 O_2 与吸附在催化剂表面活性位的 NH_3 反应生成 N_2 和 H_2O；③N_2 和 H_2O 从催化剂表面脱附到微孔中；④微孔中的 N_2 和 H_2O 扩散到催化剂外表面，并继续扩散到主流烟气中被带出催化层。其中，过程①～③为控制步骤，因此，脱氮装置的性能不但受到化学反应速度的制约，还在很大程度上受反应物扩散速度的影响。

二、SCR 反应的主要影响因素

前已述及，SCR 脱氮过程是一个受物理化学因素综合影响的过程，因此，影响 NO_x 脱除效率的因素也是多方面的，主要有催化剂性能、反应温度、反应时间、NH_3/NO_x 摩尔比等。

1. 催化剂性能

催化剂活性是催化剂加速 NO_x 脱除速率的量度。催化剂活性越高，反应速度越快，脱除 NO_x 的效率越高。催化剂活性和催化剂成分和结构、扩散速率、传质速率、烟气温度和烟气成分等均有关系。当催化剂活性降低时，NO_x 还原反应的速度也降低，NO_x 脱除效果变差，氨逃逸水平升高。SCR 系统运行中的氨逃逸水平应维持在 $(2\sim5)\times10^{-6}$，高于此值就须更换催化剂。一般说来，催化剂的活性随着投入运行时间的增加而降低，二者成指数关系。

每一种催化剂都有各自不同的化学反应选择特性。良好的选择性表现在对 NO_x 还原反应有尽可能大的加速作用而对不希望发生副反应的加速作用尽可能少。实际情况下，一些副反应总是不可避免的，并且催化剂也可能对这些反应有一定的催化作用。例如，一些催化剂对 SO_3 和 N_2O 的形成有促进作用。SO_3 是由 SO_2 氧化形成的，SO_3 与烟气中的氨反应生成硫酸铵，沉积在催化元件的表面或空气预热器等设备上，会造成催化剂的钝化或设备的腐蚀。N_2O 排放到大气中，会破坏臭氧和加剧温室效应。

2. 反应温度

反应温度既影响反应速度，也影响催化剂的活性。一般说来，反应温度越高，反应速度越快，催化剂的活性也越高。SCR 的适宜反应温度对应一个温度区间，其数值取决于催化剂类型和烟气成分。温度低于这一区间时，化学反应速度降低；温度高于这一区间时，则导致 N_2O 生成量增大，易发生催化剂烧结和钝化加剧等现象。对于绝大多数金属氧化物型催化剂，最适宜的温度范围为 $250\sim420℃$。图 5-2 表示一典型金属氧化物型催化剂的 NO_x 脱除效率－温度关系曲线。

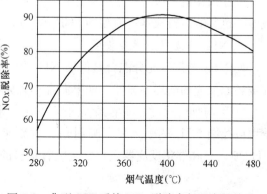

图 5-2 典型 SCR 系统 NO_x 脱除率与温度的关系

根据 SCR 反应所对应的最佳温度范围，SCR 催化反应器一般布置在省煤器出口和空气预热器进口之间。需要注意的是，电站锅炉常常在低于额定负荷的情况下运行。在这种情况下，省煤器出口烟温有可能降低到最佳温度以下，可通过采用省煤器旁路烟道等措施来使省煤器出口烟气温度尽可能保持在适宜的温度范围内。

3. 反应时间

反应时间即反应物在催化反应器中进行反应的时间，也称停留时间或接触时间。一般情况下，随着反应时间的增加，NO_x 脱除效率升高，但有一个最佳值，超过这个最佳值，NO_x 脱除效率开始下降。这是因为随着反应时间的增大，反应物与催化剂的接触时间增大，有利于反应物在催化剂微孔内的扩散、吸附和反应以及反应产物的解吸附和扩散，从而使脱除效率提高。但是，当接触时间过长时，副反应速度加快，有更多的 NH_3 直接分解为 N_2 和 H_2 以及产生更多的 N_2O，于是 NO_x 的脱除效率下降。

反应时间也可用空间速度衡量。所谓空间速度是指标准状况下的湿烟气在催化反应器容积内停留时间的倒数，是 SCR 装置的一个关键设计参数。空间速度大，烟气在催化反应器内的停留时间短，反应不完全程度增大，氨的逃逸量就会增大，同时烟气对催化元件的冲刷也增大。对于固态排渣炉高灰段布置的催化反应器，空间速度可选择在 $2300 \sim 3500 h^{-1}$ 之间。

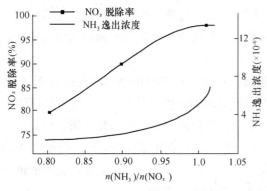

图 5-3　$n(NH_3)/n(NO_x)$ 对 NO_x 脱除率和氨逸出的影响

4. NH_3/NO_x 摩尔比

在一定范围内，NO_x 脱除效率随 NH_3/NO_x 摩尔比的增大而增大，尤其是在 NH_3/NO_x 摩尔比小于 1 时，增大摩尔比对脱除效率的影响更为明显。NH_3/NO_x 摩尔比增大超过一定限度时，NH_3 直接氧化以及生成 H_2O 量随之增大，导致 NO_x 脱除效率下降，同时氨逃逸量也增大。图 5-3 给出了 NO_x 脱除效率和氨逃逸量与 NH_3/NO_x 摩尔比之间的关系。

实际采用的 NH_3/NO_x 摩尔比是一个很重要的设计参数，这一参数的选择既影响投资成本，也影响运行成本。典型的 SCR 系统这一数值在 $1.05 \sim 1.2$。

5. NH_3 与烟气的混合程度

使 NH_3 与烟气充分混合是保证 NH_3 与烟气中的 NO_x 充分接触，并在给定的时间内完成还原反应的前提。显然，如果混合不充分，NO_x 脱除效率下降，氨逃逸量增大。

NH_3 与烟气通过由喷射系统向烟气中喷射具有一定压力的气态氨进行混合。喷射系统可以控制 NH_3 的喷入量、喷射角、射流速度和方向。一般用空气或蒸汽作载气。在 NH_3 喷入点和催化反应器入口之间应有足够的管道长度以保证充分的混合。

第三节 选择性催化还原 NO_x 的工艺过程

一、系统组成和布置

选择性催化还原法的系统主要由催化反应器、催化组件和氨储存及喷射系统组成。

当采用不同的催化剂来催化 NH_3 和 NO_x 的还原反应时，其适应的反应温度范围也不同。在应用于电站锅炉时，为了适应化学反应的最佳烟温范围，催化反应器需布置在锅炉尾部的不同位置。

1. 高温高尘（热段/高灰）布置方式

催化反应器布置在省煤器和空气预热器之间，见图 5-4（a），进入反应器的温度在 $300\sim400℃$ 之间，适合于多数催化剂的反应温度。但是，在这种布置方式下，烟气中的飞灰和 SO_2 都要通过催化反应器，反应器在高尘条件下工作。当烟气所携带的飞灰中含有 Na、Ca、Si、As 等成分时，会使催化剂"中毒"或受污染；飞灰会加速催化反应器的磨损，也可能使反应器通道发生堵塞。对选择性催化还原工艺的运行存在一个温度下限，这一界限取决于省煤器出口烟气中的 SO_3 的浓度，低于这一温度界限时，氨与烟气中的 SO_3 将形成酸性硫酸铵，这一反应产物会对催化剂造成堵塞，使其失效。这一温度下限随采用的催化剂的不同而不同，采用铂作为催化剂时，温度下限为 $225\sim250℃$，采用铜、铬等催化剂时为 $350℃$ 以下。所以，在锅炉运行中，脱氮设备的运行要与锅炉的运行协调工作，以避免脱氮设备在较低的温度范围内运行，一旦入口烟气低于这一温度，应停止喷氨，避免造成设备堵塞。也可以在锅炉的设计或改造中，合理设计省煤器的换热量（或加装旁路省煤器），使其在大部分锅炉运行的负荷范围内满足脱氮装置的运行温度。另外，进入催化反应器的烟气温度也不能太高，否则会使催化剂发生烧结或再结晶而失效。还要注意高活性的催化剂会促使烟气中的 SO_2 氧化成 SO_3。

与其他布置方式相比，这种布置方式仍然是一种经济有效的布置方式，因此，被采用得较为广泛。图 5-5 即为采用这种布置方式 SCR 的整体布置图。

2. 高温低尘（热段/低灰）布置方式

将催化反应器布置在高温静电除尘器与空气预热器之间，见图 5-4（b）。这种布置方式可以防止烟气中的飞灰对催化剂的污染和对催化反应器的磨损和堵塞。这一方案的最大问题是静电除尘器要在 $300\sim400℃$ 的高温下运行，可靠性很难保证，因此很少采用。

3. 低温低尘（尾部烟气段）布置方式

催化反应器布置在烟气脱硫装置之后，如图 5-4（c）所示。在这种布置方式下，脱氮装置的催化剂基本是在无尘、无 SO_2 的干净烟气条件下工作，可以防止催化剂的中毒和避免催化反应器的堵塞、腐蚀，基本不存在催化剂的污染和失效，催化剂的工作寿命可以大大增加。

但是，由于脱硫后的烟气温度仅为 $50℃$ 左右，因此，在烟气进入脱氮催化反应器之前，必须采取利用外来热源加热烟气的方法，将烟温提升到所需的反应温度，显然，这将使系统更加复杂，并影响系统的综合效率。

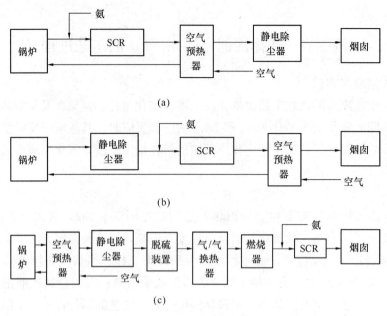

图 5-4 SCR 反应器的布置方式

（a）热段/高灰布置；（b）热段/低灰布置；（c）尾部烟气段布置

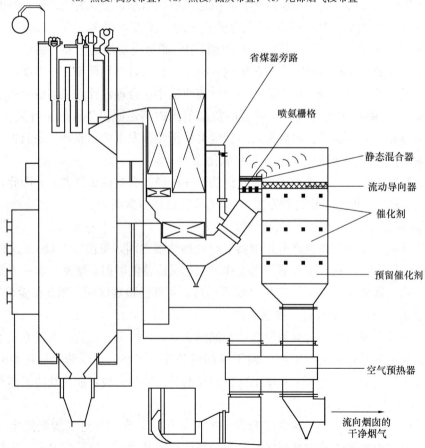

图 5-5 一种典型的 SCR 总体布置图

二、工艺过程

以采用高温/高尘布置方式、还原剂采用液氨的脱氮系统为例来说明 SCR 系统的工艺过程。图 5-6 为选择性催化还原法烟气脱氮系统工艺流程。

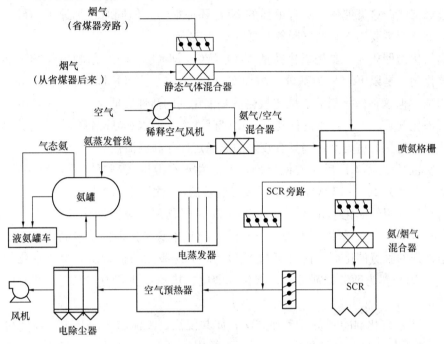

图 5-6　SCR 脱氮系统工艺流程

液态氨通过氨存储和制备系统被汽化为氨气，然后与稀释风机送入的空气在氨气/空气混合器中充分混合，氨气在混合气体中的体积含量约为 5%。混合后的氨气-空气混合气体进入位于烟道内的氨喷射栅格，再经过氨气/烟气混合器使氨气与烟气充分混合，然后进入催化反应器。氨与 NO_x 在催化反应器内催化剂的作用下发生反应生成 N_2 和 H_2O。N_2 和 H_2O 随烟气流出催化反应器后经空气预热器、电除尘器、引风机和烟囱排到大气中。

整个 SCR 系统可以分为氨气系统和脱氮反应系统两大部分。氨气系统较为复杂，由液氨卸料压缩机、液氨储罐、液氨蒸发器、氨气缓冲罐以及氨气稀释槽、废水泵、废水池等组成。脱氮反应系统包括催化反应器、氨喷雾系统和空气供应系统等。SCR 系统使用的液氨由液氨槽车运来。卸车时，液氨储罐内的气体经压缩机加压后进入槽车，槽车内的液体通过卸料软管送入液氨储罐。储罐内的氨通过出料管至蒸发器蒸发为氨气，之后经氨气缓冲罐送往脱氮系统。因事故等原因紧急排放的氨气导入氨气稀释槽中，经水吸收稀释后排入废水池，再由废水泵送至废水处理厂处理。

第四节　选择性催化还原 NO_x 的催化剂与还原剂

一、催化剂的分类及特点

催化剂是 SCR 装置中最关键的部件，是保证整个脱氮系统性能的基础。用于 SCR 系统的催化剂主要有四类：贵金属催化剂、金属氧化物催化剂、沸石催化剂和活性炭催化剂。

贵金属催化剂出现于 20 世纪 70 年代，主要有铂、钯、铑等，用 Al_2O_3 作为载体，制成球状或蜂窝状。这类催化剂具有很强的 NO_x 还原能力，但同时也加速了 NH_3 的氧化。目前这类催化剂主要用于天然气脱氮及低温 SCR 装置。

金属氧化物催化剂主要是氧化钛基 V_2O_5-WO_3(MoO_3)/TiO_2 系列催化剂。其次是氧化铁基催化剂，是以 Fe_2O_3 为基础，添加 Cr_2O_3、Al_2O_3、SiO_2 以及微量的 MgO、TiO、CaO 等组成，但这种催化剂的活性比氧化钛基催化剂的活性要低。

沸石催化剂是一种陶瓷基的催化剂，由带碱性离子的水和硅酸铝的一种多孔晶体物质制成丸状或蜂窝状。这类催化剂具有较好的热稳定性和高温活性。

活性炭也可作为 SCR 反应的催化剂，但活性炭在温度较高且有氧存在时容易燃烧，适宜的反应温度为 $100\sim150℃$，由于反应温度较低，应用范围受到限制。

目前电厂常用的催化剂是 $V_2O_5-WO_3/TiO_2$ 催化剂。该型催化剂中，V_2O_5 作为活性组分具有效率高和选择性好的优点；锐钛型 TiO_2 本身是比表面积较高、抗硫中毒性良好、稳定性强的脱氮催化剂，而且可与 V_2O_5 和 WO_3 发生协同效应，提高催化剂的脱氮催化性能；WO_3 作为助催化剂可提高催化剂酸度、热稳定性和力学性能，并有助于抑制 SO_2 的转化。

V_2O_5/TiO_2 催化剂的制备有多种方法，如共混法、浸渍法等。其中浸渍法可使活性组分 V_2O_5 在载体表面分布得更均匀，因而更常用。由于活性组分 V_2O_5 不溶于水，浸渍法采用 V_2O_5 的前驱体 NH_4VO_3 配置浸渍液，载体 TiO_2 经充分浸渍后进行煅烧，得到成品催化剂。研究表明，用这种方法所制备的催化剂中 V_2O_5 在 TiO_2 表面以单分子层的形式分布。

从结构形式上看，商业 SCR 催化剂有三种类型：板式、蜂窝状和波纹板式，如图 5-7～图 5-9 所示。这三种类型催化剂的平行通道有利于飞灰的通过，具有开口面积大，压降小，不易堵塞等优点。板式催化剂的开口面积最大，最有利于飞灰通过，此外板式催化剂采用金属筛板作为担体，机械强度好，特别适用燃烧高灰分煤 SCR 脱氮场合；蜂窝状催化剂是以 SCR 催化剂粉体为基体，与成型助剂等通过混合、捏合、挤压成型、干燥、焙烧等过程得到，由于活性成分在其中均匀分布，即使催化剂表面有磨损，仍可保持较强的活性，所以蜂窝状催化剂在高灰和低灰情况均可应用，另外蜂窝状催化剂开孔率低于板式催

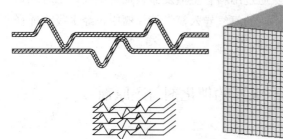

图 5-7　板式 SCR 催化剂

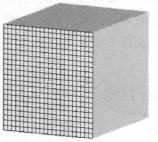

图 5-8　蜂窝状 SCR 催化剂　　图 5-9　波纹板式 SCR 催化剂

化剂，在相同的脱氮效率时需要的蜂窝状催化剂体积较小；而波纹板式催化剂是以波纹状纤维板为担体，在其表面涂有含活性组分的涂层，波纹板式催化剂的最大优点是重量轻，由于活性物质要比蜂窝状催化剂少 70%，在粉尘的冲刷下当表面活性物质磨损流失后，催化活性下降较快，使用寿命较短，一般不太适合燃煤高灰脱氮，而在灰含量较低时的燃油和燃气脱氮中有较多应用。

二、催化剂的钝化与中毒

在理想的情况下，由于还原反应既不消耗催化剂，也不会改变催化剂的表面结构，催化剂促进还原反应的作用是无限期的。但在实际运行过程中，由于飞灰含有的碱金属和砷与催化剂的作用、催化剂的烧结、堵塞、磨蚀以及水蒸气的凝结和硫酸盐的沉积等原因使催化剂活性降低或中毒。

1. 催化剂的烧结

催化剂长时间处于 450℃ 以上的高温环境中可发生催化剂烧结，导致催化剂颗粒增大和表面积减少，催化剂活性位也相应减少，而使催化剂活性降低。要防止催化剂的高温烧结，首先要保证进入催化反应器的烟气温度不得高于催化剂的允许温度的上限。在锅炉启动和运行过程中避免油滴和未燃碳等可燃物颗粒在催化剂表面积聚，以防止这些可燃物在高温下再次燃烧造成催化剂烧结。同时可以采用适当的预处理措施，以提高催化剂的抗烧结能力，例如，采用钨进行退火处理，可以有效提高催化剂的抗烧结能力。

2. 催化剂的中毒

烟气中含有 Na、K 等碱金属的混合物如果直接和催化剂表面接触，可以直接和催化剂的活性组分发生反应。这是因为可溶性碱金属盐的碱性比 NH_3 强，碱金属优先与催化剂表面的活性成分反应，使催化剂失去活性，发生中毒现象。在实际情况下，如果能够避免水蒸气的凝结，即可避免催化剂发生碱金属中毒。对于燃煤锅炉来说，由于灰中的多数碱金属是不溶的，所以发生催化剂碱金属中毒的危险性较小；对于燃油锅炉，中毒的危险性较大，这主要是由于燃油炉烟气中水溶性碱金属含量高；特别是对于燃用生物质燃料的锅炉，如麦秆或木材等，则中毒有可能会很严重，因为这些燃料中水溶性 K 的含量很高。

煤中含有砷（As）时，会在煤的燃烧过程中生成气态 As_2O_3。As_2O_3 扩散到催化剂表面及催化剂的微孔中，在催化剂的活性位上与其他物质发生反应，导致催化剂活性降低。As 中毒的严重程度主要取决于烟气中的气态 As_2O_3 浓度，因而也和煤中砷的含量有关。当煤中砷的含量低于 5mg/kg 时，可以不考虑砷对催化剂的影响。对于高砷煤（5～30mg/kg），或在固态排渣炉中采用了静电除尘器后飞灰再循环，或在液态排渣炉中采用了烟气再循环，则有可能引起较严重的催化剂砷中毒。可以通过使用燃料添加剂（如石灰石）或在催化剂中加入 MoO_3，与催化剂表面的 V_2O_5 构成复合型氧化物来防止催化剂的砷中毒。

飞灰中游离的 CaO 和 SO_3 反应形成 $CaSO_4$，$CaSO_4$ 覆盖在催化剂表面上，阻止了 NH_3、NO_x 等反应物向催化剂表面扩散，降低了催化剂的活性，这种现象也称催化剂结垢。由于固态排渣锅炉飞灰中游离 CaO 的浓度几乎是液态排渣锅炉的两倍，所以固态排渣锅炉容易发生这种现象。研究表明，飞灰中游离 CaO 的浓度对结垢程度起着决定性作用。

3. 催化剂的堵灰和磨蚀

烟气中的 SO_3 会与喷入烟气中的 NH_3 反应生成 $(NH_4)_2SO_4$ 和 NH_4HSO_4，也可与碱土金属氧化物 CaO、MgO 等反应生成 $CaSO_4$ 和 $MgSO_4$，这些产物会堵塞催化剂的微孔。为了防止 $(NH_4)_2SO_4$ 和 NH_4HSO_4 的生成，要避免运行温度低于催化剂允许温度的下限。

催化剂的堵灰主要是由于铵盐及飞灰中的小颗粒沉积在催化剂微孔中，阻碍烟气中的 NH_3、NO_x 和 O_2 与催化剂活性表面接触，引起催化剂钝化。堵灰严重时，还可造成催化反应器内烟气流速大幅度增加，使催化剂磨蚀加剧、烟气阻力增大。不但影响脱氮系统的性能，对锅炉烟风系统的正常运行也产生不利影响。要防止堵灰首先要合理选择催化剂节距，选择合适的反应温度以保证反应器内烟气温度维持在铵盐沉积温度之上，同时要选择合适的烟气流速使其既能够起到防止堵灰的作用，又不致于引起过高的烟气阻力和催化剂磨蚀，还要注意合理配置吹灰装置。设计烟道和反应器时注意运用数值模拟技术和物理模型试验的结果，改善气流特性也是防止催化剂堵灰的重要措施。

催化剂的磨蚀主要是由于飞灰撞击在催化剂表面形成的。磨蚀程度与气流速度、飞灰特性、撞击角度以及催化剂特性有关。通过采用耐磨蚀催化剂材料，提高边缘硬度，优化气流分布，在垂直催化剂床层安装气流调节装置等措施可以减少磨蚀。

三、还原剂的种类与特点

用于燃煤电站 SCR 烟气脱氮的还原剂一般有 3 种：液氨、尿素和氨水。选择还原剂时需要从物理化学特性、安全性和经济性等方面综合考虑。

1. 液氨的特性

液氨，即无水氨。无水氨为无色气体，有刺激性恶臭味，分子式 NH_3，分子量 17.03，密度 0.7714g/L，溶点 −77.7℃，沸点 −33.35℃，自燃点 651.11℃，蒸气相对密度 0.6，水溶液呈强碱性。属于高毒性、易燃危险品。

无水氨通常以加压液化的方式储存，液态氨转变为气态时会膨胀 850 倍。液氨泄漏到空气中时，会与空气中的水形成云状物，不易扩散，对附近的人身安全造成危害。氨蒸气与空气混合物的爆炸极限为 16%～25%（最易引燃浓度为 17%）。氨和空气混合物达到上述浓度范围遇明火会燃烧和爆炸，如有油类或其他可燃性物质存在，则危险性更大。

长期暴露在氨气中，会对肺造成损伤，导致支气管炎。直接与氨接触会刺激皮肤、眼睛，使眼睛暂时或永久失明，并导致头痛、恶心、呕吐等，严重时会致人死亡。

2. 尿素的特性

尿素的分子式为 $(NH_2)_2CO$，分子量为 60.06，含氮量通常大于 46%，为白色或浅黄色的结晶体，吸湿性较强，易溶于水，水溶液呈中性。

用尿素作脱氮还原剂时，需要通过水解或热解的方法使尿素分解，产生氨气，然后才能送入催化反应器中。

与无水氨和氨水相比，尿素是无毒、无害的化学品，便于运输和储存。利用尿素作还原剂时运行环境较为安全，因为尿素是经水解或热解后才转化为氨，从而可以避免在运输、储存过程中由于管路和阀门泄漏造成的危害。

3. 氨水的特性

氨水即氨的水溶液。用于脱氮还原剂的氨水浓度为 20%～30%。

氨水也是危险品，不过比无水氨相对安全。氨水的水溶液呈强碱性，有很强的腐蚀性。当空气中氨气浓度在 15%～28% 范围内时有爆炸的危险。

四、还原剂的安全性和经济性比较

液氨是国家规定的乙类危险品，在运输和储存过程中都存在一定的危险性，需要相关管理部门的审批和准许。液氨的储存量超过 40t 即可被列为重大危险源。氨水的危险性虽然没有液氨严重，但氨水也是一种危险性物质，具有毒性和腐蚀性。而尿素在储存和运输过程中均无危险性，运价比较便宜。

使用液氨作为还原剂时，只需将液氨蒸发即可得到氨蒸气；而使用尿素作为还原剂原料则需要经过水解或热解才能得到氨蒸气。在尿素转化为 NH_3 的过程中，会产生 H_2O、CO_2 等副产品。液氨系统采用电加热形式，加热器在一年中大部分时间无需运行，电耗和蒸气消耗都比尿素系统小。因此，尿素系统的运行费用高于液氨系统。

由于尿素分解产物中有水蒸气存在，从尿素热解槽或水解槽出来的混合蒸气在进入混合器前，为防止水蒸气的凝结和高腐蚀性的氨基甲酸铵的形成，管材和阀门都要使用不锈钢，并且采用伴热措施。而液氨系统中液氨储存罐、氨气缓冲槽、液氨稀释槽、液氨蒸发器等设备和管道全部可以使用碳钢。加上设备制造等其他因素，尿素系统的初投资比液氨要大得多。

综上所述，液氨法的投资、运输和使用成本为三者最低，但必须有严格的安全保证。氨水较液氨安全，但运输体积大，运输成本相对较高。尿素是一种颗粒状的固态物质，安全无害，但制氨系统复杂、设备占地和初投资均大，大量尿素在储存过程中还存在潮解问题。

第五节　选择性催化还原 NO_x 的主要设备

在选择性催化还原脱氮系统中，主要设备有催化反应器、氨/空气混合器和喷氨混合装置等。

一、催化反应器

选择性催化反应器是还原剂和烟气中的 NO_x 发生催化还原反应的场所，是脱氮系统最核心的设备。

组件形式的催化反应器的内部一般结构如图 5-10 所示。如前所述，催化剂通常制成板状、蜂窝状的催化元件，再将催化元件制成催化剂组件，组件排列在催化反应器的框架内构成催化剂层。这种方式的布置使得更换失效的催化剂组件比较方便。催化组件的结构和布置除了考虑反应条件外，还应考虑烟气侧的阻力。

烟气在反应器内自上而下流动，烟气流经反应器的流速一般控制在 5m/s 左右，为了

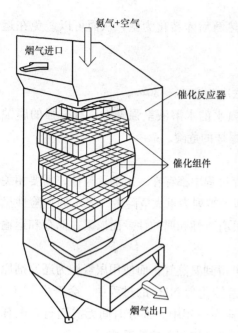

图 5-10　选择性催化反应器

使烟气尽可能均匀地通过催化剂层，入口处装设气流均布装置，在入口段和出口段设导流板，在反应器内部易于磨损的部位采取必要的防磨措施。催化反应器应能够承受足够的压力，能在温度低于400℃的情况下长期工作。反应器应采取保温措施，使经过反应器的烟气温度变化小于5℃。反应器内还安装有吹灰装置，使烟气流动顺畅，避免催化剂堵塞，减少反应器阻力。合理的结构设计应能使烟气在进入第一层催化剂时速度偏差尽可能小，最大速度偏差为平均值的15%；温度最大偏差在平均值的±10℃之内；烟气入射催化剂的最大角度（与垂直方向的夹角）为±10°。

二、氨/空气混合器

氨气在进入喷氨栅格前需要在氨/空气混合器中充分混合，以保证经喷氨栅格喷入烟气中的氨的浓度分布的足够均匀。氨/空气混合器的结构示意如图5-11所示。

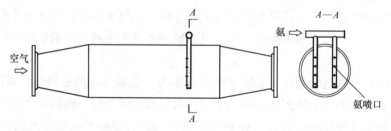

图 5-11　氨/空气混合器的结构示意图

氨/空气混合器的主体为一带有渐扩、渐缩段的圆筒形结构，在筒体的进、出口端通过法兰与管道相连。从稀释风机来的空气从筒体的一端进入，在筒体内与氨气混合后从另一端流出。从氨气管道上接出两根一端封闭的管子伸入氨/空气混合器的筒体内。在这两根管子伸入筒体部分的朝向空气流动方向的一面，分别均匀地开有4个供氨气流出的小孔。于是当氨气管道内有氨气时，氨气便从这些孔中流出并与进入筒体的空气混合，适当设计筒体的长度和流通面积等可确保氨气与空气在氨/空气混合器内有良好的混合。

三、喷氨混合装置

氨气与空气混合后形成的氨—空气混合物再通过喷氨混合装置实现氨与烟气的均匀混合。这些装置包括喷射系统和混合导流装置等。喷射系统主要有喷氨栅格和涡流式混合器。

1. 喷氨栅格（AIG）

喷氨栅格是目前SCR系统使用较为普遍的喷射系统。典型的喷氨栅格如图5-12所示。系统由给料总管、连接管、分配管、喷射管和喷嘴、流量测量装置和调节阀等组成。氨—空气混合物经给料总管、连接管以及连接管上的流量测量装置和调节阀送到分配管中。每一根分配管都连接数根喷射管，在喷射管上按照均匀间隔装有喷嘴，氨—空气混合物就是通过这些喷嘴喷射到烟气中去。利用连接管上的流量测量装置可以监测送到每一分配管中的氨量，并可以通过调节阀予以调节。通过喷氨栅格使氨与烟气混合之后，一般还要再经过静态混合与导流装置使烟气在进入催化剂层时速度分布和浓度分布尽可能均匀。此外，在烟气进入催化剂层之前，在所有烟气转向处都需要安装导流板，以确保烟气具有正确的流动方向和减少脱氮系统阻力。

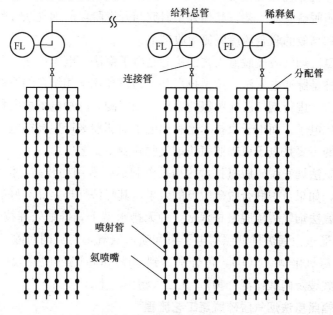

图 5-12　喷氨栅格系统

喷氨栅格一般由碳钢制成，安装在催化反应器入口的垂直烟道内。

2. 涡流式混合器

在烟道内部选择适当的直管段，布置几个圆形或其他形状的扰流板，并倾斜一定角度。在扰流板背向烟气流动方向的适当位置安装氨喷嘴。在烟气经过扰流板时，在距扰流板背面的一定位置处形成驻涡区。驻涡的特点是其位置基本不随烟气流速的变化而变化。将经空气稀释后的氨气喷入驻涡区即可实现氨与烟气均匀混合。涡流混合器的安装调试都较简单，对安装人员的技术要求不高。

第六节　电子束辐照氨法烟气脱硫脱氮技术

一、联合脱硫脱氮

烟气联合脱硫脱氮是近年来国内外竞相研制和开发的新型烟气净化工艺，它的技术和经济性明显优于单独脱硫和单独脱氮技术，因此，是一种更有发展前途和推广价值的新一代烟气净化技术。

目前，联合脱硫脱氮技术仍处于试验研究或工业装置示范阶段，世界上只有很少的联合脱硫脱氮装置投入商业化运行，但是，工艺系统复杂和运行费用昂贵。在环保标准仅要求烟气脱硫的状况下，通常这种联合脱除工艺与常规单一脱除工艺相比没有竞争力，但是，当火电厂烟气 SO_x/NO_x 排放立法均要求更严格时，联合脱硫脱氮工艺的技术和经济优势将相当显著。

目前，大部分联合脱硫脱氮技术是在工艺流程上将脱硫和脱氮这两种工艺串联起来，是在不同的反应器中分别实现脱硫和脱氮过程，所以，并非本质上的联合脱硫脱氮工艺。真正意义上的联合脱硫脱氮是指可以在同一反应器内联合脱除烟气中 SO_x/NO_x 的工艺，如电子束烟气辐照脱硫脱氮工艺。其他处于研究与开发阶段的烟气联合脱除技术多集中在寻求合适、廉价和高效的联合脱硫脱氮吸收剂上。

电子束辐照氨法烟气脱硫脱氮工艺的核心是电子束法。电子束法是等离子体发生技术中的一种，另一种是脉冲电晕法。这类技术基于物理和化学相结合的原理，在烟气中同时脱硫脱氮，两种方法进行烟气脱硫脱氮的原理是相同的。脉冲电晕放电技术是利用脉冲放电在极间产生活化电子，而电子束技术是利用电子加速器来产生高能电子。目前，已经达到工业示范阶段的主要是电子束辐照氨法烟气脱硫脱氮工艺。

电子束辐照氨法烟气脱硫脱氮技术的初投资和运行费用均较高，但仍低于石灰石/石膏湿法烟气脱硫，如果考虑联合脱硫脱氮的效果，其经济性还是比较好的。

电子束辐照氨法烟气脱硫脱氮技术是一种无排水型干式排烟处理技术，始于20世纪70年代，该技术通过向锅炉排烟照射电子束和喷入氨气，能够同时除去排烟中含有的硫氧化物（SO_x）、氮氧化物（NO_x），可分别达到90%和80%的脱除效率，并能直接回收有用的氨肥（硫酸铵及硝酸铵混合物），无二次污染产生。

二、电子束辐照氨法烟气脱硫脱氮工艺流程

工艺大致由烟气预除尘、烟气加湿冷却、喷氨、电子束照射、副产品收集、副产品处置等组成，图 5-13 所示为某燃煤电厂排烟应用电子束辐照处理时的工艺流程图。

锅炉排出的 130～150℃ 的烟气，经过初步除尘后进入冷却塔，经喷水增湿降温至适合脱硫脱氮处理的温度（约 70℃），冷却水完全蒸发。然后，经喷雾冷却并接近饱和水蒸

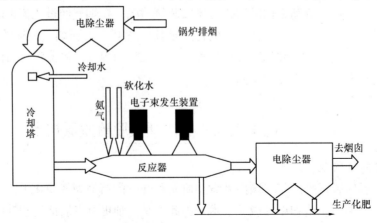

图 5-13　电子束辐照处理锅炉排烟的工艺流程

洁净煤发电技术（第二版）

气状态的烟气与在反应器进口处按烟气中 SO_2 及 NO_x 的浓度喷入的适量雾化氨混合，进入电子束辐照反应器通道。在电子束的照射下，烟气中生成 OH、O、HO_2 等活性自由基，这些活性很强的自由基使烟气中的 SO_2 和 NO_x 氧化，然后同烟气中的水分和注入的氨反应，生成可以用于农业生产化肥的硫酸铵[$(NH_4)_2SO_4$]和硝酸铵（NH_4NO_3）的混合粉体。在反应器底部的排出口和通过电除尘器分离与捕集这些粉体微粒，再经造粒处理后可直接作为化肥产品。

由反应器排出的净化烟气的温度一般在 70℃ 左右，在烟气脱硫率较高的情况下，烟气的酸露点温度一般为 50℃ 左右。由于烟气温度高于酸露点温度，不至于引起烟气下游各个设备和烟道的腐蚀，所以，一般情况下不需要设置烟气再加热系统，烟气直接经引风机通过烟囱排入大气。

三、电子束辐照氨法烟气脱硫脱氮的原理

电子加速器辐照处理系统由电子发生装置、烟气辐照用反应器及辅助装置构成，其中的电子束发生装置是由直流高压电发生装置和电子加速器组成。

电子束发生装置的工作原理和普通电视机显像管发射电子束的原理相似，电视机是将产生的电子束通过磁场的作用而变换成必要的角度，然后射到荧光屏上形成图像。在电子束辐照处理烟气的装置中，电子束发生的原理完全相同，只是能量要大得多，而且，电子束通过入射窗对导入反应器的烟气进行定向照射，电子束辐照窗口一般布置在反应器的侧壁上，通常要布置数套电子束发生和辐照装置，以达到对流过反应器空腔的烟气均匀有效的照射。电子束辐照技术的原理如图 5-14 所示。

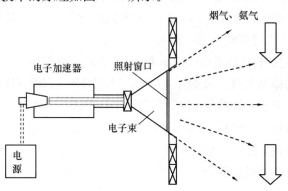

图 5-14　电子束辐照烟气示意图

第七节　活性炭联合脱硫脱氮技术

活性炭是一种具有优异吸附和解吸性能的含碳物质，具有稳定的物理化学性能。活性炭孔隙结构优良，比表面积大，吸附其他物质的性能优异，且具有催化作用，一方面能使被吸附的物质在其孔隙内积聚，另一方面又能够在一定的条件下将其解吸出来，并保持碳及其基团的反应能力，使活性炭得到再生。

活性炭法可单独用来脱硫或脱氮（喷入氨），或用来联合脱硫脱氮。在联合脱硫脱氮

工艺中，SO_2 的脱除率可以达到 98% 左右，NO_x 的脱除率在 80% 左右。

一、活性炭联合脱硫脱氮工艺

图 5-15 所示为某联合脱硫脱氮移动床工艺过程原理图。它主要由吸附、解吸与硫回收三部分组成。

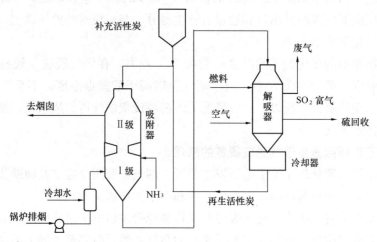

图 5-15　活性炭联合脱硫脱氮的工艺原理

由于活性炭可以直接吸收烟气中的 SO_2，而脱除烟气中的 NO_x 则需要喷氨，氨对 SO_2 同样也有脱除作用，因此，SO_2 脱除反应需在喷氨脱除 NO_x 之前，以减少氨的消耗。所以，吸附器内分为上下两级炭床，活性炭在重力的作用下，从第二级的顶部下降至第一级的底部。锅炉的排烟经过除尘器后，在进入吸附器之前，一般需要喷水来冷却至 90～150℃。烟气自下而上流过吸附器的一级和二级炭床。

第一级炭床的主要作用是脱除 SO_2，烟气流经第二级炭床时，再喷入氨除去 NO_x。净化后的烟气由烟囱排至大气。吸附了 H_2SO_4、NH_4HSO_4 和 $(NH_4)_2SO_4$ 后的活性炭被送至解吸器，在有外界热源加热至 400℃ 左右的条件下进行再生。

在活性炭解吸过程中，SO_2 气体从解吸器中释放出来，再通过化工过程转换为元素硫或硫酸。再生后的活性炭经冷却后再循环回来，与补充的活性炭一起送入吸附器。

二、活性炭吸附与解吸的原理

1. 活性炭吸附

在一级炭床中，烟气中的 SO_2 被活性炭的表面所吸附，并在活性炭表面催化剂的催化作用下被氧化成 SO_3，SO_3 再与烟气中的水分结合形成硫酸，活性炭的吸附和催化反应的动力学过程很快。该阶段的反应为

$$SO_2 + 1/2O_2 \longrightarrow SO_3$$
$$SO_3 + H_2O \longrightarrow H_2SO_4$$

同时，在一级炭床中，占烟气 NO_x 总量约 5% 的 NO_2 几乎全部被活性炭还原成 N_2，反应如下

$$2NO_2 + 2C \longrightarrow 2CO_2 + N_2$$

在烟气进入二级炭床前，与喷入混合室的氨混合，烟气中的 NO 与氨发生催化还原反

应生成 N_2 与 H_2O，其主要反应如下

$$6NO + 4NH_3 \longrightarrow 5N_2 + 6H_2O$$

在二级炭床中还发生以下各副反应

$$6NO_2 + 8NH_3 \longrightarrow 7N_2 + 12\ H_2O$$

$$2NO + 2NH_3 + 1/2O_2 \longrightarrow 2N_2 + 3H_2O$$

$$NH_3 + H_2SO_4 \longrightarrow NH_4HSO_4$$

$$2NH_3 + H_2SO_4 \longrightarrow (NH_4)_2SO_4$$

2. 活性炭解吸

在解吸器中吸附了 H_2SO_4、NH_4HSO_4 和 $(NH_4)_2SO_4$ 的活性炭在约 400℃ 的温度条件下，进行解吸和再生，解吸器导出的气体产物为富含 SO_2 的气体。解吸后的活性炭经冷却与筛分后，大部分还可以重复循环利用。解吸过程的化学反应如下

$$H_2SO_4 \longrightarrow H_2O + SO_3$$

$$(NH_4)_2SO_4 \longrightarrow 2NH_3 + SO_3 + H_2O$$

$$SO_3 + C \longrightarrow 2SO_2 + CO_2$$

$$3SO_3 + 2NH_3 \longrightarrow 3SO_2 + 3H_2O + N_2$$

三、硫回收

硫元素是一种重要的化工原料，因此，硫的回收具有重要意义。从解吸器中释放出来的是富含 SO_2 的气体产物，当 SO_2 气体与强还原剂（例如，H_2S、CH_4、CO 等）接触时，SO_2 可被还原成元素硫。

另一个可选择的回收途径是利用 SO_2 的还原性，将 SO_2 与强氧化剂接触或在有催化剂及氧存在的条件下，氧化成 SO_3，再溶于水，制取硫酸。

四、活性炭联合脱硫脱氮的特点

（1）活性炭工艺可以联合脱除 SO_2、NO_x，可以达到较高的脱除率，还可以同时脱除烟气中的重金属、二恶英等有毒物质；

（2）SO_3 的脱除率可高达 98%；

（3）脱除的产物可以有效利用，无废水处理问题，不会对环境造成二次污染；

（4）尽管大部分活性炭可以再生使用，但由于采用的是移动床装置，活性炭的消耗量较大；

（5）基本不存在系统的腐蚀问题；

（6）无须烟气再加热。

五、活性（半）焦联合脱硫脱氮

半焦是煤在较低温度下（600～700℃）下热解的产物。我国的山西、内蒙古、陕西、甘肃和云南等地蕴藏着大量的弱黏结煤，其气化副产品多为半焦。此外，煤部分气化—燃烧集成优化技术中煤的部分气化后的固体残留物也是半焦。半焦的灰分、固定碳高而挥发分很少，因此着火温度高，难于燃尽，半焦的合理利用尚有一定困难。半焦采用一定的活化方法，如水蒸气活化，可以使孔隙结构得到改善，比表面积和孔容大幅度增加，成为与活性炭性质相类似的炭基多孔物质，可以用作吸附剂。活性半焦作为吸附剂具有原料价廉

易得、强度高、可多次再生等特点。半焦已经过低温炭化,简化了吸附剂的制备过程,从而可降低其生产成本。半焦作为吸附剂用于锅炉烟气污染控制,不仅吸附 SO_2,还可以吸附 SO_3,同时对 NO_x 也有显著的吸附作用,吸附产物解吸后具有回收利用的价值。失效的活性半焦颗粒最终可以直接作为炉窑的燃料,基本不产生废弃物。所以半焦有望成为一种性能价格比较高的脱硫脱氮吸附剂。采用活性焦作为吸附剂进行脱硫脱氮在有些国家已投入工业应用。

第六章

超临界参数燃煤锅炉

第一节　超临界锅炉的发展现状与趋势

目前，发展先进的燃煤发电技术应考虑效率、环保性能、可靠性、机动性、投资和废弃物的利用等。高效超临界发电技术是在技术已很成熟的传统燃煤超临界发电技术基础上的进一步改善，采用更高的蒸汽初参数和先进的烟气脱硫脱硝技术。因此，高效超临界发电技术可以提高机组的发电效率，减少燃料的消耗，从而降低比电价并减少有害物质的排放。

超临界是一个热力学概念。火电厂工质用的是水，常规条件下对水进行加热，当水的温度达到给定压力下的饱和温度时，将产生相变，水开始从液态变成汽态，出现一个饱和水与饱和蒸汽两相共存的区域，这时尽管加热仍在进行，但汽水两相的温度不再上升，直至液态水全部蒸发完毕，干饱和汽才继续升温，成为过热蒸汽。但当温度超过临界温度 t_c 值时，水的液相就不存在，与临界温度相对应的饱和压力称为临界压力 p_c，临界点的压力和温度是水的液相和汽相能够平衡共存的最高值，为固有物性常数。水的临界参数为：$t_c = 374.15℃$，$p_c = 22.129MPa$。在临界点以及超临界状态时，将看不见蒸发现象，水在保持单相的情况下从液态直接变成汽态。一般将压力大于临界点 p_c 的范围称为超临界区，压力小于 p_c 的范围称为亚临界区。从物理意义上讲，水的物性只有超临界和亚临界之分，超超临界和超临界只是人为的一种区分。

关于超超临界机组的划分，世界上尚未有统一的规范。在中国电力行业，蒸汽参数达到27MPa/580/600℃以上的高效超临界机组，属于超超临界机组。由于蒸汽压力和蒸汽温度提高，机组热效率达到43%～48%或以上，供电煤耗为260～290g/（kW•h），比同容量的常规超临界机组效率提高5%或更高，且锅炉和汽轮机机组所用钢材发生较大变化。

超临界及超超临界机组的最大优势是能够大幅度提高循环热效率，降低发电煤耗。对于600MW机组，亚临界参数的供电煤耗与超临界机组有较大的差距。例如：某发电厂引进的超临界600MW机组，其供电煤耗为300g/(kW•h)，比同容量的国产600MW亚临界机组的供电煤耗[331g/(kW•h)]低31g/(kW•h)，也就是说，一座1000MW的燃煤发电厂，采用超临界参数机组比采用亚临界参数机组每年至少可以节约燃煤(标准煤)20

多万吨。

超临界压力机组已是世界上比较成熟的一项技术，其效率比亚临界机组有大幅度提高，因而在同样发电量下，耗煤比亚临界机组低，排放的污染物比较少。加快建设和发展高效超临界火电机组是解决电力短缺、能源利用率低和环境污染严重的最现实、最有效的途径之一。高效超临界机组有望成为我国下一代燃煤火力发电的主力机组。

一、国外超临界机组发展情况

早在 20 世纪 60 年代初，美国、俄罗斯和日本就开始发展超临界大型机组。超临界压力机组早期发展的蒸汽参数定在压力 25MPa，蒸汽温度 560℃左右。由于压力温度的提高，主要耐热材料提高了级别，系统辅机阀门全部更新，直流锅炉的采用加上系统的复杂化，致使早期的超临界压力机组故障率很高，发展速度较慢。

80 年代以后，随着金属材料的进展，辅机及系统方面的成熟，超临界技术得以迅速发展。单机最大容量已达 1200～1300MW。经过四十多年的不断完善和发展，目前超临界机组已进入成熟和实用阶段，超超临界参数的机组也已经成功地投入商业运行。

美国于 1957 年投运第 1 台 125MW 试验性的高参数超临界机组（31MPa/621/566/538℃），由于初期采用了过高的蒸汽参数，超出当时的技术发展水平，使得机组在运行中暴露出许多问题，降低了机组运行可靠性水平。但在以后陆续投运的机组中降低了参数，情况有所好转。至 20 世纪 70 年代末，已有 100 多台超临界机组运行，占当时全部火电容量的 30%。1972 年投运了首台世界上单机容量最大的 1300MW 超临界机组，至 1994 年此类机组共投运 9 台。据统计，截至 1985 年，美国绝大多数超临界机组的主蒸汽参数为 24.13MPa、主蒸汽温度和再热蒸汽温度为 538～566℃。1990 年前后，超临界机组的温度和压力又趋于提高。

俄罗斯超临界机组的研制主要立足于国内自主开发。1963 年投运首台 300MW 超临界机组，其后所有 300MW 及以上的机组都采用超临界技术。迄今，基本上形成 300、500、800、1200MW 等 4 个容量等级，参数基本保持在 23.5MPa/540/540℃。超临界机组占火电容量 50%以上，最大单机容量为 1200MW。目前俄罗斯设计了新一代高参数超临界机组，蒸汽参数为（30～32）MPa/580～600/580～600℃，给水温度 300℃。当凝汽器压力为 3.4～3.6kPa 时，预计电站的效率为 44%～46%。

日本发展超临界机组虽然起步较晚（20 世纪 60 年代中期），但发展快、收效大。日本于 1967 年从美国进口首台 600MW 超临界机组，两年后仿制的同型机组就已投运；而1971 年投运的 600MW 超临界机组则有效地利用了日本自己的技术。80 年代以后，日本吸取欧洲的经验，自行开发了能带中间负荷滑压运行的超临界直流锅炉。现在容量为450MW 以上的机组均采用超临界参数，一般为 24.1MPa/538/566℃，一次再热；少数机组采用 24.1MPa/538/538℃或 24.1MPa/538/552/566℃，二次再热。目前日本超临界机组已占其火电容量的 50%以上，最大单机容量为 1000MW。而且开始向更高参数发展，蒸汽温度多在 566～593℃的范围内。1989 年日本投运了世界上第 1 台采用超超临界参数的川越电厂 1 号机组，其主蒸汽压力为 31MPa，温度为 566/566/566℃（二次再热）。

德国也是发展超临界技术最早的国家之一，但其单机容量较小。1956 年参数为 29.3MPa、600℃（无再热）的 117MW 超临界机组投运，1972 年首台 430MW（24.5MPa/535/535℃）超临界机组投运。德国近年来很重视发展超临界机组，目前最具有代表性的是 1992 年投运的斯道丁格电站 5 号机组，该机组容量为 535MW，参数为 26.2MPa/545/562℃，机组净效率可达 43%。

丹麦 NORDJYLLANDSVARKET 电站 1998 年投运 1 台容量为 400MW、29MPa、二次再热、主蒸汽和再热蒸汽温度为 580/580/580℃的超临界机组，在凝汽器压力为 2.1kPa 时，机组效率高达 47%。丹麦于 2001 年投运的 1 台超临界机组效率高达 49%，这是目前世界上已知的超临界机组中运行效率最高的机组。

国际上通常把主蒸汽压力在 28MPa 以上和主蒸汽、再热蒸汽温度在 580℃及其以上的机组定义为高效超临界机组或高参数超临界机组。之所以这样定义是因为这个参数的锅炉、汽轮机只需使用现代超临界机组用钢上限，超过这个参数高温高压部件就必须采用改进或新开发的耐热钢种。

近十年来高效超临界技术在日本和欧洲得到迅速发展，投运的高效超临界机组取得了良好的运行业绩，其经济性、可靠性和灵活性得到认可，代表了当代火力发电技术的先进水平，因而极大地增强了各国发展更先进的高效超临界技术的信心。在已投运的高效超临界机组中，单机容量除了丹麦的 3 台为 400MW 等级以外，其余均在 700～1000MW 之间。由于容量的进一步增大受到螺旋管圈水冷壁吊挂结构复杂化和管带过宽热偏差增大的限制。因此，1000MW 被认为是螺旋管圈水冷壁单炉膛锅炉容量的上限。同时，单机容量的进一步增大还要受到汽轮机的限制。

日本最初投运的两台高效超临界机组，制造中仅仅提高了主蒸汽压力而未提高其温度，由于主蒸汽压力和温度不匹配，故采用两次再热以防汽轮机末级蒸汽湿度过高，两次再热虽是成熟的技术，但系统复杂。31.0MPa、566℃两次再热机组与 24.1MPa、566℃一次再热相比，热效率提高 3%。采用 31.0MPa 主汽压力和两次再热，机组制造成本显著提高，缺乏市场竞争力。所以，近年来各公司都转为生产 24.5MPa、600/600℃等级的高效超临界机组，其热效率仅比 31.0MPa、566℃两次再热低 0.5%，制造成本则大大降低。

欧洲高效超临界机组的发展也大致经历了这一过程。丹麦 90 年代末投运的两台高效超临界机组，采用了 29.0MPa、580℃的蒸汽参数，两次再热。而欧洲在建中的高效超临界机组也都改为采用一次再热，与日本不同的是主汽压力和温度都进一步提高（30.5MPa、580/600℃），其热效率与 29.0MPa、580℃两次再热机组基本相同。应该说，现已建成的高效超临界机组尚属过渡型，随着材料技术的发展，各国计划在未来 10～20 年间将开发蒸汽初参数更高的两次再热高效超临界机组。

二、我国超临界和超超临界机组的分布及技术水平

1. 我国超临界和超超临界机组的分布情况

现阶段我国超临界和超超临界机组主要分布在沿海地区和电力缺口较大的区域。沿海地区具有得天独厚的水资源优势，海水直接作为冷却水，冷却效果基本不受季节的影响，而且海水温度低，冷却效果好，易于维持凝汽器的真空度和降低汽轮机的背压，提高机组循环热效率，节约煤耗，同时节约大量淡水资源。而淡水资源紧缺的地区，也可以节约用水量6%以上，不过就目前而言，采用空冷凝汽器技术，可以节水2/3。但常年气温较高且水资源紧缺或者煤炭供应运输距离较远的地区，建设大容量超临界和超超临界机组会遇到比较多的困难，且运行效果也不容易达到理想的状态。

2. 我国电厂超临界机组的基本参数

提高蒸汽参数和采用最先进的多种技术成果是新一代超临界和超超临界机组提高机组发电效率、降低发电煤耗、减少污染物排放量、节约水资源的根本出路。根据我国各地区现状，综合分析机组造价和综合效益，将超临界机组和超超临界机组的基本参数确定为25～28MPa、540～605℃，容量为600、900、1000MW级。

3. 在提高机组运行可靠性和热效率，降低煤耗方面的技术水平

随着超临界机组的蒸汽参数不断提高，容量不断增大，可靠性成为影响机组效率的重要因素。20世纪80年代以后，随着耐高温高压金属材料的性能水平不断提高和超临界机组技术逐步趋于成熟，其可靠性与亚临界机组接近，世界先进水平的超临界机组和超超临界机组可用率可以达到85%以上，最高达到90%。国外电厂大机组燃用的煤质比国内的煤质变化较小，一般燃用优质煤。

国内超临界机组的运行实践表明，超临界机组运行出现的问题中除了水冷壁等蒸发系统爆管和螺旋管圈水冷壁变形外，其他大多数问题并非是超临界机组自身固有的问题。新一代超临界机组采用了大量比较成熟的技术，可靠性水平将进一步提高。运行中即要注意超临界机组的一些特殊问题，也要更多的注意防范出现类似亚临界机组的问题。

超临界锅炉运行中最特殊的是水冷壁的工作特性与亚临界汽包锅炉不同。变压运行的超临界直流锅炉的水冷壁既要在亚临界压力范围内工作，也要在超临界压力范围内工作，中间还要经过临界压力，所以既可能发生亚临界压力下的膜态沸腾，也可能发生超临界压力下的类膜态沸腾问题。但新一代超临界直流锅炉吸取了亚临界锅炉水冷壁的经验，在高热负荷区域一般都采用内螺纹管，与20世纪80年代的超临界锅炉相比，可靠性进一步提高。

由于蒸汽参数大幅度提高，锅炉、汽轮机、蒸汽管道、高压加热器等需要采用新材料，以提高耐高温、抗蠕变能力和承受超临界和超超临界压力的强度，并减少壁厚，提高机组对快速负荷变化的适应能力。新研制的金属材料提高了锅炉、汽轮机的疲劳寿命，降低导热系数，减少热应力，同时提高了高参数下金属耐腐蚀和常温下抗氧化的能力以及降低金属的膨胀系数等，使新金属材料的性能得到全面提升。各工业发达国家都在研制新一代金属材料，以适应超临界机组向超高参数发展的需要。

此外，采用汽轮机末级长叶片，改善汽轮机通流特性，增加回热加热级数，改变汽轮机上下汽缸的结构和强度方面，也取得了较大技术进步，使机组性能得以大幅度提升。

4. 在降低污染物排放量方面的技术水平

新一代超临界机组和超超临界锅炉采用了多级配风的低NO_x燃烧器，实现首先在火焰内脱氮的新概念。除此以外，采用降低水冷壁的热负荷，均衡炉膛内的温度分布的技术

措施，对于降低 NO_x 污染物取得了良好的效果，SO_2 的排放控制主要通过烟气脱硫装置来实现。

第二节 超临界锅炉的工作原理和基本形式

一、超临界锅炉的工作原理

根据锅炉蒸发系统中汽水混合物流动工作原理进行分类，锅炉可分为自然循环锅炉、强制循环锅炉和直流锅炉三种。

若蒸发受热面内工质的流动是依靠下降管中水与上升管中汽水混合物之间的密度差所形成的压力差来推动，此种锅炉为自然循环锅炉；若蒸发受热面内工质的流动是依靠锅水循环泵压头和汽水密度差来推动，此种锅炉为强制循环锅炉；若工质一次性通过各受热面，此种锅炉为直流锅炉。

直流锅炉是由许多管子并联，然后再用联箱连接串联而成。它可以适用于任何压力，通常用在工质压力≥16MPa 的情况，且是超临界参数锅炉唯一可采用的炉型。

直流锅炉依靠给水泵的压头将锅炉给水一次通过预热、蒸发、过热各受热面而变成过热蒸汽。直流锅炉的工作原理如图 6-1 所示。

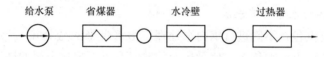

图 6-1 直流锅炉的工作原理示意图

在直流锅炉蒸发受热面中，由于工质的流动不是依靠汽水密度差来推动，而是通过给水泵压头来实现，工质一次通过各受热面，蒸发量 D 等于给水量 G，故可认为直流锅炉的循环倍率 $K=G/D=1$。

直流锅炉没有汽包，在水的加热受热面和蒸发受热面间以及蒸发受热面和过热受热面间无固定的分界点，在工况变化时，各受热面长度会发生变化。

沿直流锅炉管子工质的状态和参数的变化情况见图 6-2。由于要克服流动阻力，工质的压力沿受热面长度不断降低；工质的焓值沿受热

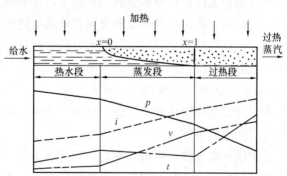

图 6-2 直流锅炉管子工质的状态和参数的变化

面长度不断增加；工质温度在预热段不断上升，而在蒸发段由于压力不断下降，工质温度不断降低，在过热段工质温度不断上升；工质的比容沿受热面长度不断上升。

二、直流锅炉的特点

1. 直流锅炉的结构特点

直流锅炉无汽包，工质一次通过各受热面，且各受热面之间无固定界限。直流锅炉的

结构特点主要表现在蒸发受热面和汽水系统上。直流锅炉的省煤器、过热器、再热器、空气预热器及燃烧器等与自然循环锅炉相似。

2. 直流锅炉适用于压力等级较高的锅炉

根据直流锅炉的工作原理，任何压力的锅炉在理论上都可采用直流锅炉。但实际上没有中、低压锅炉采用直流型，高压锅炉采用直流型的较少，超高压、亚临界压力等级的锅炉可较广泛地采用直流型，而超临界压力的锅炉只能采用直流型。

3. 直流锅炉可采用小直径蒸发受热面管且蒸发受热面布置自由

直流锅炉采用小直径管会增加水冷壁管的流动阻力，但由于水冷壁管内的流动为强制流动，且采用小直径管大大降低了水冷壁管的截面积，提高了管内汽水混合物的流速，因此保证了水冷壁管的安全。

由于直流锅炉内工质的流动为强制流动，蒸发管的布置较自由，允许有多种布置方式，但应注意避免在最后的蒸发段发生膜态沸腾或类膜态沸腾。

在工作压力相同的条件下，水冷壁管的壁厚与管径成正比，直流锅炉采用小管径水冷壁且不用汽包，可以降低锅炉的金属耗量。与自然循环锅炉相比，直流锅炉通常可节省20%～30%的钢材。但由于采用小直径管后流动阻力增加，给水泵电耗增加，因此直流锅炉的耗电量比自然循环锅炉大。

4. 直流锅炉的给水品质要求高

直流锅炉没有汽包，不能进行锅内水处理，给水带来的盐分除一部分被蒸汽带走外，其余将沉积在受热面上影响传热，使受热面的壁温有可能超过金属的许用温度，且这些盐分只有停炉清洗才能除去，因此为了确保受热面的安全，直流锅炉的给水品质要求高。通常要求凝结水进行 100% 的除盐处理。

5. 直流锅炉的自动控制系统要求高

直流锅炉无汽包且蒸发受热面管径小，金属耗量小，使得直流锅炉的蓄热能力较低。当负荷变化时，依靠自身炉水和金属蓄热或放热来减缓汽压波动的能力较低。当负荷发生变化时，直流锅炉必须同时调节给水量和燃料量，以保证物质平衡和能量平衡，才能稳定汽压和汽温。所以直流锅炉对燃料量和给水量的自动控制系统要求高。

6. 直流锅炉的启停和变负荷速度快

为了保证受热面的安全工作，且为了减少启动过程中的工质损失和能量损失，直流锅炉须设启动旁路系统。

直流锅炉由于没有汽包，在启停过程及变负荷运行过程中的升、降温速度可快些，锅炉启停时间可大大缩短，锅炉变负荷速度提高。

三、直流锅炉的基本型式

现代直流锅炉有三种主要形式：一次垂直上升管屏式（UP 型）；炉膛下部多次上升、炉膛上部一次上升管屏式（FW 型）；螺旋围绕上升管屏式。

1. 一次垂直上升管屏式直流锅炉（通用压力锅炉）

美国拔柏葛锅炉公司首先采用一次垂直上升管屏式直流锅炉（UP 型），此种锅炉是在本生锅炉的基础上发展而来的，锅炉压力既适用于亚临界也适用于超临界。

水冷壁有三种形式：适用于大容量的亚临界压力及超临界压力锅炉的一次上升型；适用于较小容量的超临界锅炉的上升—上升型；适用于较小容量亚临界压力锅炉的双回路型。

由于一次上升型垂直管屏采用一次上升，各管间壁温差较小，适合采用膜式水冷壁；一次上升垂直管屏有一次或多次中间混合，每个管带入口设有调节阀，质量流速为 $2000\sim3400kg/(m^2 \cdot s)$，可有效减少热偏差；一次上升型垂直管屏还具有管系简单、流程短、汽水阻力小、可采用全悬吊结构、安装方便的优点。但由于一次上升型垂直管屏具有中间联箱，不适合于作滑压运行，特别适合于 600MW 及以上的带基本负荷的锅炉。

某 300MW 锅炉便为该炉型，见图 6-3。该锅炉容量为 1025t/h，额定压力为 16.66MPa。水冷壁为一次上升型，平均质量流速为 2020kg/

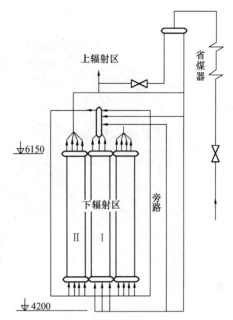

图 6-3　垂直上升管屏水冷壁

$(m^2 \cdot s)$。冷灰斗采用 $\phi22\times5.5mm$ 光管，下中辐射区采用 $\phi25\times6mm$ 光管、下辐射四个切角管屏采用 $\phi25\times7mm$ 内螺纹管。各级间混合充分，两相流动在混合器及分配箱中汽液分配较均匀。

2. 螺旋式水冷壁直流锅炉

此种锅炉是西德等国为适应变压运行的需要发展起来的一种型式。水冷壁采用螺旋围绕管圈，由于管圈间吸热较均匀，在蒸汽生成途中可不设混合联箱，因此锅炉滑压运行时不存在汽水混合物分配不均问题。

3. 下部螺旋管圈上部垂直管屏式直流锅炉

某 1000MW 超临界参数锅炉为 Π 型布置，采用炉膛上部布置垂直管屏水冷壁，见图6-4。

螺旋管圈水冷壁通过焊接在鳍片管上的拉力板悬吊在炉顶钢架上，螺旋管圈水冷壁的重量负载传递给拉力板，再由拉力板把重量负载均匀地传递给炉膛上部的垂直管屏，从而实现了螺旋管圈水冷壁的悬吊。

水冷壁实现了全悬吊结构，因而可以自由向下膨胀。下辐射区和上辐射区水冷壁的连接部位称为过渡段。

沿烟气流程方向布置有前屏过热器、后屏过热器、高温再热器、高温过热器、低温再热器、省煤器和两台三分仓式空气预热器。

超临界参数锅炉的过热器和再热器的吸热比例比较大，约占工质总吸热量的 46%，需要较多的过热器和再热器受热面。为摆动式燃烧器调节再热汽温。过热汽温的调节是由煤水比进行粗调，两级喷水减温进行细调。

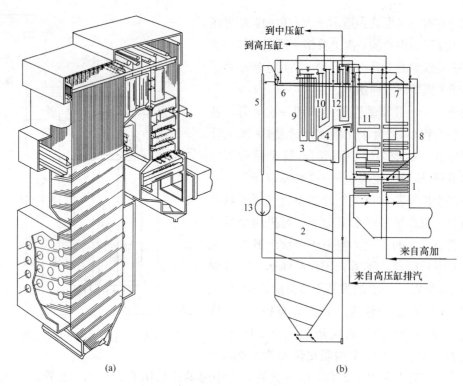

图 6-4　1000MW 超临界锅炉布置

（a）锅炉立体图；（b）锅炉平面图

1—省煤器；2—下部螺旋水冷壁；3—上部垂直水冷壁；4—折焰角、水平包墙副侧壁；5—汽水分离
器/贮水罐；6—顶棚管；7—包墙；8—低温过热器；9—屏式过热器；10—末级过热器；11—低温再
热器；12—高温再热器；13—锅炉循环泵（BCP）

第三节　超临界锅炉的启动特性和启动旁路系统

一、概述

（一）单元制机组锅炉启停

锅炉由静止状态转变成运行状态的过程称为启动；停运是启动的反过程，即由带负荷
状态转变成静止状态。锅炉启停的实质就是冷热态的转变过程。

锅炉的启动分为冷态启动、温态启动、热态启动和极热态启动。所谓冷态启动是指锅
炉的初始状态为常温和无压时的启动，这种启动通常是新锅炉、锅炉经过检修或者经过较
长时间停炉备用后的启动。温态启动、热态启动和极热态启动则是指锅炉还保持有一定的
压力和温度，启动时的工作内容与冷态启动大致相同，它们是以冷态启动过程中的某一阶
段作为启动的起始点，而起始点以前的某些工作内容在这里可以省略或简化，因而它们的
启动时间可以较短。

对单元制机组而言，锅炉的启动时间是指从点火到机组带到额定负荷所用的全部时
间。锅炉的启动时间，除了与启动前锅炉的状态有关外，还与锅炉机组的型式、容量、结
构、燃料种类、电厂热力系统的型式及气候条件等有关。与 600MW 超临界机组配套的超

临界直流锅炉，冷态启动时间为 5～6h，温态启动时间为 2～3h，热态启动时间为 1～1.5h，极热态启动时间为 <1h。

锅炉启动时间的长短，除了上面提到的条件之外，尚应考虑以下两个因素：

（1）使锅炉机组的各部件逐步和均匀的得到加热，使之不致产生过大的热应力而威胁设备的安全；

（2）在保证设备安全的前提下，尽量缩短启动时间，减少启动过程的工质损失及能量损失。

锅炉的启动也可以根据机组中锅炉和汽轮机的启动顺序，或启动时的蒸汽参数，把机组的启动分为定压启动（又称顺序启动）和滑参数启动（又称联合启动），一般单元制机组都采用滑参数联合启动。

单元制机组锅炉停运有滑参数停运、定参数停运、事故停运三种类型，前两种有时也合称为正常停运。

锅炉的启停过程是一个不稳定的变化过程，过程中锅炉工况的变化很复杂，如在启动过程中，各部件的工作压力和温度随时在变化，启动时各部件的加热不可能完全均匀，金属体中存在着温度差，会产生热应力。启动初期炉膛的温度低，在点火后的一段时间内，燃料投入量少，燃烧不容易控制，易出现燃烧不完全、不稳定、炉膛热负荷不均匀，还可能出现灭火和爆炸事故；在启动过程中，各受热面内部工质流动尚不正常，易引起局部超温。如工质流动尚未正常时的水冷壁，未通汽或汽量很小时的过热器和再热器，都可能有超温损坏的危险等。

（二）直流锅炉启动特点

由于直流锅炉结构和工作原理上的特殊性，使其启动过程也具有一些特殊性：和汽包炉相比，其启动有相近的地方，但也具有一些不同的特点。直流锅炉启动过程的主要特点为：

（1）为保证受热面安全工作，直流锅炉启动一开始就必须建立启动流量和启动压力；而在启动过程中，顺次出来的工质是水、水蒸气，为减少热量损失和工质损失，装设了启动旁路系统。

（2）自然循环锅炉和控制循环锅炉由于有汽包，升温升压过程进行的慢，否则热应力太大；而直流锅炉没有汽包，升温过程可以快一些，即直流锅炉启动快。

二、超临界锅炉的启动特性

（一）启动流量和启动压力

当直流锅炉没有采用辅助循环泵时，在全负荷范围内水冷壁工质质量流速是靠给水流量来实现的。启动时的最低给水流量称为启动流量，它由水冷壁安全质量流速来决定；启动流量一般为（25%～30%）MCR 给水流量，点火前由给水泵建立启动流量。

锅炉启动时的压力称为启动压力，不同类型的直流锅炉建立启动压力的方法是不同的。

（二）升温速度

直流锅炉没有汽包，水冷壁并联管流量分配合理、工质流速较快，故允许升温速度比自然循环汽包锅炉高。但超临界、大容量直流锅炉的联箱、汽水分离器等部件的壁面较厚，故升温速度也受到一定的限制；直流锅炉热态冲洗到建立汽轮机冲车参数过程中，汽水分离器入口升温速度不应超过 2℃/min。

（三）启动水工况

直流锅炉给水通过蒸发受热面一次蒸发完毕，水中杂质有三个去向：①沉积在受热面内壁；②沉积在汽轮机通流部分；③进入凝汽器。主要是前两项，而进入凝汽器的杂质很少。

锅水中杂质除了来自给水，还有管道系统及锅炉本体内的沉积物和氧化物被溶入锅水。因此，每次启动要对管道系统和锅炉本体进行冷、热态循环清洗。

1. 给水品质

锅炉给水由循环水和补给水组成，给水品质标准如下：

总硬度 ～0μmol/L   氧化硅 ≤15μg

溶解氧 30～200μg/L   油 ～0mg/L

（化学水处理后）   pH 值 8.0～9.0

铁 ≤10μg/L   电导率 25℃ ≤0.2μS/cm

铜 ≤5μg/L   钠 ≤5μg/L

2. 省煤器进口处水品质

炉前给水系统管道中杂质对水污染，使省煤器进口水品质下降。因此启动前首先要对炉前给水系统进行循环清洗。当省煤器入口和分离器出口水的电导率<1μS/cm 或含铁量<100mg/kg 时，清洗完成。

3. 蒸发受热面出口处（分离器出口）水品质

锅炉本体氧化铁杂质也会污染水质，因此启动时还要对锅炉本体进行循环清洗。当省煤器入口和分离器出口水的电导率<1μS/cm 或含铁量<100mg/kg 时，清洗完成。

4. 点火后水质控制

锅炉点火后水温逐渐升高，锅内氧化铁等杂质也会进一步溶解于水中，因此点火后还要进行热态循环清洗。

（四）受热面区段变化与工质膨胀

汽包锅炉的汽包是各受热面的分界点。而直流锅炉的三大受热面（过热器、省煤器、水冷壁）串联连接，虽然在结构上是分清的，但是工质状态没有固定的分界，它随着工况而变化。

直流锅炉启动过程水的加热、蒸发及汽的过热三个受热面段是逐渐形成的，整个过程历经三个阶段：

第一阶段：启动初期，全部受热面用于加热水。特点为工质相态没有发生变化，锅炉出水流量等于给水流量。

第二阶段：锅炉点火后，随着燃烧投入量的增加，水冷壁内工质温度逐渐升高，当燃料投入量达到某一值时，水冷壁中某处工质温度达到该处压力所对应的饱和温度，工质开始蒸发，形成蒸发点，开始产生蒸汽。此时，其后部的受热面内工质仍为水；产汽点的局部压力升高，将后部的水挤压出去，锅炉排出工质流量远大于给水流量。当产汽点后部的受热面内水被汽水混合物代替后，锅炉排出工质流量回复到等于给水流量，进入了第二阶段，这阶段的受热面分为水加热和水汽化两个区段。由第一阶段转变为第二阶段的过渡期，锅炉排出工质流量远大于给水流量的现象称为工质膨胀。

第三阶段：锅炉出口工质变成过热蒸汽时，锅炉受热面形成水加热、水汽化及蒸汽的过热三个区段。

锅炉工质膨胀是直流锅炉启动过程中的重要现象。影响启动过程汽水膨胀的主要因素有启动压力、给水温度、锅炉蓄水量、燃料投入速度及吸热量的分配。了解工质膨胀特性，为直流锅炉拟定启动曲线，以使锅炉安全渡过膨胀期及锅炉启动系统设计提供了依据。

（五）热量与工质回收

直流锅炉点火前要进行冷态循环清洗，点火后要进行热态循环清洗，启动过程给水流量不能低于启动流量，汽轮机冲转后还要排放汽轮机多余的蒸汽量。可见，启动过程中锅炉排放水、汽量是很大的，造成工质与热量的损失。因此，应考虑采取一定的措施对排放工质与热量进行回收；例如将水回收入除氧水箱或凝汽器，蒸汽回收入除氧水箱、加热器或凝汽器。

三、超临界锅炉的启动旁路系统

严格来说，超临界直流锅炉启动旁路系统主要由过热器旁路和汽轮机旁路两大部分组成。过热器旁路是针对直流锅炉单元机组的启动特点而设置的，为直流锅炉单元机组特有的系统。汽轮机旁路系统不但用于直流锅炉单元机组还用于汽包锅炉单元机组上。

汽轮机旁路系统的组成及工作原理详情请参见有关教材，下面介绍的启动旁路系统主要为过热器旁路系统。

（一）启动旁路系统的功能

直流锅炉单元机组的启动旁路系统主要有以下功能：

1. 辅助锅炉启动

（1）辅助建立冷态和热态循环清洗工况。

（2）辅助建立启动压力与启动流量，或建立水冷壁质量流速。

（3）辅助工质膨胀。

（4）辅助管道系统暖管。

2. 协调机炉工况

（1）满足直流锅炉启动过程自身要求的工质流量与工质压力。

（2）满足汽轮机启动过程需要的蒸汽流量、蒸汽压力与蒸汽温度。

（3）热量与工质回收。借助启动旁路系统回收启动过程锅炉排放的热量与工质。

（4）安全保护。启动旁路系统能辅助锅炉、汽轮机安全启动。有的旁路系统还能用于汽轮机甩负荷保护、带厂用电运行或停机不停炉等。

直流锅炉单元机组的启动旁路系统，不应该是功能越全面越好，要根据机组容量、参数及承担电网负荷的性质等合理地选定。此外，启动旁路系统在运行中的效果还与锅炉、汽轮机、辅机的性能有关，主机、辅机与系统性能的统一才能获得预想的功能。总之，启动系统的选型要综合考虑其技术特点、系统投资及电厂运行模式等因素。

（二）内置式分离器启动系统的分类及技术特点

直流锅炉启动系统按分离器正常运行时是否参与系统工作可以分为内置式分离器启动系统和外置式分离器启动系统。内置式分离器启动系统是指在正常运行时，从水冷壁出来的微过热蒸汽经过分离器，进入过热器，此时分离器仅起一连接通道作用。内置式分离器启动系统大致可分为：①扩容器式（大气式、非大气式两种）；②启动疏水热交换器式；③再循环泵式（并联和串联两种）。

1. 带扩容器的启动系统

这种启动系统主要由除氧器、给水泵、高压加热器、启动分离器、大气式扩容器、疏水回收箱、疏水回收泵、冷凝器等组成。图 6-5 所示为某电厂 600MW 超临界压力机组直流锅炉大气式扩容器启动系统简图。锅炉为超临界一次再热、螺旋管圈、变压运行直流锅炉。

（1）冷态启动当水质不合格和冷态、温态启动过程中，可将进入启动分离器的疏水通过 AA 阀排至大气式疏水扩容器；冷态和温态启动时，通过 AA 阀控制启动分离器的水位使之不超过最高水位，以防止启动分离器满水以致水冲入过热器，危及过热器甚至汽轮机的安全。

（2）冷态和温态启动时，AN 阀辅助 AA 阀排放启动分离器的疏水，当 AA 阀关闭

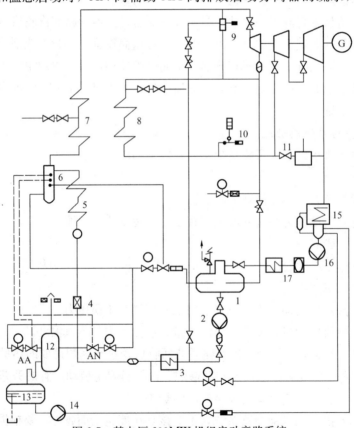

图 6-5　某电厂 600MW 机组启动旁路系统

1—除氧器水箱；2—给水泵；3—高压加热器；4—给水调节阀；5—省煤器、水冷壁；6—启动分离器；7—过热器；8—再热器；9—高压旁路阀；10—再热器安全阀；11—低压旁路阀；12—大气扩容器；13—疏水箱；14—疏水泵；15—冷凝器；16—凝结水泵；17—低压加热器

后，由 AN 和 ANB 阀共同排除启动分离器疏水，并控制启动分离器水位。

（3）利用 ANB 阀回收工质和热量，即使在冷态启动工况下，只要水质合格和满足 ANB 阀的开启条件，即可通过 ANB 阀疏水进入除氧器水箱。ANB 阀保持启动分离器的最低水位。该启动系统适用于带基本负荷，允许辅机故障带部分负荷和电网故障带厂用电运行。由于采用大气扩容器，如果经常频繁启停及长期极低负荷运行，将有较大的热损失和凝结水损失。另外，此系统只能回收经 ANB 阀排出的疏水热，而通过 AN 及 AA 阀的疏水热却无法回收，故工质热损失大也是其缺点之一。

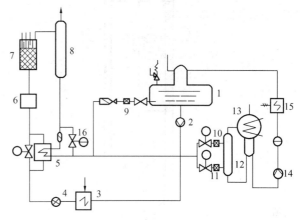

图 6-6　带启动疏水热交换器的启动系统

1—除氧器水箱；2—给水泵；3—高压加热器；4—给水调节阀；5—启动疏水热交换器；6—省煤器；7—水冷壁；8—启动分离器；9—分离器水位控制阀（ANB 阀）；10—分离器水位阀（AN 阀）；11—分离器疏水阀（AA 阀）；12—疏水箱；13—冷凝器；14—疏水泵；15—低压加热器；16—旁路隔绝阀

2. 带启动疏水热交换器的启动系统

某电厂所引进的由 Sulzer 公司设计、比利时制造的 600MW 直流锅炉，就是采用带启动疏水热交换器的启动系统，见图 6-6。

启动过程中汽水分离器的疏水通过启动疏水热交换器后分为两路，其中一路经 ＡＮＢ 阀流入除氧器水箱；另一路经过并联的 AN 阀和 AA 阀流入冷凝器之前的疏水箱，而后进入冷凝器。启动疏水热交换器，在省煤器及水冷壁中吸收了烟气热量的汽水分离器疏水和锅炉给水进行热交换，减少了启动疏水热损失。

3. 带再循环泵的低负荷启动系统

启动分离器的疏水经再循环泵送入经水管路的启动系统。按循环水泵在系统中与给水泵的联接方式分串联和并联两种型式。部分给水经混合器进入循环泵的称为串联系统，给水不经循环泵的称为并联系统。带再循环泵的两种布置方式见图 6-7。

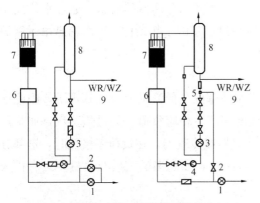

图 6-7　两种再循环泵启动系统的布置

1—给水调节阀；2—旁路给水调节阀；3—再循环泵；4—流量调节阀；5—混合器；6—省煤器；7—水冷壁；8—启动分离器；9—疏水和水位调节阀

该系统适用于带中间负荷、滑压运行或两班制运行；一般使用再循环泵与锅炉给水泵并联的方式，这样可以不必使用特殊的混合器，当循环泵故障时无需首先采用隔绝水泵，也不致对给水系统造成危害。缺点是再循环泵充满饱和水，一旦压力降低有汽化的危险。

再循环泵与锅炉给水泵的并联布置方式可用于变压运行的超临界机组启动系统，也

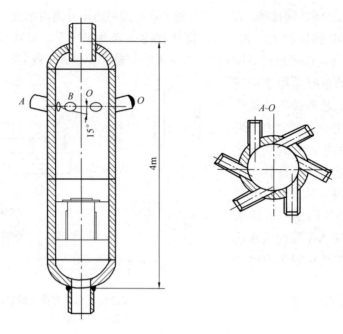

图 6-8　启动分离器结构图

可应用于亚临界压力机组部分负荷或全负荷复合循环（又称低倍率直流锅炉）的启动系统中。采用带再循环泵的启动系统，可减少启动工质及热量的损失。泵的参数选择及运行方式是该系统应考虑的主要问题。

　　某电厂 600MW 启动分离器为圆形的筒体结构，外径为 $\phi610$mm，壁厚为 65mm，高度为 4m，材料为 WB36，直立式布置（在锅炉的前上方，启动分离器的结构见图 6-8）。分离器的设计除保证汽水的有效分离外，还考虑了起动时的汽水膨胀现象。6 根引入管以 15°倾角沿圆周切向引入启动分离器，其入口位置、角度和流速的选取及汽和水的引出方向有利于汽水分离。

　　贮水箱共一只，也为立式筒体，外径为 $\phi610$mm，壁厚为 65mm，高度为 18000mm，材料为 WB36，在其下部共有 4 根径向导管分两层引入四只分离器的疏水。通过水位控制阀的控制，贮水箱内保持一定的水位，为分离器提供稳定的工作条件。贮水箱悬吊于锅炉顶部框架上，下部装有导向装置，以防其晃动。

　　带循环泵系统的锅炉启动系统其优点为：

　　（1）在启动过程中回收热量。在启动过程中水冷壁的最低流量为 35%BMCR，因此锅炉的燃烧率为加热 35%BMCR 的流量到饱和温度和产生相应负荷下的过热蒸汽，如采用简易系统，则再循环流量部分的饱和水要进入除氧器或冷凝器，在负荷率极低时，这部分流量接近 35%BMCR 流量，除氧器或冷凝器不可能接收如此多的工质及热量，只有排入大气扩容器，造成大量的热量及工质的损失。

　　（2）在启动过程中回收工质。与简易启动系统相比，带循环泵的启动系统可以回收工质，由图 6-7 可以看出，采用再循环泵，可以将再循环流量与给水混合后泵入省煤器，从而可以节省由于此部分流量进入扩容器后膨胀、蒸发而损失的工质。

（3）开启循环泵进行水冲洗。采用再循环泵系统，可以用较少的冲洗水量与再循环流之和获得较高的水速，达到冲洗的目的。

（4）锅炉启动初期，渡过汽水膨胀期后，锅炉不排水，节省工质与热量。汽水分离器采用较小壁厚，热应力低，可使锅炉启动、停炉灵活。

第四节　超临界机组与亚临界机组的主要区别

一、蒸汽参数决定设备材料的差别

由亚临界参数提高到超临界参数，当蒸汽温度限制在545℃以下时，受影响的部件主要是锅炉的水冷壁，汽轮机与亚临界参数机组基本相同；当蒸汽温度提高到580℃，蒸汽压力提高到28MPa以上时锅炉水冷壁过热器，再热器，集汽联箱，蒸汽管道汽轮机高压缸和第一、二级叶片，喷嘴，主汽门等必须采用更高等级金属材料。

1. 亚临界机组转变为超临界机组时受影响的部件

（1）锅炉压力部件与启动系统包括水冷壁、过热器、联箱、内置式分离器。

（2）汽轮机特高压缸包括气缸、转子、主汽阀等。

（3）机炉间的连接管道包括主蒸汽管、高压旁路。

（4）给水管道——高压加热器。

（5）给水泵及其驱动机。

（6）凝结水精处理装置——化学水处理。

2. 不受影响的部件

（1）发电机与辅机及输配电系统与亚临界机组相同。

（2）汽轮机低中压缸模块、凝汽器、低压加热器所用钢材与亚临界机组相同。

（3）输煤、制粉系统、除尘设备与亚临界机组相同。

二、运行调节的关键点有所区别

1. 材料变化引起金属热膨胀和传热特性变化

从运行调节特性考虑，25MPa/540/540℃超临界机组汽轮机的运行调节特性与亚临界机组基本相同，因为这一参数的汽轮机采用的金属材料接近于亚临界机组汽轮机。

28MPa/580/600℃以上参数等级的超临界机组汽轮机部件采用不同的金属材料，由于铁素体钢和奥氏体钢材料的膨胀系数不同，缸体、转子、喷嘴、螺栓热膨胀不一致；奥氏体钢材料的热膨胀系数大，导热系数小，引起厚壁元件的热应力增大，影响机组调峰。

2. 水冷壁传热特性变化最大

超临界机组运行特性变化显著的是锅炉，其技术关键是水冷壁。由于直流锅炉的敏感性强，其水动力多值性、脉动，水冷壁工质温度和管壁温度以及汽温特性受燃烧和变压运行的影响程度显著增大。与此同时，超临界直流锅炉水冷壁内工质的热物理特性变化较大，受大比热容特性的影响，工质温导系数变化很大，可能发生类膜态沸腾现象，故机组的稳定运行主要取决于锅炉性能。

3. 汽温响应速度加快

超临界机组锅炉运行性能受煤质变化和燃料量变化的影响十分明显。除了设计上要求锅炉对煤质变化有较强的适应能力外，在运行调整方面要求燃烧系统具有快速的反映能力和较高的可靠性。

4. 对燃烧调节的要求更高

锅炉机组变工况时的燃烧调节和汽温调节：燃烧调节对水冷壁壁温和汽温的影响比汽包锅炉敏感得多，汽温调节主要依靠煤/水比调节。除了设计上要求锅炉对煤质变化有较强的适应性能，在运行调节方面要求燃烧系统具有快速的反应能力和较高的可靠性。为了保证锅炉燃料量供应的连续性和稳定性，最好选用双进双出磨煤机系统或中间储仓式制粉系统，目前多数电厂超临界机组配置中速磨煤机直吹式制粉系统。

5. 凝结水必须精处理

凝结水精处理设备是超临界机组与性的关键设备。因为超临界压力下水和水蒸气溶解各类盐分的能力大幅度提高，且工质温度提高，各类盐分不仅对受热面的温度影响较大，而且对金属腐蚀增大的趋势。

高参数工质的热力动力特性使水管内部氧化层增厚速度加快，管道温度升高，压降增大。因此采用氧化处理调整给水含氧量，加强给水质量监督，凝结水必须精处理。

同时，超临界机组启动初期，锅炉管道和受热面管子中产生的 Fe_2O_3 固体颗粒随蒸汽高速流动，对汽轮机动页和静叶造成冲击性腐蚀，因此必须严格检测蒸汽含铁量，将含铁量不合格的蒸汽通过旁路送往凝汽器。表 6-1 给出超临界机组精处理水质标准。

6. 超临界直流运行工况负荷（本生点）

超临界锅炉通常在 63%MCR 负荷以下工作在亚临界压力范围，此时的锅炉的工作特性实际相当于亚临界压力直流锅炉。在 63%MCR 负荷以上工作在超临界压力范围，此时锅炉的工作特性才是超临界压力直流锅炉。对于带有循环泵启动系统的超临界锅炉，由负荷循环切换到直流运行工况的负荷（本生点）通常在（25%～35%）MCR，在本生点以上水冷壁中无再循环流量，水冷壁流量等于给水泵流量，即水冷壁中工质流量与负荷成正比关系；在本生点以下，即负荷低于（25%～30%）MCR，投入再循环泵，此时，水冷壁中的工质流量为给水泵流量＋再循环流量。

表 6-1　　　　　　　　　　　　精 处 理 水 质 标 准

控制项目	单　位	标　准	控制项目	单　位	标　准
氢电导率	$\mu S/cm$	<0.08	SiO_2	mg/L	<2
钠离子质量浓度	mg/L	<0.5	铁离子质量浓度	mg/L	<1
氯离子质量浓度	mg/L	<0.5	铜离子质量浓度	mg/L	<1
SO_4^{2-}	mg/L	<0.5	悬浮物	mg/L	<5

7. 切除分离器

对于带有外置式分离器的直流锅炉启动系统，掌握启动过程"切分"转纯直流运行时的锅炉运行特性和运行调节的关键技术："切分"过程中，汽水比体积变化大，运行参数变化剧烈，汽温不容易稳定，甚至可能引起汽轮机带水运行，因此启动过程的操作比较复杂和困难，要求较高的运行调节水平。

采用内置式分离器的汽水分离器的启动系统，分离器串联在汽水管道上，分离器进出口无高压阀门，控制阀门在贮水箱，避免了启动过程的"切分"操作，因而也避免了"切分"过程的汽温波动以及"切分"控制不当引起的汽轮机进水问题。但采用内置式分离器的汽水分离器的启动系统同样有一个启动系统切换的问题，即锅炉有疏水过程或再循环过程转变为纯直流运行的过程，也就是分离器由湿态运行（即水冷壁产生的蒸汽流量小于水冷壁最小流量，汽水分离器处于湿态运行，汽水分离器中多余的饱和水通过汽水分离器液体控制系统控制排除）。转变为干态运行，即给水流量大于最小直流负荷时的流量，此时水冷壁产生的蒸汽流量也大于水冷壁最小流量，处于微过热（微过热温度为15℃）的蒸汽通过汽水分离器，汽水分离器为干态运行方式，汽水分离器出口温度由水煤比控制，即由汽水分离器湿态时的液位控制转为温度控制的过程。在此期间同样需要注意汽水膨胀导致的分离器水位或贮水箱控制问题。

三、对旁路系统的要求

启动系统应具有适应机组快速调峰变压运行的功能，100％MCR 容量的系统适用于长期运行带基本符合的机组，且投资较大；70％MCR 左右容量的系统适用于调峰工况下调节灵活性较高运行的机组。

四、热经济性比较

影响超临界机组的热效率及煤耗的技术因素很多，主要包括：提高机组蒸汽参数；采用优化的变反动度的新型汽轮机叶片；汽轮机进气调节阀门补气技术；采用可调间隙的汽封结构；降低凝汽器背压；增加回热加热级数，提高给水温度；采用内螺纹管水冷壁降低水冷壁质量流速，减小水冷壁流动阻力；控制过热器和再热器减温水量；开发高效燃烧低污染排放和低负荷无油稳燃的燃烧技术；采用带有循环泵的启动系统，加快机组启动速度；优化

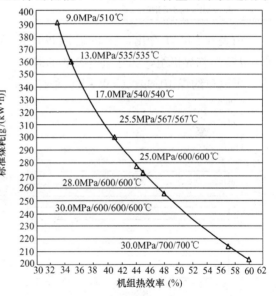

图 6-9　机组热效率与煤耗的关系

运行方式；优化辅机配置，降低投资成本和运行电耗等。新技术的综合采用可提高新一代超临界机组的效率，降低发电煤耗。机组热效率与煤耗的关系见图 6-9。

1. 蒸汽参数及再热对热效率的影响

一次中间再热机组，蒸汽温度提高 20℃，机组热耗下降 0.5％～0.6％，循环热效率可提高 1.0％；蒸汽压力可提高 2MPa，循环热效率大约可提高 0.4％。蒸汽参数由 18MPa/540/540℃提高到 30MPa/600/600℃时，相对热效率大约可提高 6％。但是限制蒸汽参数的主要因素是金属材料及其性能。

图 6-10 给出根据国内电厂统计的国内高压、超高压、亚临界、超临界机组发电标准煤

耗与机组效率统计数据的平均值。机组热效率提高 1%，标准煤耗降低 5.31g/(kW·h)。

图 6-11 所示为蒸汽压力、温度对热效率的影响。

2. 国内部分 600MW 机组热耗比较（见表 6-2）

表 6-2　　　　　　　　　国内部分 600MW 机组热耗比较

主　要　参　数	热耗值（kJ/kg）	热耗比较（%）	备　　注
24.2MPa 566/566℃	7522	−1.63	超临界机组
24.13MPa 538/566℃	7647.6	0（参照基准）	超临界机组
16.75MPa 537/537℃	7834.34	+2.44	亚临界机组
16.75MPa 537/537℃	7888	+3.14	亚临界机组
16.75MPa 537/537℃	8005	+4.67	亚临界机组
16.6MPa 537/537℃	7872	+2.93	亚临界机组
16.6MPa 537/537℃	7790	+1.86	亚临界机组
16.66MPa 538/538℃	7778	+1.71	亚临界机组
16.6MPa 537/537℃	7779	+1.72	亚临界机组
16.57MPa 538/538℃	7871	+2.92	亚临界机组

由表 6-2 可以看出，比较近期投产的国产 600MW 亚临界机组和刚刚投产国产 600MW 超临界机组，扣除蒸汽参数的影响，超临界机组比亚临界机组热耗下降 3.7% 左右，可以节约煤 10.9g/（kW·h）左右。

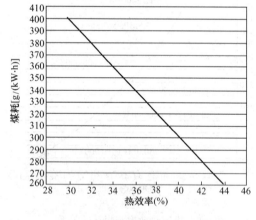

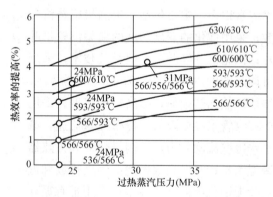

图 6-10　煤耗统计数据平均值　　　　　图 6-11　蒸汽压力与温度对热效率的影响

第五节　超临界汽轮机叶片、汽封及阀门技术

一、汽轮机叶片技术

1. GEC-ALSTHOM 公司的技术

（1）高压缸采用可控蜗叶型，与径向叶片相比高压缸效率提高 1.2%，中压缸效率提高 0.8%。

（2）采用复合倾斜式叶型，提高汽轮机级效率 0.1%。

（3）低压缸采用超音速叶片型，效率提高 2.7%。

（4）采用新长叶片，增大出口环形面积，降低出口流速以减少排气损失，出口流速由 290m／s 降低到 210m／s，马赫数由 0.76 减低到 0.55，排气损失由 22kJ／kg 降低到 12 kJ／kg，汽轮机效率提高 0.8%。

2. 西门子公司技术

（1）采用微反动式叶片。西门子公司为上海外高桥电厂提供的 900MW 汽轮机高中压缸采用全三维，各级采用优化的变反动度，并带一定倾斜度的叶片，以降低叶型损失及二次流损失，能大幅减少超音速流动在叶片背弧引发冲击波所造成的损失，其综合内效率可提高 2%。第一级以后的各级叶片的反动度在 30%～60%。

（2）末级长叶片。上海汽轮机厂有限公司与西门子公司合作设计制造的浙江玉环电厂参数为 26.25MPa／600／600℃以及外高桥参数为 27MPa／600／600℃的 1000MW 汽轮机组，采用三种长叶片 977、1146、1430mm。

（3）上海外高桥电厂 900MW 超临界机组汽轮机末级为 1146mm 长叶片，西门子公司为解决湿汽冲蚀叶片问题，在空心的末级静叶内通入较高温度的三级抽汽蒸汽，使静叶片表层水膜被加热而逐步蒸发，避免了动叶受水膜脱落产生的大水滴的冲蚀。同时也避免了由于水滴大都会撞向动叶背侧而导致的蒸汽动能消耗，因而也相应提高了级效率。

3. 三菱公司技术

三菱公司 600MW 超超临界汽轮机为单轴、两缸、两排汽、一次中间再热、凝汽式机组。高中压汽轮机采用合缸结构，低压汽轮机采用一个 48in 末级叶片的低压缸，这种设计降低了汽轮机总长度，紧缩电厂布局。机组的通流及排汽部分采用三维设计优化，具有高的运行效率。机组的组成模块经历了大量的实验研究，并有成熟的运行经验，机组运行高度可靠。

4. 超超临界汽轮机末级长叶片的特性

三菱公司采用设计了适用于 50Hz 机组上的 48in 末级叶片（1219.2mm），采用与 40in 叶片相同的枞树型叶根、自带整体围带、凸台拉筋结构。48in 末级叶片采用扭曲叶片，与弯扭联合成型的静叶片组成末级，是目前世界上最长的钢制叶片，排汽面积为 11.3m²，在额定工况下，排汽损失约为 8.4kcal/kg（1cal＝4.1868J），排汽损失较小，末级的效率较高，排汽损失曲线见图 6-12。叶片结构设计合理，阻尼特性好，强度高，运行安全稳定，适合两缸两排汽超超临界 600MW 机组。

二、汽封、单流中压缸技术

（1）GEC-ALSTHOM 采用可调间隙的汽封结构，可提高高压缸级效率 0.2%。

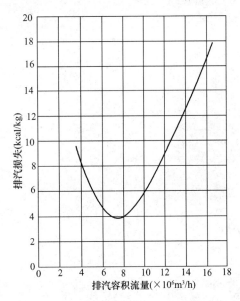

图 6-12　48in 叶片排汽损失曲线

（2）采用单流中压缸，降低进口部位的端部损失，中压缸效率提高2%。

（3）俄罗斯新一代汽轮机采用新叶型和可调间隙的汽封结构。

（4）某900MW超临界机组汽轮机高中压缸的第一级静叶无叶顶间隙及漏气损失，同时与采用冲动式动叶，减少动叶压降相结合的措施，提高了高中压部分的级效率。低压级采用独特的推杆技术，减小了动、静之间的间隙，提高了低压部分的级效率。

三、汽轮机进汽调节阀门补汽技术

某电厂1000MW超超临界机组汽轮机配置两个主蒸汽调节汽阀和三个小流量补汽阀。通过补汽阀的蒸汽是主蒸汽调节汽阀前的新蒸汽，占进汽量的5%～10%。经补汽阀后温度降低30℃。这部分蒸汽通过高压第五级动叶。全周进汽具有叶片应力低，无附加汽隙激振，滑压运行经济性和安全可靠性高的特点。补汽阀技术在保持全周进汽优势的同时，使全周进汽滑亚运行额定工况的进汽压力提高到额定压力，从而提高机组经济型。补汽阀开启时，机组由滑压运行转变为定压运行，阀门全开时，汽轮机进气量是额定工况的108%，补汽阀流量为8%，热耗下降23kJ/(kW·h)左右。

虽然在整体上因为在高负荷阶段转变为定压运行和无节流损失，因而运行经济型随负荷增加而提高，但在特定工况下，随着补汽量增加，机组热耗略有增加，经济型略有下降。例如，两个电厂1000MW超超临界机组的补汽量分别为8.03%和3%，机组负荷大于90%后热耗比补汽量为0%时相应增加47kJ/(kW·h)和20kJ/(kW·h)。

第七章

循环流化床燃煤锅炉

循环流化床燃煤锅炉与其他类型锅炉的最主要区别特征是其处于流化状态下的燃烧过程。流化床技术最早应用于化学工业中的气固两相反应，流化床的基本理论和实践大部分来自化学工业的成就，20世纪60年代后开始将流化床技术应用于煤的燃烧。

燃烧煤的气体—固体流化床，所处的流化阶段可分为鼓泡流化床燃烧和循环流化床燃烧；按锅炉燃烧室的压力又可分为常压流化床燃烧和增压流化床燃烧。

流化床燃烧技术是高效、低污染的新一代燃煤技术，它经历了从鼓泡流化床到循环流化床的发展过程。鼓泡床锅炉是实现流化燃烧的鼻祖，但是，在进一步大型化等方面受到限制。循环流化床燃烧技术是以处于快速流化状态下的气—固流化床为基础的，具有易于大型化的特点，容量几乎可以像煤粉炉那样不受限制。基于循环流化床燃烧技术的循环流化床燃煤锅炉目前已能投入商业化燃煤发电运营，由于其煤种适应性广，燃烧效率高，以及炉内脱硫脱氮等特点，近二十年来，大容量的循环流化床燃煤锅炉取得了迅速的发展。目前，已经实现了300MW亚临界参数燃煤循环流化床锅炉的商业化，在我国，600MW超临界参数循环流化床锅炉也将投入示范运行。

近年来，循环流化床燃煤锅炉的突出优越性在我国火力发电企业得到普遍认同，应用的势头尤为强劲，预计将在我国洁净煤发电方面处于优先发展的地位。

第一节　循环流化床燃煤锅炉的基本原理和特点

首先介绍气—固流态化的基本特征。

一、流态化的描述及其性质

当气体自下而上地穿过固体颗粒随意填充状态的床层时，整体床层将依气体流速的不断增大而呈现完全不同的状态，依此经过固定床、起始流态化、鼓泡流态化、湍流流化、快速流化、最终达到气力输送状态，见图7-1。床层内颗粒间的气体流动状态也由层流开始，逐步过渡到湍流。由于流化床层的膨胀，床层空隙率增加，因而，每米床高的压降是逐渐下降的。

一般来讲，从起始流化到气力输送，气流速度将增大达10倍（对粗颗粒）至90倍（对细颗粒）。在这一宽广的速度范围内的流化床，依操作气速、颗粒及气体性质的不同而呈不同的流化状态。

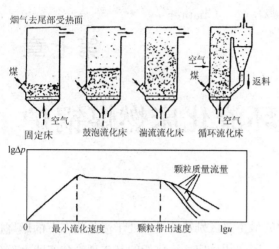

烟气去尾部受热面

煤

空气

固定床　　鼓泡流化床　　湍流流化床

空气
煤

返料

空气

循环流化床

lg△p

颗粒质量流量

0　　最小流化速度　　颗粒带出速度　　lgu

图 7-1　流态化的各种形态

（一）起始流态化的特征和描述

气体通过布风板自下而上地穿过随意填充状态的颗粒床层且流速又较低时，床层内的颗粒不动，为固定床阶段。随流速的增加，气体在床层上下两端的压力降也将增大，且随流态（湍流或层流）不同而与流速成幂函数的关系。当流速达到某一极限值时，即床层压降达到与单位床截面上床层颗粒质量相等时，颗粒不再由布风板支持，而全部由气体的升举力所承托。对单个颗粒来讲，不再依靠与其他邻近颗粒的接触来维持它的空间位置。床层空隙率或多或少加大，开始进入流态化，床层压降将维持不变，见图 7-2。固定床与流化床的分界点被称为起始流态化点，或称为临界流态化点。此时的床层压降由式（7-1）表示，即

$$\Delta p = \frac{M}{A} \tag{7-1}$$

式中　M——床料质量，kg；

　　　A——床层的横截面积，m^2。

处于起始流态化下的床层均匀且平稳，并且在很多方面呈现类似流体的性质，可以像流体一样具有流动性，可由一个容器开孔流到另一个容器。当容器倾斜时，床层上表面保持水平，轻物浮起，重物下沉。床层任意两点压力差大致等于此两点的床静压差。

已流化的床层，如将流速逐渐减小，固定床的压降略小于升速时的压降（见图 7-2），这是因为颗粒逐渐静止下来时，大体保持为随意填充床层状态，其床层空隙率较大所至。降速曲线的转折点所对应的空截面流速称为最小流化速度（也称为临界流化速度），u_{mf}，相应的床层空隙率称为最小空隙率。

实际应用的颗粒物料一般不是均匀粒径。随着粒径分布的增宽，细颗粒总是先于大颗粒流化，因此，从固定床向流化床的过渡就不十分明显，如图 7-3 所示，这给最小流化速度的定义带来一定困难。此时，除了以延长线的交点定义 u_{mf} 以外，还有取床层完全进入流态化的起始点作为实际应用的起始流化速度 u_{cf}。

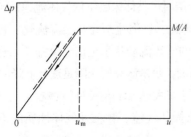

△p

M/A

0　　　　u_m　　u

图 7-2　最小流化速度的确定

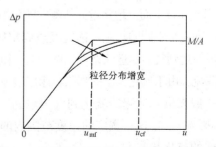

△p

M/A

粒径分布增宽

0　　　u_{mf}　　u_{cf}　　u

图 7-3　宽筛分颗粒时最小流化速度的确定

（二）鼓泡流化阶段

在起始流态化下，气速对 u_{mf} 的微小增量将使床层进入流化状态，其基本特征是床层内颗粒的运动已不限于局部现象，而导致床内颗粒物料在整体床层范围内的循环运动。

对细颗粒，当气速继续增大时将出现一定范围内的均匀膨胀而不产生气泡，这一均匀流化的上限速度对应于第一个气泡的出现，即最小鼓泡速度，这是细颗粒床所特有的一种流化特征。

对粗颗粒，随着气速对 u_{mf} 的微小增量，则床层内随即出现气泡，平均空隙率增大，气速越高，气泡造成的扰动越强烈，床层压降波动加剧，表面起伏明显。通常将鼓泡床看成是由气泡相（含颗粒很少）及充满颗粒的密相（乳化相）所组成的两相系统。在密相中，一般认为其空隙率为常数。

在鼓泡流态化阶段，随气速的进一步增大，气泡的聚合长大的过程加强，当流化床的高径比较大时，气泡会增大至占据整个床截面，将固体颗粒一节节地向上栓塞式地推动，直到某一位置崩溃，这就是腾涌现象。此时床面波动很大，压降数值不稳定，同时引起设备的振动，是一种不正常的流化现象。

在鼓泡流化床中，由于气泡的强烈扰动所造成的床料的良好混合以及流化速度不太高等优点，鼓泡床在流化床燃烧中得到了广泛的应用，譬如，鼓泡流化床锅炉，也称为沸腾炉。即使对循环流化床锅炉来说，也应用了鼓泡流化床的原理，譬如，启动和低负荷运行时循环流化床锅炉即处于鼓泡流化床状态，另外，外置式流化床换热器和某些型式的冷渣器也是基于鼓泡流化床的原理。

鼓泡流态化的气固流动及反应特性的描述与流化床中的气泡行为密切相关。从理论上描述鼓泡床的气固流动、气泡行为及其反应特性是所谓的流态化的两相理论。

两相理论将鼓泡床层看成由乳化相及气泡相组成。由于乳化相中的气体与固体颗粒的接触大大优于气泡相中的气体与颗粒的接触，所以送入床内的流化气体在两相间的分配份额对流化床反应的研究是十分重要的，也是两相理论所涉及的基本内容。

定义高于起始流化的气体量为超流量，即 $(u-u_{mf})A$。两相理论是以假设超流量以气泡形式流经床层为基础的。最基本的两相理论假设乳化相维持起始流化状态，即空隙率仍为最小空隙率，其空截面速度仍为最小流化速度，超流量 $(u-u_{mf})A$ 全部以气泡形式流经床层，即两相理论可表述为

$$q_{vb} = (u - u_{mf})A \qquad (7\text{-}2)$$

式中 q_{vb}——床层内可见气泡流量。

在该两相理论的基础上也相继提出了若干修正的两相理论。

鼓泡流化床中气泡的存在直接影响到流化床的流体动力学特性、热质传递及化学反应。气泡在上升途中，不断与乳化相进行质量的交换，因而气泡不仅是床内混合的动力，而且是床层气固反应的媒介。流化床中的流化状态都与气泡行为有关，最重要的是气泡的形状、上升速度、尺寸、气泡的长大和稳定性等。人们在深入研究这些气泡行为的基础上，试图建立各种描述气泡行为的物理与数学模型，这些模型在定量研究流化床的气固混合、膨胀、传热传质及燃烧等方面有着重要的应用。

（三）湍流流化

在鼓泡流化床之后，随气速增至足够高时，压力波动幅度在达到峰值后开始下降，气泡或腾涌被破坏而进入湍流流化状态。此时，气体流经弯弯曲曲的沟道迅速穿过床层，固体颗粒组成线状或带状颗粒团，以很高的速度上下移动，各方穿透，但仍能维持可分辨的床界面。流态化的两相性质依然存在，只是床内气泡直径较小，分布甚密，气泡边界较为模糊或不规则。与鼓泡流化床不同，湍流流化床的气泡尺寸几乎不随气速而变，气速增加时，只观察到气泡数迅速增加。

在这一湍流流化区域，气固接触大大改善，混合强烈。另外，由于气泡小，流化床尺寸的模拟放大也较鼓泡床容易一些。

试验证明，对于均一尺寸的粗颗粒，鼓泡流化床向湍流流化床过渡中，在小于颗粒沉降速度的范围内可以维持湍流而很少发生颗粒携带，但在一般宽筛分颗粒分布的情况下，颗粒携带量是相当大的，必须将收集的物料连续送回床内，以维持一定的床料量。对于细颗粒流化床，湍流流化的进一步发展将进入快速流化，这是细颗粒床在高气速操作下的重要特征。

（四）细颗粒床的快速流态化

细颗粒是指平均粒径在 $20\sim100\mu m$，气固密度差小于 $1400kg/m^3$，此类颗粒的流化特性，尤其是在高气速操作下明显不同于粗颗粒床的流化特征。

对细颗粒，当气速超过最小鼓泡速度后，床层开始偏离均匀膨胀线并进入鼓泡流化状态，气速的进一步增加使鼓泡流化床开始崩溃成湍流状态，此时的操作气速可以数倍于沉降速度，从床顶携带的颗粒量增加，但仍能维持湍流状态而不会将全床颗粒携带出去，其原因可解释为床层两相特征的存在以及细颗粒聚集成絮团状而具有大颗粒的特征。

当气速再增加，颗粒带出大增，床层界面趋弥散，床中全部颗粒可以被吹空，必须连续不断地向床层底部补充与带出速率相同的颗粒，从而形成快速流化。床层充满整个容器空间，适当调节固体循环量可以保持有足够的颗粒浓度，处于这一状态下的快速流化床也可以被称为循环流化床。

当气速再加大到气力输送速度时，颗粒携带速率突然增加到气体饱和携带容量，快速流化被破坏而进入气力输送状态。

维持快速流化的条件之一是流化速度界于初始快速流化速度和气力输送速度之间，固体颗粒循环量应大于最小循环量。

快速流化床中不存在定形气泡，一部分颗粒均匀分散于气体中而形成稀的连续相，其余的颗粒则呈絮团状形式悬浮于连续的稀相中。这样可以采用很大的高径比来增加颗粒停留时间而不会发生腾涌。

快速流态化明显不同于湍流床的一个特征是它的床层密度为固体加料率的函数，固体颗粒的负荷是可以变动的（但总低于鼓泡流化床）。另外，快速流化床也不同于气力输送，快速床内，固体颗粒在床层中剧烈运动，返混量很大，且有很高的气固滑移速度。一般认为，粗颗粒不存在稳定的快速流化。

快速流态化为气固流化床实现高效而又易于放大开辟了新的途径。近二十几年迅速发展起来的循环流化床燃烧技术就是基于快速流化的原理。

二、循环流化床燃煤锅炉炉内工作原理

循环流化床燃煤锅炉基于循环流态化的原理组织煤的燃烧过程，以大量的高温固体颗粒物料的循环燃烧为重要特征。

燃烧室内的颗粒物料处于湍流流化与气力输送状态之间的流化区间，流化气速大大高于鼓泡流化床，没有鼓泡流化床那样清晰的床层上表面，气泡不再存在。同时具有湍流流化和快速流化的特征，固体颗粒充满整个炉膛，处于悬浮并强烈掺混的燃烧方式。但与常规煤粉炉中发生的单纯悬浮燃烧过程比较，颗粒在循环流化床燃烧室内的浓度远大于煤粉炉，但小于鼓泡流化床，并且存在显著的颗粒成团和床料的颗粒回混，颗粒与气体间的相对速度大，这一点显然与基于气力输送方式的煤粉燃烧过程完全不同。

循环流化床燃煤锅炉的燃烧与烟风流程见图 7-4。经过预热的一次风（流化风）经过风室由炉膛底部穿过布风板送入炉膛，炉膛内的固体处于快速流化状态，燃料在充满整个炉膛的惰性床料中燃烧，炉膛下部为颗粒浓度较大的密相区，上部为颗粒浓度较小的稀相区；较细小的颗粒被气流夹带飞出炉膛，并由飞灰分离收集装置分离收集，通过分离器下的回料管与飞灰回送器（返料器）送回炉膛循环燃烧。烟气和未被分离器捕集的细颗粒排入尾部烟道，继续与受热面进行对流换热，最后排出锅炉。

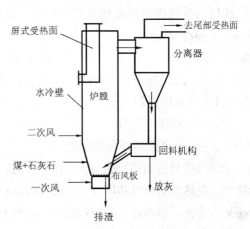

图 7-4 循环流化床锅炉炉内燃烧与烟风流程

循环流化床燃煤锅炉炉内高速流动的烟气与其携带的湍流扰动极强的固体颗粒密切接触，燃料的燃烧过程发生在整个固体循环通道内。在这种燃烧方式下，燃烧室内的温度水平因受到燃煤结渣和最佳脱硫温度的限制，必须维持在 850℃左右，远低于常规煤粉炉炉膛的温度水平。在较低温度下燃烧的特点具有低污染物排放和避免燃煤过程中结渣等优点。尽管燃烧室内的温度较低，但由于炉内颗粒的浓度大得多，所以，炉内受热面的传热条件优于常规的煤粉锅炉。

由于采用高温固体颗粒物料的循环流化燃烧方式，炉内的温度分布十分均匀，炉内的热容量很大，因此，循环流化床锅炉对燃料的适应性优于常规煤粉炉，燃烧效率也基本相当。

三、循环流化床锅炉的传热

已有的大部分关于流化床传热的研究成果主要来自鼓泡流化床传热，其结论基本适合于循环流化床密相区内的传热。但循环流化床在密相区内一般不布置直接裸露的受热面，其换热过程主要发生在炉膛上部的悬浮段，大部分炉膛受热面布置在炉膛上部的稀相颗粒区中，对循环流化床稀相区内传热过程的研究还较少。

循环流化床内的传热过程和机理描述与鼓泡流化床基本相同，但颗粒浓度比鼓泡流化床低，因此，传热系数也相对较低。目前，无论是鼓泡流化床、还是循环流化床，传热系数的确定主要还是依赖实验和经验数据。由于大型循环流化床锅炉发展的时间还不长，炉型也较多，燃烧室内的传热计算尚没有成熟、统一的计算方法，计算的准确性也有待于在实践中不断完善。

循环流化床锅炉尾部受热面的换热均为对流换热，其计算方法与常规锅炉对流受热面计算方法相同。

1. 流化床传热的过程

流化床内传热有 3 个过程，①床层内的有效传热；②颗粒与气体间的传热；③床层与浸埋受热面间的换热。

床层与受热面间的换热过程是对流、导热及辐射联合作用的复杂结果，其换热量计算仍利用牛顿冷却定律

$$Q = hA(T_b - T_w) \tag{7-3}$$

式中　h——床层与受热面间的传热系数，$W/(m^2 \cdot ℃)$；

　　　A——受热面积，m^2；

　　　T_b——床温，$℃$；

　　　T_w——受热面的外表面温度，$℃$。

床层与受热面间的换热与下列因素有关：流化速度、运行温度和压力、颗粒和气体的物理性质、受热面的布置和尺寸、床的几何结构等。至今为止，对这一复杂物理现象的机理解释还远不完善，对所建立的各种换热机理模型的分析，虽然可以揭示换热与某些影响因素间的关系，但远没有达到可以应用于工程设计的水平。因此，传热系数的设计计算仍主要依赖半经验和经验关系联式。流化床锅炉内各部位受热面传热系数的取值范围见表 7-1。

表 7-1　　　　　　　流化床锅炉受热面传热系数的取值范围　　　　　　　$W/(m^2 \cdot ℃)$

受热面位置和形式	传热系数	受热面位置和形式	传热系数
鼓泡床内埋管	200～400	循环流化床悬浮段悬吊受热面	150～250
循环流化床悬浮段壁面	150～200		

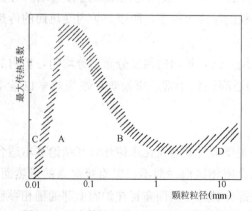

图 7-5　最大传热系数与床层粒径间的关系

2. 影响循环流化床传热的主要因素

（1）颗粒粒径的影响。流化床层与其中受热面间的最大传热系数与床层粒径间的关系如图 7-5 所示。

对小颗粒床，颗粒以对流换热为主，粒径愈小，传热途径愈短，气泡造成的颗粒置换亦愈强烈，因而传热系数愈大，在达到最大传热系数后，颗粒对流换热逐渐减弱，气体对流换热也不强，因此，在一定的粒径范围内，最大传热系数与粒径成反比。

对大颗粒床，随粒径的增大，气体对流换热所占的份额增大，逐渐抵消了颗粒对流换热减少的趋势，传热系数在该范围内几乎维持不变，而后呈缓慢增大的趋势。

循环流化床锅炉密相区内颗粒粒径范围在 D 区域，外置式鼓泡流化床换热器内颗粒粒径要小得多，一般处于 A、B 区域，该区域的传热系数也高于其他区域。

（2）颗粒及气体热物性的影响。在颗粒的各中热物性中，颗粒热容量的影响最为显著。颗粒的热容量一般为气体的几百至几千倍，高热容的固体颗粒是携带热量并向受热面传递的主要媒介，因而，也是流化床传热率远高于气体对流换热的主要原因之一。

（3）床层温度和受热面金属表面温度的影响。在床层温度不太高且不必考虑辐射的条件下，随床温的升高，一方面，气体热导率增大，颗粒对流换热增加；另一方面，气体密度随之减少而部分地削弱了气体对流换热。因此，对小颗粒床来说，气体对流换热所占比例较小，放热系数随床温上升速率明显高于大颗粒床。

受热面金属表面温度的影响也是十分显著的，较高的受热面表面温度将使得参与换热的气体的热导率增加，因而，导致较高的传热系数。但是，大多数换热试验的结果都是用床温作为定性温度的。采用何种形式的传热计算定性温度更合理还有待于深入研究。

此外，还有受热面的布置方式，流化速度，颗粒浓度等都对传热系数有较大的影响，但由于复杂性，目前这些因素影响的机理研究的还很不充分，它们的影响主要还是靠经验和半经验关系确定。

四、循环流化床燃煤锅炉应用于发电机组的主要特点

1. 蓄热量极大、燃烧稳定、对燃料的适应性好

由于循环流化床锅炉燃烧室内存在大量高温固体颗粒物料（95％为惰性颗粒，5％为可燃物），循环流化床锅炉不需要辅助燃料即可燃用任何燃料，这些燃料包括高硫分和高灰分的煤、油叶岩和煤矸石、石油焦、废木材、甚至可以烧垃圾等。循环流化床锅炉为有效利用这些其他燃烧方式根本无法利用的劣质燃料提供了一条很好的途径。

但是，根据某一种燃料或煤种设计的循环流化床锅炉并不能经济有效地燃用性质差别较大的同类或其他燃料。

2. 燃烧效率可与煤粉炉媲美

循环流化床燃烧是介于煤的固定床燃烧和煤粉悬浮燃烧之间的一种处于流态化下的煤燃烧方式，流态化形成的优越湍流气固混合条件，可大大强化燃烧，提高床层内的传热和传质效率。设计合理的循环流化床锅炉燃烧效率可达到99％，与煤粉炉的燃烧效率相当，但在燃烧低品位煤方面，则其燃烧效率将大大优于煤粉炉，而且循环流化床的燃烧效率不受炉内脱硫过程的影响。另外，循环流化床的燃烧效率也高于燃烧同一煤种的鼓泡流化床。

3. 低温燃烧、污染较轻

由煤的灰渣变形温度所决定，燃煤流化床锅炉的燃烧温度处于850～950℃的范围内。这种低温燃烧特性使得气体污染物 NO 和 NO_2 的排放量大大减少（比煤粉炉减少50％以上），此外，还可以在炉内采取分级燃烧等进一步降低 NO_x 排放的技术措施，因此，一般无需烟气脱除氮氧化物的设备。

由于流化床内的燃烧温度较低，所以，可以在流化床床层内直接添加石灰石脱硫剂，在燃烧过程中完成有效的脱硫。与煤粉锅炉的炉内脱硫过程相比，流化床内脱硫剂与烟气中的 SO_2 间的反应环境（反应温度、停留时间和传质等）十分有利于脱硫反应的进行，因此，可以在相对较低的钙硫摩尔比下，得到较高的脱硫效率。如果与煤粉锅炉的烟气脱硫方式相比，其设备投资和运行费用也远低得多，另外，流化床锅炉的脱硫灰渣可以综合利用，不会产生二次污染。

4. 锅炉设备占地面积少

循环流化床锅炉不需要单独的烟气脱硫脱氮装置，也不需要有煤粉炉那样的庞大复杂的煤粉制备系统，只需燃煤的简单破碎和筛分。由于循环流化床锅炉没有像煤粉炉那样精心设计和布置的煤粉燃烧器，而是采取简单的机械（或气力）输送方式将煤直接送入流化床的密相区内，还因为密相区内的固体颗粒混合十分强烈和均匀，通常只需很少数量的给煤口即可，因此，给煤管道较煤粉炉的煤粉管道数量少且布置简单，从而能节约电厂布置场地，为循环流化床锅炉的大型化创造了有利条件。但循环流化床锅炉的底渣处理系统较煤粉炉复杂，大尺寸的分离器也占据了较大的空间。

5. 负荷变化范围大，调节特性好

循环流化床燃煤锅炉负荷调节性能优于常规燃烧煤粉的锅炉，而且变负荷操作简单，这一优越性尤其适合于电站锅炉的工况要求。电站锅炉的负荷调节性能取决于变负荷条件下的水循环特性、汽温特性和燃烧特性的优劣，循环流化床锅炉在这几方面均具有明显的优势。

（1）循环流化床锅炉水循环的特性。循环流化床锅炉沿炉膛高度的温度均匀分布为低负荷运行时蒸发受热面的可靠水循环提供了保障。循环流化床锅炉炉内不存在火焰中心，温度和热负荷分布较煤粉炉均匀得多，无论锅炉负荷如何变化，炉内温度始终保持均匀且变化不大，因此，炉膛壁面的热负荷分布均匀。这种热负荷分布不随锅炉负荷而明显变化的特点使得循环流化床锅炉具有可靠的水循环性能，这对锅炉炉膛水循环及金属的安全性十分有利，可以适应较煤粉炉大得多的负荷调节范围和快得多的负荷变化速度。

（2）循环流化床锅炉的汽温特性。众所周知，由于对流受热面的出口汽温随负荷变化的特点。对于循环流化床锅炉来说，由于燃烧温度较低，炉膛出口的烟气焓不足以使过热蒸汽和再热蒸汽达到额定温度值，因此，在设计时就考虑了炉膛和尾部受热面的合理布置和吸热量的分配，部分过热器和再热器受热面必须布置在固体颗粒循环回路中，这部分受热面不仅具有较好的换热特性，而且，可以在负荷变化时通过改变循环物料的浓度来控制蒸发、过热和再热吸热量，因此，循环流化床锅炉具有优于煤粉炉的汽温控制手段，保证了在很大的负荷变化范围内维持额定的蒸汽温度。

（3）循环流化床锅炉的燃烧特性。循环流化床燃烧系统中的燃料存有量很少，其优越的燃烧稳定性是不言而喻的，所以，可以适应很低负荷下的稳定燃烧。而且，由于床温在很大负荷范围内总保持一定，基本不存在负荷变化时加热或冷却炉内物料的过程，所以，当要求负荷变化时，在维持床温不变的条件下，采用改变燃煤量、送风量、飞灰循环量和床层厚度等手段，可以较迅速地实现负荷调节。

综上所述，循环流化床锅炉所特有的良好的水循环特性、汽温控制特性和燃烧特性，使得其具有较大的负荷变化范围，一般为 $100\%\sim25\%$，而且也具有较大的负荷升降速度，变化速率可达 5%。

6. 流化床燃烧的灰渣可以综合利用

低温燃烧和添加脱硫剂使炉渣和飞灰具有与煤粉炉不同的物理和化学特性，流化床锅炉灰渣未经高温熔融过程，灰渣活性好，可燃物含量低，且含有无水石膏，有利于作水泥掺合料或其他建筑材料。

五、循环流化床燃煤锅炉尚存在的问题

（1）虽然循环流化床的燃烧效率与煤粉炉相当，但除燃烧无烟煤等难燃煤种外，其飞灰含碳量仍略高于煤粉炉。

（2）对固体颗粒分离设备的效率、耐高温和耐磨性能要求更高。

（3）锅炉系统的烟风阻力较大，需要采用高压鼓风机，因此，存在风机电耗高、噪声大等问题。循环流化床锅炉的厂用电率较煤粉炉高，一般在 $8\%\sim10\%$。

（4）锅炉受热面的磨损严重，因此，不得不牺牲流化床传热强烈的优势，锅炉整体的金属消耗量并不比同容量的煤粉炉少。尽管如此，目前受热面的安全运行和使用寿命还无法与煤粉炉相比。

（5）燃烧控制系统比较复杂，锅炉的运行技术与常规煤粉炉有较大的不同，还未达到与常规煤粉锅炉相当的运行与控制水平。

（6）流化床燃烧中的 N_2O 生成物大大高于常规的煤粉燃烧系统。N_2O 是燃烧过程中的中间产物，通常在高温火焰下被破坏，而流化床燃烧的低温度水平有利于 N_2O 的形成，尤其在燃用烟煤时最高。

第二节　循环流化床锅炉的构成和类型

一、循环流化床锅炉的构成

循环流化床锅炉燃烧系统由流化床燃烧室、布风板、飞灰分离收集装置和飞灰回送器等组成，有的还配置外部流化床热交换器。除了燃烧部分外，循环流化床锅炉其他部分的受热面结构和布置方式与常规煤粉炉大同小异。典型的循环流化床锅炉系统和布置如图7-6所示。

1. 燃烧室

循环流化床锅炉燃烧室的截面为矩形，其宽度一般为深度的两倍以上，下部为一倒锥型结构，底部为布风板。燃烧室下部区域为循环流化床的密相区，颗粒浓度较大，是燃料发生着火和燃烧的主要区域，此区域的壁面上敷设耐热耐磨材料，并设置循环飞灰返料口、给煤口、排渣口等。燃烧室上部为稀相区，颗粒浓度较小，壁面上主要布置水冷壁受热面，也可布置过热蒸汽受热面，通常在炉膛上部空间布置悬挂式的屏式受热面。

流化风（也称为一次风）经床底的布风板送入床层内，二次风风口布置在密相区和稀相区之间。煤经机械或气力输送方式送入燃烧室，脱硫用的石灰石颗粒经单独的给料管采

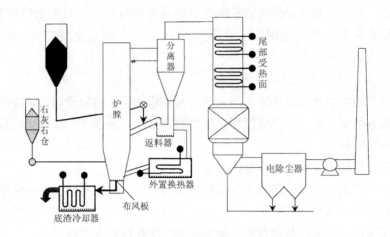

图 7-6　循环流化床锅炉系统示意图

用气力输送方式或与给煤一起送入炉内，燃烧形成的灰渣经过布风板上或炉壁上的排渣口排出炉外。

2. 布风板

布风板位于炉膛燃烧室的底部，实际上是一开有一定数量小孔的燃烧室底板，它将其下部的风室与炉膛隔开，它一方面起到将固体颗粒限制在炉膛布风板上，并对固体颗粒（床料）起支撑作用，另一方面，保证一次风穿过布风板进入炉膛达到对颗粒均匀流化的作用。为了满足良好的流化，布风板必须具有足够的阻力压降，这个压降一般占烟风系统总压降的 30％ 左右。

3. 飞灰分离器

飞灰分离器是保证循环流化床燃煤锅炉固体颗粒物料可靠循环的关键部件之一，布置在炉膛出口的烟气通道上，它将炉膛出口烟气携带的固体颗粒（灰粒、未燃尽的焦碳颗粒和未完全反应的脱硫吸收剂颗粒等）中的 90％ 以上分离下来，再通过返料器送回炉膛进行循环燃烧，分离器性能的好坏直接影响燃烧与脱硫效率。

目前，最典型、应用最广、性能也最可靠的是旋风分离器。旋风分离器使含灰气流在筒内快速旋转，固体颗粒在离心力和惯性力的作用下，逐渐贴近壁面并向下呈螺旋运动，被分离下来。空气和无法分离下来的细小颗粒由中心筒排出，送入尾部对流受热面。

除了旋风分离器之外，还有许多其他的分离器型式，如 U 形槽、百叶窗等，但在大型循环流化床燃煤锅炉中，一般采用旋风分离器。

4. 飞灰回送装置

飞灰回送装置是将分离下来的固体颗粒送回炉膛的装置，通常称为返料器。返料器的主要作用是将分离下来的灰由压力较低的分离器出口输送到压力较高的燃烧室，并防止燃烧室的烟气反串进入分离器。由于返料器所处理的飞灰颗粒均处于较高的温度（一般为850℃左右），所以，无法采用任何机械式的输送装置。目前，均采用基于气固两相输送原理的返料装置，属于自动调整型非机械阀。典型的返料器相当于一小型鼓泡流化床，固体颗粒由分离器料腿（立管）进入返料器，返料风将固体颗粒流化并经返料管溢流进入炉膛。

有些循环流化床的设计是采用将给煤直接送入返料器的出口段，使新鲜给煤与高温返料混合并升温后一起送入炉膛内。

5. 外部流化床热交换器

有些制造厂家设计的循环流化床锅炉带有外置式热交换器［见图 7-6 和图 7-7 （a）］，外置热交换器的主要作用是控制床温，但并非循环流化床锅炉的必备部件。它将返料器中一部分循环颗粒分流进入一内置受热面的低速流化床中，冷却后的循环颗粒再经过返料器送回炉膛。

循环流化床燃煤锅炉的其他部件，譬如，底灰排放系统（包括冷渣器等）、煤及石灰石制备系统等，都与常规煤粉炉有很大区别。

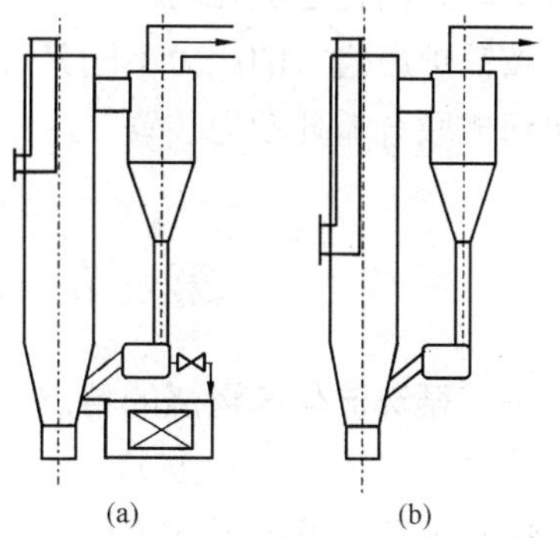

二、循环流化床燃煤锅炉的主要类型

循环流化床燃煤锅炉仅有 40 年左右的历史，仍然处于发展和完善阶段，所以，目前已经投运的循环流化床锅炉类型较多，并适合于不同的场合和要求，其中某些类型已逐渐成为主流型式，应用较为广泛。各种类型的循环流化床锅炉主要区别是在分离器的类型和工作温度，以及是否设置外部换热器等方面。

图 7-7　循环流化锅炉的基本型式
(a) 带外置式换热器；(b) 无外置式换热器

根据有无外置式流化床换热器所设计的循环流化床锅炉已经在制造领域形成对应的两大流派，各自具有不同的特点。

在有外置式流化床换热器的锅炉中，燃烧与传热的过程是分离的，在运行中可以分别对燃烧与传热进行合理、方便的调节与控制，并使各自均达到比较好的状态。譬如，仅需调节进入流化床换热器与直接返回燃烧室的固体物料的比例，即可调节和控制床温。另外，通常将再热器或过热器的部分受热面布置在外置式流化床中，锅炉汽温的调节比较灵活，也缓解了大型循环流化床锅炉炉内受热面布置空间紧张的状况。但是，采用外置式流化床换热器的锅炉结构比较复杂。

在无外置式流化床换热器的锅炉中，固体颗粒循环回路上的吸热主要靠炉膛水冷壁以及炉膛上部的屏式受热面来保证，锅炉的燃烧与传热调节比较复杂，但是锅炉的结构相对比较简单。

在循环流化床锅炉中，物料循环量是设计和运行控制中一个十分重要的参数，通常用循环倍率来描述物料循环量，其定义如下

$$R = \frac{F_s}{F_C} = \frac{循环物料量}{投煤量} \tag{7-4}$$

根据循环流化床锅炉设计时所选取循环倍率的大小，大致分为：

（1）低倍率循环流化床锅炉：循环倍率为 1～5；

（2）中倍率循环流化床锅炉：循环倍率为 6～20；

（3）高倍率循环流化床锅炉：循环倍率大于 20。

循环流化床锅炉燃烧系统的主要特征在于飞灰颗粒在离开炉膛出口后经气固分离装置和回送机构连续送回床层燃烧，由于颗粒的循环，使未燃尽颗粒处于循环燃烧中，因此，随着循环倍率增加，会使燃烧效率增加，但另一方面，由于参与循环的颗粒物料量增加，系统的动力消耗也随之增加。

按锅炉燃烧室的压力不同又可分为常压流化床锅炉和增压流化床锅炉，后者可与燃气轮机组成联合循环动力装置。

第三节　循环流化床燃烧与污染控制

一、循环流化床燃烧的特点

（一）3 个炉内燃烧区域

带高温分离器的循环流化床锅炉，煤的燃烧发生在炉内 3 个区域，见图 7-8。

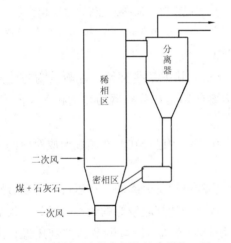

图 7-8　循环流化床锅炉炉内燃烧区域

1. 燃烧室下部燃烧区域

该燃烧区域一般界定在布风板以上、二次风口以下，也就是流化的密相颗粒区。新鲜煤粒和从高温分离器分离下来的未燃焦炭颗粒被送入燃烧室下部密相区域，该区域的送风量占总风量的 40%～80%，一般处于还原性气氛，所以，也称为还原燃烧区。为防止在还原性状态下管壁金属的腐蚀，布置在该区域炉壁上的受热面要采用耐高温耐磨材料覆盖。在这一区域布置有燃料、石灰石和循环灰的进口以及排渣口，另外还设置人孔门和事故放渣口等。

2. 燃烧室上部燃烧区域

该区域在二次风口区及以上，炉膛出口以下。该区为流化的稀相颗粒区，其中颗粒掺混仍然比较强烈。由于二次风的加入，此区域的煤燃烧处于氧化燃烧状态，大部分的煤燃尽过程发生在此区域。为了达到所要求的炉膛出口烟气温度，该区域除了必须在炉墙壁面上布置受热面以外，还需要在炉膛空间布置一定数量的受热面。

3. 高温气固分离器

对采用高温分离器的锅炉，虽然分离器中的氧气浓度很低，焦炭颗粒停留时间短暂，但由于温度较高，部分可燃性气体（挥发分、CO 等）和分离下来的细灰中的可燃物也会在此区域燃烧，但燃烧份额通常很小。

（二）强化燃烧

在循环流化床锅炉床料中，95% 以上是灼热的惰性灰渣或石英砂，可燃物在 5% 以下，这使得流化床本身成为一个蓄热量很大的热源，而且床层内物料上下翻腾，掺混极为强烈，热质交换条件好，燃烧环境优越，因此，流化床锅炉可以用来燃烧各种不同性质的煤种和燃料。

（三）循环燃烧

由于在循环流化床燃烧室内颗粒物料多次循环，使未燃尽颗粒处于反复循环的燃烧工况中，因此，燃料的燃尽率很高。另外，飞灰再循环倍率的变化能够改变燃烧系统和后面对流受热面热负荷分配的特性，从而使循环流化床锅炉对燃料的适应性较好。当煤质好时，加大飞灰再循环量；煤质变差时，减少飞灰再循环量。这样可以使锅炉烧高品位煤时不会发生床内温度过高而结渣，烧低品位煤时不会发生床内温度降低而灭火。

（四）低温燃烧

循环流化床燃煤锅炉的燃烧温度为 $850\sim950℃$，在这样的温度下燃烧不仅可以防止床层内结渣，而且，还使得与高温燃烧密切相关的气体污染物的生成量很小。此外，脱硫的最佳温度范围与流化床燃烧的温度范围基本相同，因此，有利于提高脱硫效果。但是，N_2O 生成量较高。

二、循环流化床中煤的燃烧机理简介

一般认为，在流化床中煤颗粒的燃烧过程与常规的煤粉燃烧或固定床燃烧过程均有较大的区别。在流化床燃烧中，投入灼热床层内的煤颗粒除了经历加热升温、释放水分、挥发分析出及燃烧、焦炭颗粒的燃烧过程外，还会发生煤粒的破碎和磨损，这是流化床燃烧所独有的特性。以下仅简单叙述流化床中煤燃烧的主要特点。

1. 煤粒挥发分析出与燃烧

在流化床中，根据煤质、颗粒尺寸和温度条件的不同，煤中挥发分的析出可能是瞬时完成的，也可能与炭粒燃烧平行进行，或者开始析出很快，先析出挥发分的大部分，然后在较长时间内析出挥发分的其余部分。对于组织结构较松软的烟煤、褐煤和油叶岩等燃料，颗粒尺寸又较小时，开始析出挥发分的绝大部分，甚至在瞬间完成。而对那些组织结构较坚硬的石煤、无烟煤、颗粒较大的烟煤等，在床层内挥发分的析出过程几乎与炭粒燃烧过程同时进行。

挥发分的析出过程包括挥发化学反应过程和气体扩散过程。对于颗粒大和结构坚实的石煤、无烟煤等，当加热速率较低和床温较低时，气体扩散过程是占主要的，对于颗粒尺寸较小和结构松软的烟煤、褐煤等，挥发化学反应过程占主要地位。在煤粒的内部，气体的扩散率和传热速率取决于煤粒的结构和空隙率。在此阶段还会发生颗粒的膨胀和一级破碎。

2. 流化床中炭粒的燃烧

流化床中的煤颗粒燃烧处于扩散燃烧区，即燃烧反应速度受扩散过程控制，其气体动力特性符合流态化的两相模型，乳化相中的氧气是煤燃烧所需氧气的来源。碳粒在燃烧过程中的密度基本维持不变，碳粒在燃烧过程中会发生颗粒二级破碎和进一步的磨损。

三、影响煤燃烧速度的因素

影响循环流化床内煤燃烧速度的因素很多，除了煤质以外，主要有床温、一、二次风比例，停留时间等。

1. 床温

床层温度对燃烧的影响包括多个方面。通常认为，850～900℃是最理想的循环流化床锅炉密相床层的运行温度。一方面，在该温度下煤中灰分不会发生软化，从而减小了结渣的危险性；另一方面，脱硫反应的最佳温度为835～850℃，床温过高，脱硫效率急剧降低，钙硫摩尔比增大。再者，在该温度下煤灰中的碱金属不会发生升华，这样可减少锅炉受热面上的结渣。这一运行温度带来的另一优点是燃烧排放的 NO 较低。

当然，选取这一温度的前提是需要保证煤颗粒达到较高的燃尽程度。循环流化床锅炉之所以可以选择比煤粉炉低得多的燃烧温度，主要是由于循环流化床锅炉沿床高的温度甚至包括旋风分离器和返料装置内的温度，都可以控制得比较均匀，煤在整个燃烧通道空间内进行燃烧，这就保证了一次通过炉内的细颗粒煤和循环燃烧的粗颗粒煤都能够很好的燃尽。但是，对于难燃的煤种，设计中可适当考虑提高床温（尤其是密相区的温度）以保证燃烧稳定与减少飞灰末燃尽损失，也在一定程度上减少 N_2O 的生成量。

2. 一、二次风的比例

在循环流化床锅炉运行过程中，随锅炉负荷的变化，一次风风量为燃烧化学当量空气量的 40%～80%，其余作为二次风送入。一次风主要起维持正常流化和下部密相区燃烧所需空气的作用。因为全部燃料均直接送入炉膛下部的密相区，在炉膛下部区域燃料完全燃烧所需风量大于实际送风量（一次风量），因此，该区域通常处于还原性气氛。当锅炉负荷增加时，一次风风量增加，能够将数量较大的高温细小颗粒物料输送到炉膛上部区域。

二次风风口位于炉膛下部密相区上边界附近，作为燃料燃尽风并控制炉膛的温度均匀分布。二次风的另一重要作用是组织炉内的分级燃烧过程，即，随着燃烧的进行，逐步加入二次风，以控制燃烧室稀相区各区域的风量，使之处于一定程度的缺氧还原状态，这有助于进一步控制 NO_x 的生成量。当锅炉在较低负荷下运行时，不投入二次风或投入很少量的二次风，随负荷的增加二次风所占比例增加。

3. 停留时间

停留时间是决定煤燃尽的一个重要参数。循环流化床锅炉并不要求所有送入的燃料在一次通过炉膛过程中就实现完全的燃烧。送入炉内的煤颗粒有粗有细，处于一定的粒度范围。由于分离器的分离效率一般为 90%～95%，因此，仅要求极细的煤粒一次经过炉膛即能基本燃尽；烟气携带的大部分灰粒被分离器捕获，经返料器送回炉内反复进行燃烧；而粗大煤颗粒不被气流夹带而留炉内，可以有很长的停留时间，能够保证燃尽。

4. 燃煤粒度

进入流化床的煤颗粒的粒度分布在 0～8mm 范围内。不仅平均粒度的大小、而且颗粒粒度的具体构成也对循环流化床锅炉的燃烧与传热起着重要的影响。单颗炭粒的燃烧速度随着炭粒的增大而急剧增加，这是由于炭粒表面积增大的结果；但粒径的增加会延长煤粒燃尽的时间。对单位重量的燃料而言，粒径减小，颗粒数增加，炭粒总表面积增加，燃尽时间缩短，燃烧速度增加，但飞灰可燃物的含量也会增加。

此外，流化风速与循环倍率、燃煤特性、碳负荷与氧浓度、床料惰性颗粒的尺寸、布风装置和流化质量以及给煤方式等都会对流化床的燃烧产生不同程度的影响。

四、流化床锅炉燃烧的污染控制

（一）流化床燃烧过程中的脱硫

1. 煤燃烧过程中 SO_2 的生成

硫的氧化反应性很强，在完全燃烧时，煤中的可燃硫将首先全部转化为 SO_2，该值为 SO_2 的原始排放值。在不采用石灰石脱硫的情况下，煤灰中存在的碱性金属氧化物具有不同程度的自脱硫作用，因此，实际 SO_2 排放值一般为原始排放值的 80% 左右。

2. 流化床燃烧炉内脱硫的特点

与常规煤粉燃烧过程中的尾部烟气脱硫技术不同，在流化床燃烧中，可以在床层内直接加入钙基脱硫剂，达到减少 SO_2 排放的目的。在流化燃烧床层内，由燃料硫产生的 SO_2 可以被床中的含钙颗粒吸收生成硫酸钙。

通常采用的脱硫剂为石灰石或白云石，粉碎成小于 1mm 粒径的颗粒，根据燃煤中的硫分、锅炉的负荷和所要求的脱硫效率，按一定的比例与燃料一起送入炉内。

在流化床中硫的吸收过程分为石灰石受热分解以及分解产物与烟气中的 SO_2 发生吸收反应两个过程。石灰石受热分解生成 CaO，然后，CaO 与 SO_2 结合生成 $CaSO_4$ 随灰分排出炉外，前一个反应进程缓慢，而后一反应较快。

化学反应式如下

$$CaCO_3 \longrightarrow CaO + CO_2 \tag{7-5}$$

$$CaO + SO_2 + 1/2O_2 \longrightarrow CaSO_4 \tag{7-6}$$

3. 影响脱硫率的主要因素

影响脱硫率的主要因素为钙硫（Ca/S）摩尔比、温度、脱硫剂的性质、粒径等。

（1）Ca/S 摩尔比。所需脱硫剂的数量一般用钙硫摩尔比表示。要达到一定的脱硫效率，Ca/S 摩尔比是不同的。例如，要达到 90% 的脱硫效率，常压鼓泡床锅炉中的 Ca/S 比为 3.0～3.5，常压循环流化床锅炉为 1.8～2.5，增压流化床锅炉为 1.5～2.0。显然，在流化床炉内脱硫中，需要投入比化学当量比多得多的石灰石或白云石，这是因为氧化钙（CaO）的生成速度比硫酸钙 $CaSO_4$ 的生成速度缓慢，因此，一旦生成氧化钙就很快与 SO_2 发生反应而被转变成 $CaSO_4$。就单位质量的钙而言，$CaSO_4$ 的体积大于 CaO 的体积，即 $CaSO_4$ 的分子量比 CaO 大得多，因此，CaO 的细孔很容易被反应产物 $CaSO_4$ 覆盖而阻塞，使 CaO 失去反应所必需的多孔内表面。

（2）温度。脱硫的最佳温度为 835～850℃，一般认为，脱硫效率较高的温度范围为 800～870℃，当温度高于或低于这一温度范围时，脱硫率降低。当温度低于 800℃时，石灰石分解生成氧化钙的速度进一步减缓，减少了可供反应的表面积，脱硫率降低。当温度低于 750℃时，分解反应几乎不再进行。当温度高至 870～1000℃时，氧化钙内部分布均匀的小晶粒会逐渐融成大晶粒，温度越高晶粒越大，氧化钙的比表面积减少，会直接影响脱硫效果，同时在氧化钙表面还会产生结壳现象，而失去其吸收 SO_2 的活性。当温度超过 1000℃时，已经生成的硫酸钙会再分解放出 SO_2 而进一步降低脱硫率。

（3）脱硫剂的性能。首先，应选择 $CaCO_3$ 含量较高的石灰石，其次是选择经煅烧后的 CaO，这时石灰石具有较好的表面显微孔结构，表面显微孔结构是指表面显微孔的比表面积以及孔沿表面的分布特性。另外，石灰石在自然界以晶状和无定形两种形式存在。在流化床脱硫中，无定形石灰石的性能优于晶状结构的石灰石，其原因是无定形石灰石焙烧生成的 CaO 表面空隙率比晶状石灰石高得多。石灰石的易碎性也影响脱硫能力，易破碎和爆裂的石灰石会降低脱硫效率。石灰石的含水率也是不可忽略的因素，过高的含水量不仅影响处理过程，还会影响脱硫能力，一般认为，含水率以不大于 3% 为宜。

为了获得优良的脱硫剂结构特征以有利于脱硫反应，也有采用对脱硫剂进行物理或化学预处理。为了充分利用和循环使用脱硫剂，在某些特殊场合，也可考虑脱硫剂的再生利用。

(4) 石灰石颗粒的粒径。石灰石的颗粒粒径对床内脱硫反应工况具有重要的甚至决定性的影响。如果颗粒太细，它从床中带出后不能被分离器捕捉送回炉内，则不能被充分利用，如果颗粒太粗，CaO 与 SO_2 反应后在颗粒表面形成 $CaSO_4$，由于 $CaSO_4$ 的分子量比 CaO 大得多，颗粒外表面致密的 $CaSO_4$ 层将阻止烟气中的 SO_2 与颗粒内部 CaO 的进一步反应。因此，在循环流化床锅炉脱硫过程中，对石灰石颗粒的尺寸有严格要求。一般来讲，进入炉膛的石灰石颗粒粒径应小于 1mm，而且尽量减少细小颗粒的比例。

(二) 流化床燃烧过程中的脱氮

1. NO_x 的种类和 NO 的生成机理

NO_x 包括 NO（占 90%），NO_2 和 N_2O。NO_x 的生成机理主要分为温度型（热力型）NO_x 和燃料型 NO_x。

温度型 NO_x 主要来源于燃烧用空气中的氮气，在高温下氧化生成 NO。在燃烧温度低于 1500℃ 时，温度型 NO_x 生成极少，随温度升高，NO 生成量按指数关系迅速增加，并随在高温区停留时间的增长而增加，随氧浓度的增加而增加。在流化床燃烧中基本无温度型 NO 生成。

燃料型 NO_x 来源于燃料中含有氮的化合物，在燃烧过程中，氮化合物发生热分解并被进一步氧化生成 NO，另一方面，生成 NO 又会被煤燃烧的中间气体产物（如 NH_3、CO、H_2）和焦炭还原，由于燃料氮的氧化和还原过程同时进行，因此，只有一部分氮能转变为燃料型 NO，而且燃料型 NO 的生成量随燃烧过程中的过量空气系数的降低而减少。

综上所述，在流化床燃烧中，烟气中 NO_x 的排放浓度较低，常压流化床燃烧时，烟气中 NO 的浓度一般为 $200 \sim 400 mg/m^3$，比常规煤粉炉低得多，这主要取决于两个方面的贡献：一是在流化床燃烧中，几乎没有温度型 NO 生成；二是由于流化床燃烧的特点，燃料型 NO_x 的生成量也较低。

但是，在流化床燃烧中会生成 N_2O，虽然其生成量并不很多，但比煤粉炉高 $40 \sim 50$ 倍。这是因为 N_2O 总会在较低的温度下生成，但在高温下会被破坏而消失，因此，N_2O 的浓度随床温的升高而减少。

2. 流化床中的脱氮

沿流化床锅炉炉膛高度检测的 NO 浓度分布规律表明，在布风板附近 NO 浓度急剧达到最大值，随着高度的增加，NO 浓度逐渐降低，最后达到一个较低的浓度值。这是由于在床层底部给煤集中，并具有较高的氧浓度，致使 NO 大量生成。随床层的升高，流化床迅速处于强烈的流化燃烧状态，需要大量的氧气，而床层中气泡的分割使床层乳化相内处于空气不足的状态，因此，NO 生成量减少。另一方面，流化床锅炉密相区内存在一定浓度的 NH_3、CO、H_2 以及未燃焦炭颗粒，使已经生成的 NO 发生还原反应，使 NO 浓度沿流化床锅炉高度降低到一个较低的稳定值。

由于 C、CO、NH_3 具有还原分解 NO 的作用，因此，可以从组织燃烧的角度进一步降低 NO 的排放浓度。譬如，沿炉膛高度的分级燃烧等。

第四节　循环流化床锅炉的设计特点

一、循环流化床锅炉设计的主要热力参数和选取原则

1. 床温

循环流化床锅炉床温的选取是从多方面考虑的。通常认为，850～950℃ 是最理想的循环流化床燃煤锅炉的正常工作床温。根据所燃用的燃料不同，循环流化床燃烧室的密相区和稀相区的工作温度可以有所差别，以满足不同的要求。

（1）密相区床温。密相区的煤颗粒浓度大，颗粒的着火和主要燃烧过程发生在此区域内，着火条件优越。通常在 850～950℃ 之间选取其工作床温。主要考虑两方面的因素，一方面，在该温度下煤的灰渣不会全部熔化，从而减小了密相床层结渣的危险性；碱金属不会发生升华，可减少锅炉受热面上的结渣或积灰。另一方面，发生脱硫反应的最佳温度为 835～850℃，床温过高或过低，脱硫效率均急剧降低，钙硫摩尔比增大。再者，在该温度下燃烧空气中的氮几乎不可能转化为 NO 和 NO_2。对于难燃的煤种，设计中可适当考虑提高床温以保证燃烧稳定。

（2）稀相区温度。稀相区内主要发生煤颗粒的燃尽过程，虽然，该区域具有优越的传热传质条件，但 900℃ 左右的温度对某些难燃尽的煤种（譬如，无烟煤）毕竟是较低的温度，因此，为了尽量提高难燃煤粒的燃尽率，通常，采取适当匹配稀相区受热面的方式，将稀相区的温度设计得略高于密相区的工作温度。从综合降低氮氧化物排放的角度，提高该区域的温度，一方面使 NO 的生成量有所增加，但另一方面，却使低温燃烧生成的部分 N_2O 得以破坏掉，以降低 N_2O 的排放。

2. 锅炉截面热负荷和流化风速

与煤粉炉的炉膛设计方式类似，循环流化床锅炉的炉膛截面积也是根据推荐或依据经验的截面热负荷值确定的，也可以采用推荐选取的流化风速来确定炉膛截面积。循环流化床锅炉采用锅炉截面热负荷或风速确定了炉膛截面积后，一般不采用容积热负荷来确定炉膛容积以及炉膛高度。循环流化床锅炉的炉膛高度是根据烟气携带颗粒的分离高度等因素确定的。

3. 循环流化床锅炉炉膛内的燃烧份额分布

循环流化床锅炉煤燃烧过程分别发生在炉膛下部密相区和炉膛上部悬浮空间。不同区间燃烧份额的选取，对维持合理的床内温度分布是十分重要的，因此，循环流化床内的燃烧份额分布是锅炉设计中最重要的参数之一。目前，燃烧份额的选取还停留在定性和半经验方法的基础上。

密相区的燃烧份额一般为 0.4～0.7，一次风速越大，密相区燃烧份额越小。相比之下，鼓泡流化床锅炉的床内燃烧份额可高达 0.8 以上。循环流化床锅炉不需要在密相区内布置埋管受热面，仅依靠密相区流出的烟气及其携带的大量细颗粒带出的热量即可以维持一定的床温，这是循环流化床锅炉的一个突出优点。

循环流化床锅炉炉膛上部稀相空间的燃烧份额一般均超过 0.3，通过合理设计和布置受热面，稀相空间直至炉膛出口的温度一般不低于密相区的温度，在燃用难燃煤种时，还可以比密相区温度高。

4. 循环流化床锅炉炉膛和后部受热面之间热负荷分配

在循环流化床锅炉的设计中，炉膛和后部对流受热面吸热量分配与所燃用的设计煤种的性质（主要是发热量）密切相关。

对发热量较低、折算灰分和水分高的煤，其单位热量的烟气量（即每 1MJ 热量的煤燃烧所产生的烟气量）增加，相应地也就增加了炉膛出口以后各段受热面的吸热量；另一方面，对发热量较低的煤，为了使炉膛上部稀相区保持较高的温度，以有利于飞灰的燃尽，在稀相区也不能布置过多的受热面，因此，也必然要增加尾部对流受热面。这时，烟气将约 60% 的热量携带到燃烧室后部。

反之，对发热量高、折算灰分和水分低的煤，其单位热量的烟气量要少得多，燃烧室出口设计温度相应较低，燃烧室吸热份额较大，通常只有 40% 左右的热量被烟气带到后部对流受热面。

5. 一、二次风的配比

一次风量为燃烧化学当量值的 60%～80%。一次风主要起流化和密相区燃烧所需空气的作用。因为循环流化床锅炉的全部燃煤量均送入炉膛下部的密相区，在锅炉负荷较高的运行工况下，炉膛下部区域燃料完全燃烧所需风量大于实际送入密相区的风量（一次风量），因此该区域通常处于还原性气氛。

二次风量为燃烧化学当量值的 20%～40%。二次风风口位于炉膛下部密相区以上，其作用为提供煤燃尽所需的空气、加强炉膛上部的扰动、保证炉膛出口合适的过量空气量并控制炉膛的温度分布均匀。二次风另一重要作用是进行分级燃烧，即随着燃烧的进行逐步补充燃烧空气，以控制燃烧区域的风量，使之处于或接近还原状态，以有利于 NO_x 的排放控制。

6. 一、二次风风温

由于循环流化床锅炉没有煤粉制备系统，一般不需要对煤进行干燥，同时，送入炉内的煤的着火与燃烧条件优越，所以，不需要像煤粉炉那样高的热空气温度。通常设计的热风温度为 150～200℃，可以采用单级布置的管式空气预热器，从而简化了尾部受热面的布置。

7. 锅炉排烟温度

由于循环流化床锅炉可以在炉内采取有效、简便的脱硫措施，所以，烟气中的 SO_2

和 SO_3 的含量均大大减少，烟气的酸露点降低，可以在相对煤粉炉更低的排烟温度下保证受热面的安全运行。

8. 循环流化床锅炉的通风平衡设计

循环流化床锅炉的送、引风机的设计和运行应使得炉膛区域为微正压工况，压力平衡点一般选在密相区和稀相区的分界处或炉膛出口处，也有选在旋风分离器的入口处。这与煤粉炉通常采取炉膛均为负压的通风平衡设计不同。

9. 循环倍率

目前，循环倍率的确定仍停留在定性和半经验的基础上，不同的锅炉制造厂家所选用的物料循环倍率的数值可以相差很大。一般来讲，可以从燃烧效率、脱硫效率、传热效率和动力消耗等方面来综合考虑循环倍率的选择。

燃烧效率随循环倍率的增加而增加，在循环倍率处于 $0 \sim 5$ 的范围内十分明显，并与煤种有关。但提高循环倍率的同时增加了风机电耗，从燃烧效率和动力消耗的观点来看，增加循环倍率并不总是经济的，燃烧效率的提高是有限度的，而提升循环物料所消耗的功率与循环倍率成正比。

循环倍率还影响到密相区与悬浮空间的燃烧份额分配。提高循环倍率可以借助悬浮空间颗粒浓度的增加，使炉膛上部燃烧份额增加，这样可以大大减轻在密相区布置更多受热面所带来的磨损问题。事实上，很多较高循环倍率的循环流化床锅炉的密相区没有埋管受热面，而且密相区受热面被耐火材料覆盖的程度也较大，因此，可以更好地减轻磨损。在较高循环倍率时，炉膛上部的燃烧份额可能高达 50% 以上，这也将有助于将燃烧和传热分离，从而有利于运行控制。另外，随循环倍率的提高，炉内传热将大大改善，节省受热面。

循环倍率对炉膛内，尤其是悬浮空间的颗粒浓度影响很大，随颗粒浓度的增加，水冷壁的对流和辐射换热系数都将增加。这也是将物料循环作为调节负荷和床温的重要手段的原因。

10. 煤种

循环流化床燃烧具有广泛的煤种适应性，但对于给定的一台循环流化床锅炉，并不能燃用所有的煤种。由于炉膛内的受热面布置一定，当煤种发生变化时，将使床内热平衡发生变化，床内热平衡的改变将影响到床温，从而会影响到燃烧和传热等。另外，煤种的影响还涉及密相区的燃烧份额，燃料的发热量越高，密相区燃烧份额增加，床温就越高。

11. 脱硫剂粒径及对燃烧设计的影响

石灰石的入炉粒径对脱硫反应工况具有决定性的影响，一般，粒径应小于 1mm。石灰石脱硫系统对锅炉本体和其他辅助系统设计的影响也必须考虑，譬如：石灰石煅烧反应是吸热反应，在进行炉内燃烧和床温计算时必须加以考虑。石灰石的加入会引起烟气量和床内灰量的变化，对受热面的磨损以及除尘器的选择等均是设计时必须考虑的因素。

二、炉膛内受热面的布置及其与床层温度控制的关系

循环流化床锅炉炉内受热面的布置与炉膛温度的控制密切相关，在固体颗粒的循环燃烧回路中，必须由受热面吸收一定的热量，以控制所要求的温度。

　　循环流化床锅炉一般不在炉膛的密相区内布置埋管受热面，而且在密相区水冷壁管上覆盖耐火耐磨材料，这类材料在满足耐热和耐磨的条件下，应具有尽可能高的导热能力，但其吸热量还是有限的。在炉膛的上部需要布置裸露的受热面。

　　在锅炉容量不大和参数也不高的情况下，可以只在炉膛的壁面上布置蒸发受热面，也可以根据需要增加布置屏式受热面（水冷蒸发屏和屏式过热器），受热面布置的数量取决于稀相区温度和炉膛出口温度控制的要求，一般情况下，燃料在炉膛内的烟气放热量与工质蒸发所需的吸热量能够基本匹配。

　　与常规煤粉炉一样，随着循环流化床锅炉向高参数、大容量和再热机组发展，如何合理布置受热面成为一个十分突出的问题。随锅炉的容量和参数的提高，给水预热和过热吸热的份额增加，而蒸发份额则下降。循环流化床炉内燃料燃烧放出的热量在满足了工质蒸发所需的吸热以外，还多余一部分热量，同时，炉膛底部的还原燃烧区域壁面吸收热量很有限，因此，为了弥补炉膛四周膜式受热面的不足和工质蒸发吸热少，需在炉内燃烧通道中增加一定数量的受热面，将加热给水、过热器、再热器等受热面的一部分或全部布置在炉膛上部壁面和空间以及燃烧通道中，以保证放热和吸热的平衡，使循环流化床燃烧通道中的温度控制在要求的范围内。

　　在炉膛内以及燃烧通道中增加受热面的方式包括：

　　（1）屏式过热器和再热器。

　　（2）壁式过热器和再热器。

　　（3）采用横跨整个炉膛高度布置全分隔墙的方案。分隔墙为双面膜式管受热面，隔墙上还设置了平衡缝隙，用来平衡两侧的烟气和颗粒的流动。

　　（4）采用在炉膛内布置翼墙式受热面的方案。

　　（5）采用在固体物料回料循环回路上设置外置式热交换器的方案，来解决受热面的不足问题，将从分离器分离下来的部分高温物料送入外置式鼓泡床热交换器，热量传给布置在其内的过热器或（和）再热器埋管受热面。

三、分离器的设计

　　分离器是维持循环流化床锅炉物料高温循环的关键部件之一，它的设计与煤的含灰量、入炉煤的粒度分布、煤的燃烧特性、受热面布置及流化速度的选取等许多因素密切相关。分离器的性能将直接影响炉内物料的循环量、流化的气动力特性、燃烧与传热特性、锅炉的出力和蒸汽参数等。

　　在大型循环流化床锅炉的设计中大多采用高温旋风分离器，见图 7-9，要求具有很高分离效率、尽量降低分离的临界粒径，使更细的颗粒分离下来，参与物料的循环，同时还应具有良好的耐高温、磨损的性能。

　　循环流化床锅炉的高温旋风分离器与工业

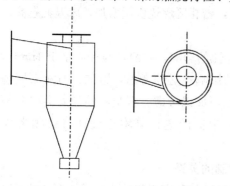

图 7-9　旋风分离器的结构示意

洁净煤发电技术（第二版）

炉通常采用的旋风分离器有很大的不同：一是所处理的颗粒粒径范围不同，循环流化床旋风分离器运行的粒径范围为 $0\sim2\mathrm{mm}$，而工业炉的旋风分离器以除尘为目的，粒径范围为 $0\sim500\mu\mathrm{m}$；二是颗粒的浓度不同，循环流化床旋风分离器的进口颗粒浓度在标准状况下通常为 $2\sim5\mathrm{kg/m^3}$，是工业炉旋风分离器进口颗粒浓度的数十倍至数百倍；三是先进的循环流化床旋风分离器的分离效率能达到 99% 以上，而工业炉的分离器效率通常低于 90%。

　　分离器的结构型式和布置位置决定了循环流化床锅炉的整体布置格局。分离器的最大筒体直径一般控制在 $7\sim8\mathrm{m}$，也有达到 $9\mathrm{m}$ 的。筒体直径再增大，旋风分离器的高分离效率的优势将被削弱。较小内径的分离器将具有较好的性能，但设备费用增加，布置复杂。随着锅炉的容量增大，旋风分离器的个数也随之增多，布置的位置也不同，如图 7-10 和图 7-11 所示。小容量的锅炉有采用一个分离器的布置方式，同样 400t/h 级的循环流化床锅炉有采用 2 个分离器的，也有采用 4 个分离器的，一般地，300MW 循环流化床锅炉采用 4 台分离器。

　　处于高温区的旋风分离器一般要求较厚的隔热、耐高温、防磨衬里，因此，其热惯性很大，升降温度的速度过快会使内衬材料开裂脱落。由于旋风分离器所处理的颗粒浓度大、粒径大且分离效率要求高，因此，其磨损是必须妥善考虑的问题。另外，旋风分离器

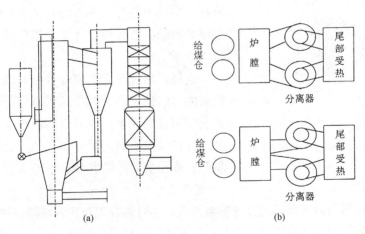

图 7-10　循环流化床锅炉布置方式（两台分离器）

(a) 锅炉立面图；(b) 两种形式的分离器布置方式

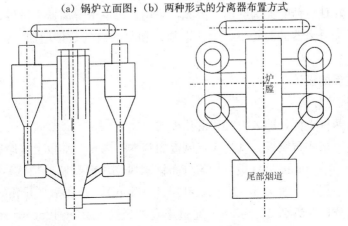

图 7-11　循环流化床锅炉布置方式（四台分离器）

内普遍存在燃料的后燃现象，正常的后燃对提高燃烧效率、减少污染物（主要是 CO、N_2O）排放是有利的，但分离器必须具有良好的耐高温性能。

为了克服高温绝热分离器存在的启动较慢问题，有的设计方案采用汽或水冷式旋风分离器，分离器筒体内布置了水冷或汽冷受热面，相应的隔热防磨衬里将大大减薄，降低了热惯性，从而使锅炉的负荷升降加快，但制作的成本亦相应增加。

四、返料装置

返料器是关系到锅炉燃烧效率和运行调节的一个重要部件，其工作的可靠性对循环流化床锅炉的正常运行有直接影响。一般循环流化床锅炉的循环倍率为 5～20，数倍至几十倍于给煤量的返料灰需要经过返料器返回燃烧室再次燃烧。同时，运行中循环倍率的大小也依靠返料器来调节。在有些设计中将给煤口和石灰石给料口设置在返料器的出口段上，与高温返料灰一起送入炉膛内。

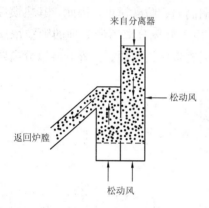

图 7-12　典型返料器工作示意图

返料器均基于流态化的原理，实际上是一小型的鼓泡流化床，其中的物料在风量的控制下处于连续的定向流动状态，并在较高温度下工作。因此，维持返料器中良好的颗粒物料流化是保证颗粒顺利返回炉膛的必要条件。通常采用的典型返料器如图 7-12 所示。

返料器的底部为常规设计的布风板，为了造成物料的定向稳定流动，布风板下划分为若干个可以控制配风量的风室，或者将布风板上各个风帽小孔的直径设计成不同的尺寸，孔径大的风帽安装在返料侧，孔径小的风帽安装在下料立管侧，以确保返料通畅和可控。

锅炉容量的增大对返料器的设计影响不大，主要是合理布置返料器的数量。由于锅炉容量增大，循环物料也相应增加，因此，若不增加返料器的数量，将会大幅度增加每个返料器的返料量，使得较大炉膛截面中循环物料负荷分布不均匀，易造成超温结焦，以及燃烧不良等问题，在低负荷时尤为突出。因此，采用在每一个分离器下再设置分叉回料管设计方案，在不增加分离器的前提下，可使返料口和给煤口的数量增加一倍。见图 7-13 的设计方案。

五、布风装置的设计

（一）布风板的作用

布风装置有两种类型，即风帽式和密孔板式。

最常用的是风帽式布风板。风帽式布风板的基本结构为一平板上（厚度为 12～20mm 的钢板或厚度为 30～40mm 铸铁板）均匀分布许多风帽（蘑菇状或柱状），风帽的四周向侧向开有若干个小孔（一般为 6～12 个，孔径 4～6mm），开孔率（开孔的总面积占布风板平面面积的百分比）为 2.2%～3%，通过小孔的风速在 30～40m/s，布风板的向炉内一侧敷设绝热耐火层。图 7-14 所示为两种在循环流化床锅炉中常用的风帽，钟罩式风帽

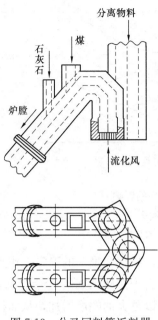

图 7-13 分叉回料管返料器

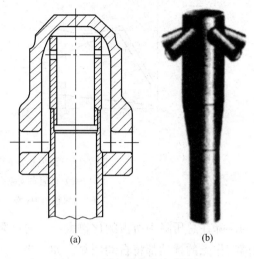

图 7-14 循环流化床中的风帽
（a）大直径钟罩式风帽；（b）"T"形风帽

和"T"形风帽。

钟罩式风帽可以有效防止灰渣堵塞风帽小孔，而"T"形风帽出口气流向下吹，可防止风帽之间沉积较大的渣块。

（二）布风板的设计要求

在各种因素中，布风装置的压降对流化性能的影响最为显著，也是设计中需要首先考虑的因素。

（1）风室进风不均匀是可能引起不均匀流化的第一个因素。一方面要求尽量设计合理的进风室结构。另一方面，即使来流有所不均，若流过布风板的阻力大大超过流入风室气体的分布阻力，则气体对所有布风孔眼可均匀分布。

（2）在床层进入鼓泡流态化后，气泡的存在将成为可能引起不良流化的另一因素。布风装置的性能是应能将已得到的良好起始流化长期稳定地保持下去。

按图 7-15 所示，分别测定布风板压降和一段床层的压降。随流化的开始，床层膨胀，床层压降随气速增加而有所下降，布风板压降则随气速增加而上升，如图 7-16 所示。

可见，在其他条件相同时，若布风板的阻力特性不同，则总压降（$\Delta p_b + \Delta p_d$）曲线会出现不同的情况。对低阻力的布风板，在某一操作气速下，则可能出现三个不同的工作点，导致床层中某些部位的气体以 u_2 通过，即气流通过气泡相发生短路（沟流），而有些部位的气体以 u_1 通过（死床），总压降仍表现为 Δp。其原因显然是由于布风板产

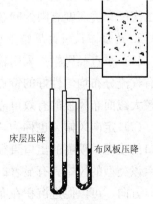

床层压降   布风板压降

图 7-15 布风板压降和
一段床层的压降

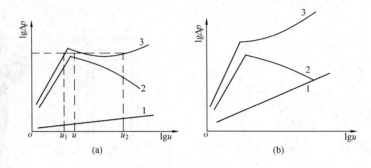

图 7-16　布风板压降对流化稳定性的影响

(a) 低阻布风板；(b) 高阻布风板

1—布风板阻力；2—床层阻力；3—总压降

生的压降在总压降中所占的比例太小。对高阻力布风板，只存在唯一的稳定工作点，任何偏离工作点的扰动都将自动回复。如，当床层某一部位由于偶然因素使气泡流量增大，则压降降低，流速随之趋于增大，但布风板的阻力压降将以更大的幅度增加，从而控制流速增加，抑制布风恶化。

综上所述，布风板保证良好流化的作用体现在布风板应具有合理的阻力压降特性，Δp_d 要大于气体流股沿整个床截面重新分配的阻力，才能起到破坏流股而均匀地分布气体的作用。也只有当阻力大到足以防止鼓泡流态化不稳定性发生时，才能将已经建立的良好起始流态化稳定下来。显然，布风板的设计压降应大于分布气体的临界压降及稳定性临界压降的数值。从某种程度上讲，布风装置的压降要足够的大，才能保证正常的流化。

（三）大容量循环流化床锅炉布风板的特点

大容量循环流化床锅炉有更大的床层截面面积，因此，为了保证床内的良好流化，目前常采用以下各种解决方案。

1. 分隔炉膛横截面

将炉膛下部分成两个密相区（相应布风板也被分成两部分），在其上部汇合成一个稀相区，即分体炉膛设计方案。这一方案既缩小了布风板的面积，又相应地克服了大容量锅炉二次风穿透深度有限的问题。另外，也有采用分隔墙技术的，能起到同样的作用。

2. 改进布风板的风帽设计

（1）小直径风帽。采用较多的小直径风帽，其外径通常为 40～50mm，小直径的风帽具有气流分布均匀性好的特点，但其在处理沉积在风帽帽檐下的积渣能力有所不足，不利于较大截面布风板的有效可靠排渣。

（2）定向风帽。也称为"7"字型风帽，如图 7-17 所示。该种风帽的设计特点为单一出口的喷嘴，喷嘴的出口直径较大，为 12～20mm。

该类型的风帽具有显著的定向排渣作用，在布风板的不同区域合理地布置风帽的喷嘴出口方向，可以促进沉积在布风板上的大颗粒灰渣沿喷嘴出口气流所引导的方向流向排渣口。这种设计使得风帽的布置密度相对减少，可以减少排渣口的数量，甚至仅在炉膛的壁面上布置排渣口，以简化布风板和风室的结构。

另外，这种大口径定向风帽与具有很多小直径喷嘴的风帽比较，减少了被颗粒堵塞的可能性，避免由此引起的风帽被烧坏。但也会引起较严重的磨损。

在大容量循环流化床锅炉中，为防止布风板过热，均采用水冷布风板，风帽则固定在水冷壁管之间的鳍片上，还有将整个风室设计成水冷结构，使其可以减少用于水冷风箱和布风板之间的高温膨胀节和厚重的耐火层，同时有利于实现床下点火和锅炉的快速启动。

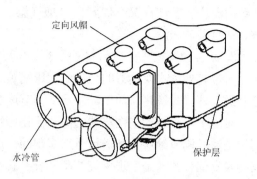

图 7-17　定向风帽与水冷布风板

第五节　循环流化床锅炉的运行控制特点

一、概述

在循环流化床锅炉大型化的进程中，实现锅炉热工系统自动控制是一个关键的内容。循环流化床锅炉的热工系统是一个分布参数、非线性、干扰因素多、多输入、单输出、多变量紧密耦合的控制对象，循环流化床锅炉的自动控制系统需要完成较之常规煤粉锅炉更复杂的控制任务。循环流化床锅炉的热工控制系统一般包括以下主要部分：①床温控制；②床层高度控制；③返料控制；④汽包水位控制；⑤过热汽温控制；⑥主蒸汽压力控制；⑦炉膛负压控制；⑧烟气含氧量控制；⑨烟气中 SO_2 脱除量控制。

循环流化床锅炉在结构上与常规煤粉锅炉有着显著的差异，因此，在燃烧控制调节上存在许多不同之处，其中最主要的是燃烧室内的床温控制，它为循环流化床锅炉所特有，而煤粉炉没有炉温控制的要求。

二、床温和蒸汽压力的调节

1. 床温的调节

一般意义上的循环流化床锅炉床温是指燃烧室密相区内物料的温度。床温由在距离布风板以上 200～500mm 的密相区内布置若干支热电偶测定，而广义的床温是指固体颗粒循环通道内各段的温度。因为循环流化床的燃烧过程是发生在整个固体颗粒的循环通道内，任何一段的温度控制不当，均有可能造成运行不稳定，甚至停炉事故。温度过高会造成床料结渣，过低则易发生低温结焦及灭火，也可能改变不同区域的吸热份额，造成炉膛吸热和过热吸热偏离设计工况。

与运行床温和蒸汽压力密切相关的因素主要包括：锅炉负荷，煤质，给煤量，一、二次风量和总风量，返料量，床内存料量，底渣排放量等。

为保证良好的燃烧和传热、较低 NO_x 排放，较好的脱硫效果，床温一般控制在850～950℃之间。负荷或给煤质量变化时，应及时调整给煤量和风量，以维持床温的相对稳定。床温调节应分多次缓慢进行并细调微调。当通过一次风率来调节床温时，应注意保证床料处于良好流化状态。给煤粒径发生变化时，若引起床温变化，及时调整一次风量。经常监视炉内流化和燃烧状况、炉膛出口烟气温度及各段烟气温度，以正确判断床温的变化趋势，适时调节床温。

2. 床温和蒸汽压力间的耦合关系

对带有外置式换热器的循环流化床锅炉，可以采用变化风煤比来调节蒸汽压力，采用控制进入外置式换热器的循环灰量来调节床温，二者之间不存在紧密的耦合关系。

对于不带有外置式换热器的循环流化床锅炉，因为锅炉的主蒸汽压力和床层温度的控制均是通过调节给煤量和送风量来实现的，所以，在控制理论和实践上，合理处理二者之间的紧密耦合关系是实现燃烧控制系统要解决的重要问题。本文仅对循环流化床锅炉床温和汽压等的调节规律进行定性的分析。其他与常规锅炉控制类似的内容参见有关文献。

3. 蒸汽压力的调节

定压运行时，负荷变化率不大于5％/min；负荷低于70％时，可采用滑压方式运行，其负荷变化率不大于3％/min。负荷及给煤质量的变化均可导致蒸汽压力的变化，一般情况下，可通过增减负荷或给煤量进行调节。调节给煤量的同时，应对石灰石量进行调节，以保证给煤量和石灰石量的比例稳定。

蒸汽压力调节过程中，应尽量保持各给煤点均匀给煤；若投运的给煤机全处于最低速下运行，且蒸汽压力在上升，则应切除一台给煤机，以便使其余的给煤机在调节性能良好的区域内运行。非事故工况下，禁止用对空排汽阀来降低蒸汽压力。停用高压加热器时，锅炉的最高负荷应通过试验确定，以防止受热面管壁超温、结焦和再热器进口压力升高。

三、锅炉负荷变化时的调节特点

循环流化床锅炉常常需在不同的负荷范围内运行，大部分的燃烧调整是根据负荷变化进行的。在较高负荷下，锅炉在循环流化床状态下运行，而在低负荷范围内，则是在鼓泡流化床状态下运行。因此，在较高锅炉负荷范围内（40％～100％）和在低负荷范围内（小于40％）的调节方法是有所不同的。

（一）较高负荷时负荷变化的调节

1. 给煤量及风量的调节

对于单元制机组，在通常采用的炉跟机运行方式下，蒸汽压力的变化表示锅炉的蒸汽产量和负荷的耗汽量不相适应，必须相应地改变燃料的供应量，以改变锅炉的蒸汽产量来适应负荷的变化。

对带有外置式换热器的循环流化床锅炉，如果锅炉蒸汽压力下降，说明锅炉负荷增加，此时需要增加给煤量，并按合适的风煤比增加一次风送风量，以满足炉膛内需要增加的传热量，维持正常的汽温。还需调整二次风量，以满足总风量的要求。同时减少进入外置式换热器的循环灰量，增加直接返料量，以维持额定的床温。

对不带有外置式换热器的循环流化床锅炉，由于存在床温和汽压间的强耦合关系，缺少调节返料温度的手段，所以，不能简单采用根据负荷变化来调节风煤比的方式。再加之循环流化床锅炉床内物料的热惯性很大，调节滞后大。通常采用给煤和送风微调的方式，考虑床温和汽压的变化趋势和速率，以维持正常的床温和汽压。从控制理论的角度，可以采用更完善的解耦控制策略来实现合理的控制。

2. 一次风送风量的影响

对不带外置式换热器的循环流化床锅炉，除了考虑一次风量满足床层流化和风煤比的要求外，还需深入考虑一次风送风量对床温的影响规律。

一次风风量偏少时，可能造成两方面的影响：一是达不到燃烧室密相区设计的燃烧份额，放热量减少，有使床温下降的趋势；二是从密相区带出的热量也少，也有可能造成密相区温度的升高，反之，风量增加时，在多带出热量的同时，密相区内的燃烧放热量也增加。显然，这是两个对床温具有相反影响趋势的对立因素。计算与分析表明，在床温较高（高于800℃）的工况下，增加一次风风量从高温床层内带出的热量均大于燃烧所产生的热量，因此，采取增加一次风量的方法对降低床温的作用显著，而且，床温对送风量变化的反映十分迅速，一次风量调节也是在床温急剧升高的危急情况下可采取的有效的非常规操作。

随着一次风量增加，带到悬浮段燃烧的细颗粒量也增加，炉膛上部的温度和受热面吸热量也相应增加。

3. 二次风风量的调节

二次风风量的控制要满足锅炉总风量的要求。总风量的控制依据是燃烧室后的烟气含氧量，使锅炉的排烟损失和不完全燃烧损失之和最小为佳。与煤粉炉一样，一般将燃烧室后的烟气含氧量控制在3%～5%，当显示风量不足时要及时增加二次风。在低负荷范围内一般无须投入二次风，在40%负荷以上逐渐投入二次风，由于二次风风温较低，大量快速的投入二次风会造成炉温的较大波动。

4. 返料温度的调节作用

返料温度是指通过返料器送回燃烧室中的循环灰的温度，在返料器内均需布置若干温度测点。对于采用高温绝热型分离器的循环流化床锅炉，其返料温度一般高出炉膛内料层温度20～30℃，可以在保证燃烧稳定的同时起到调整燃烧的作用。对于采用中、低温分离器的循环流化床锅炉，返料温度显著低于炉膛内料层温度，所以，改变返料量对控制床温将更有效。

在采用高温旋风分离器的情况下，锅炉运行中必须密切监视返料温度，温度过高可能造成返料器结焦，特别是燃烧无烟煤时，可能会发生飞灰中可燃物在返料器中的燃烧，控制不好，则易发生结焦。一般应控制返料温度不超过1000℃，如果温度过高，可适当加大返料风量。

5. 返料量的调节作用

调整给煤量和一、二次风量，是在满足额定床温的前提条件下，从建立新的燃烧热平衡角度来满足负荷（或汽压）的要求，而改变返料量是从改变炉内受热面传热能力的角度来适应负荷的变化需要，在某些情况下，锅炉带高负荷能力较差的主要原因是受限于传热而不是燃烧。

对无外置式换热器的循环流化床锅炉，虽然通过改变返料风量可以在一定程度上改变返料温度，但变化幅度十分有限，因此，控制返料量对循环流化床锅炉的负荷（或汽压）控制起着举足轻重的作用，改变返料量实际上就是在改变物料的循环倍率。

在不同的负荷下，对炉膛传热量的要求是不同的，循环流化床炉膛内的传热主要发生在炉膛上部布置的受热面。由于传热系数与烟气中的颗粒浓度近似成线形关系，当返料量增加时，炉膛内，特别是上部空间的颗粒浓度增加，传热量增大，可以满足锅炉更高的负荷要求。尤其在较高负荷范围内，颗粒对流传热占总传热量的比例大于辐射传热，颗粒浓度的调节作用更显著，而且，也由于传热量与颗粒浓度的线形关系，因而具有良好的调节与控制特性。

在实际运行中，炉膛上部的颗粒浓度是根据布置在炉膛上部的压差测量信号（通常称为炉膛压差）来反映的，通过检测密相区上界面与炉膛出口之间的压力差值，反映颗粒的浓度。压差越大，说明颗粒浓度越大。因此，在锅炉的运行中，应根据负荷的要求和炉膛压差的大小，通过调节颗粒循环回路中分离装置下的返料风量和放灰量来调节炉膛上部的颗粒浓度，以适应负荷变化和维持床温的要求。相比之下，对于炉膛上部空间布置悬吊受热面的锅炉（譬如屏式受热面等），其汽温特性和传热调节特性要优于仅在壁面上布置受热面的锅炉。

在燃烧低灰分煤的工况下，当需要快速增加负荷时，由于炉膛上部灰颗粒的浓度增加得很慢，需要采用向床内加入细灰的方法来尽快提高参与循环的颗粒浓度。减负荷也应从减少炉膛上部的颗粒浓度开始，采用降低返料风并考虑适当从返料器下的放灰管放出一部分细灰。

根据循环流化床锅炉的设计不同（固体颗粒循环倍率、受热面数量等），炉膛压差变化的控制范围较大，需视具体情况实验确定。炉膛压差也是监视炉内燃烧工况的重要手段，譬如，在锅炉的运行中，炉膛的压差突然降低，证明参与循环的细颗粒量大大减少，则可能是返料装置发生了堵塞。

（二）低负荷运行时的燃烧控制

一般认为在 25％～40％额定负荷下运行为低负荷运行。循环流化床锅炉的负荷调节范围大，可以在 25％～100％额定负荷范围内稳定、经济地运行。尤其是大型循环流化床电站锅炉，由于要利用其参与电网调峰的优势，出现机组低负荷运行的工况会更多。

当循环流化床锅炉在 40％负荷以下运行时，实际上已经处于鼓泡流化床状态，因此，在低负荷范围内床温的控制与高负荷时循环流化床状态下是不同的。当锅炉在低负荷运行时，一般不用投入二次风，仅需投入一次风。此时，床内的流化风速较低，一次风量在维持鼓泡流化状态的同时，还需保证总风量的供给。在处于鼓泡流化的燃烧室下部，床层颗粒的浓度远大于上部，固体颗粒携带量较少，分离器和返料器仅起到飞灰再燃烧的作用，不再具有返料量调节的作用，因此，在燃烧的调节上与常规鼓泡流化床锅炉相似。

低负荷运行时，床温的调节以调节床层厚度和给煤量为主。根据床温的升降幅度和趋势来改变给煤量及床层厚度，一次风的调整视燃烧所需的氧量而定。

当锅炉需要减负荷（汽压）时，首先要降低床层的厚度（高度），即减少床料存量，然后减少给煤量，并相应降低一次风量，但必须维持一次风量不能低于临界流化风量。减少床料存量以适应在给煤量和一次风量均减少时仍能维持较高的床温，另一方面，减少一次风量也减少了带到炉膛上部的热量，以适应减少了的炉膛吸热量。

当锅炉需要升负荷（汽压）时，首先需要增加床层的厚度（高度），增加炉膛内床料存量，然后在维持正常床温的条件下加大给煤量和一次风量。

四、床层厚度的控制

在循环流化床锅炉的所有运行方式下，均需有效地控制炉内的床层厚度。床层厚度控制也就是控制炉内床料的存量，它与锅炉的安全经济运行密切相关。床内料层太厚，会增加流化的阻力消耗，可能使床料达不到正常的流化状态，俗称压住了一次风的"风头"。料层太薄，热容量降低，不能够满足带负荷的要求，而且抵御外界因素干扰的能力也下降，其次也可能使一次风穿透床层、形成沟流而导致灭火。

一般情况下，高负荷时，要求床层厚一些；低负荷时，要求床层薄一些。另外，当床温较低时，要求减少排渣；当床温较高时，要求增加排渣。

炉内床料的存量（床层厚度）是通过控制底渣排放量和速率来控制的，布风板下的一次风风室压力或者沿炉膛高度布置的压差测点（床层压差）可以直接反映床层厚度的变化，通常作为监视料层厚度的信号。在锅炉稳定运行时，为了维持一定的厚度，需定期放渣，放渣的频率和量与燃煤的灰渣量有关。在缓慢增负荷时可以通过减少或终止排渣来增加床料存量，在要求负荷增加较快的工况下，可向床内加入合适颗粒分布的细灰渣，以迅速增加炉内需要的物料量。

五、蒸汽温度的控制与调节

1. 过热蒸汽温度

在锅炉受热面设计合理的条件下，采用常规的过热汽温控制方法完全可以满足循环流化床锅炉过热汽温的控制与调节，并在通常的负荷变化范围内维持额定的过热汽温。

2. 再热蒸汽温度

对于布置再热器的循环流化床锅炉，由于不能采用喷水减温的方法，因此，再热汽温的控制具有较大的难度。带再热循环的循环流化床锅炉一般均考虑设置外置式换热器，其内布置再热器受热面，在锅炉的运行中，采用调节直接返回炉膛的物料和经过外置式换热器的物料比例来控制再热汽温。

六、影响循环流化床锅炉负荷调节速率的因素

如前所述，循环流化床锅炉具有良好的负荷调节特性，但是，锅炉增减负荷的速率主要受限于循环流化床燃烧系统的调节。在进行负荷增减调节过程中，总是要维持正常的床温范围，才能保证较高的负荷调节速率，否则，并不能体现出循环流化床锅炉优越的调节灵活性。

在变工况运行中，给煤量变化是影响最大而且调节最频繁的因素。与煤粉炉相比，尽管流化床锅炉燃烧室内的床料具有相当大的热惯性、蓄热能力和优越的传热传质性能，但是，由于床温较低，加之原煤的颗粒粒径和水分也远大于煤粉炉所燃烧的煤粉，因此，投入新鲜煤颗粒的干燥加热至挥发分析出就需 3s 左右的时间，煤的燃烧速率也较煤粉炉要慢，导致采取增减给煤量来调节床温存在一定的滞后性，并非总是存在床温下降而需加大给煤量的调节规律。

给煤量调节床温的滞后程度与所燃用煤种的化学反应能力密切相关。在燃烧烟煤的情

况下，增减给煤量时床温的升降响应较快，而在燃用无烟煤时则响应较慢，有时还会由于投入增加的新鲜煤所增加的物理吸热量大于当时的放热量，使投煤初期床温下降一段后才会逐渐上升。如果继续增加给煤量一直到出现床温上升，才停止加大给煤，则可能会出现床内累计了过多的未燃煤，在经过一段加热和孕育时间后开始迅速燃烧，短时间内放出大量热量，会造成床温迅速上升而难于控制，在控制不当的情况下，有造成炉内结渣的可能。

当床温已降到较低时，如果给煤量增加速度过快，会进一步降低床温，可能会出现炉膛低温结焦或灭火。

由于存在给煤量调节床温的滞后性，使合理的给煤量调节增加了难度。但是，燃烧室后的烟气含氧量在反映床层内的燃烧工况方面的滞后时间要比床温短得多。因此，在给煤量的调节中，可以根据锅炉燃烧室后的烟气含氧量的数值和变化趋势，来合理地进行给煤量的调节。一般来讲，当床温仍处在正常范围内，风量也没有变化时，如果出现烟气中含氧量增大的现象，则说明出现了某种原因导致的给煤量偏少，床内可燃物存量减少，氧气的消耗减少，此时可及时加大给煤，反之亦然。而当给煤量和风量均不变时，床温下降而烟气氧量增大时，说明床内煤的整体燃烧速率降低，反应减慢，则可能是出现了床底灰渣聚集而导致的流化不良或局部燃料聚集等异常工况，此时如果增加给煤量，则可能进一步导致床温下降。

控制系统设计中的负荷调节速率控制取决于锅炉燃烧侧和工质侧动态特性的定量描述，由于循环流化床锅炉的燃烧规律特殊而且复杂，目前还没有可以利用的比较成熟和完善的循环流化床锅炉燃烧侧的动态数学模型。

七、入炉煤和脱硫剂粒径的影响

入炉煤和脱硫剂粒径直接影响到炉内物料的粒径大小和分布，因此，对循环流化床锅炉的控制有较大的影响。

当粒径过大时，①使流化风速增加，造成一、二次风量的比例偏离合理运行工况，使床温和传热量的控制出现困难；②使局部流化不良，造成局部床温升高，易发生床内结焦，并造成带锅炉满负荷运行困难；③增加受热面等的磨损面积并加快磨损速度。

当粒径过小时，由于在床内的停留时间少于燃尽时间，因此，大量未燃尽的细小颗粒被迅速携带出炉膛，造成炉膛上部的燃烧份额增加，改变炉内的吸热分配，同时也增加了飞灰可燃物的含量。

一般情况下，视原煤的性质不同和锅炉的设计要求，需将原煤制备成粒径为 $0\sim10mm$ 的颗粒，并对过粗和过细的颗粒所占的比例有一定的要求。在大部分情况下，需要对原煤进行破碎和筛分，以满足入炉煤对粒径的要求。采用石灰石作为脱硫剂时的颗粒粒径一般为小于 $1mm$。

第六节　循环流化床锅炉主要辅助系统及设备

由于设计和运行上的特点，循环流化床锅炉的辅机设备与煤粉炉有较大的不同，主要是入炉煤的破碎与筛分、灰渣的处理和风机的选取等。

一、循环流化床锅炉煤的破碎、筛分与干燥

目前，对循环流化床锅炉煤的破碎与筛分系统的设计尚无统一的技术规定，破碎和筛分设备与采用同类设备的常规燃煤锅炉无大的区别，此处不再详细讲述，读者可参考有关专业书籍。

1. 煤破碎筛分系统的组成和流程

一般的系统构成与流程为：粗筛→一级破碎→干燥→细筛→二级破碎→相应的旁路系统。根据所燃烧煤质的不同情况，也有不设干燥、细筛分设备，而只设一级破碎与筛分设备。

2. 煤破碎

碎煤机形式分为高速和低速两种形式。

低速型如双辊式，破碎原理为碾压，不易产生过细的煤粒，通风量小，产生的粉尘少，对环境污染小，缺点是磨损快，适应出力变化的能力不大，在煤中含有铁件、矸石等难碎杂物时，由于碎煤机的调节功能，会产生过多的细粉煤。

高速型碎煤机以锤击破碎原理为主，寿命较长，但破碎后易产生过细粒度，通风量大，粉尘大，对环境污染大，但对除铁件以外的其他杂物相对不太敏感。

3. 煤筛分

选择筛分设备的目的主要是得到所要求的入炉煤粒度分布，同时也是通过筛分来减少碎煤机的能耗和减少重复破碎所造成的细粉量。

4. 煤干燥

在原煤水分较大的情况下易发生细筛堵煤，因此，当燃用水分较高的煤时，还需要煤的干燥处理，通常的干燥介质是来自锅炉的热空气。

二、给煤系统

目前，较常用的是床上给煤，结构均比较简单。床上给煤又分为床上抛煤、床上斜管溜煤和与返料混合给煤。床上抛煤能将燃料抛散到更大的床面上，新鲜煤颗粒的分布均匀且迅速，但是，对降低飞灰可燃物不利。床上斜管溜煤是通过炉墙的斜管借重力将煤送入炉内，结构简单，运行可靠。与返料混合给煤是将给煤机出来的煤由输煤机送到旋风分离器下的飞灰回送装置，与较高温度的循环物料混合后进入燃烧室。

大型循环流化床锅炉的燃烧室均为微正压运行采用正压给煤，在给煤口加装播煤二次风和在给煤口的上方设置二次风，可以改善燃烧工况，减少细颗粒的不完全燃烧损失，提高燃烧效率。常用的正压给煤装置是螺旋给料机（俗称绞龙）。

根据不同的应用场合可以采用机械方式或气力方式给煤。以上大部分给煤方式均采用机械给煤方式。目前，采用气力方式的典型给料系统是将煤和石灰石的混合物一起破碎、干燥及输送的直吹式给煤系统，可以省去独立的石灰石给料系统。但是，这种给煤方式的维护工作量大，系统投资与运行费用均较高。

循环流化床锅炉给煤点的数量比常规的鼓泡床流化床锅炉要少得多，通常，蒸发量为75t/h 的锅炉只需 2 个给煤点，大型的循环流化床锅炉一般也只设置 4 个给煤点。

三、脱硫剂制备与给料系统

脱硫剂给料系统主要有以下几种形式，物料的输送方式又分为气力输送与机械输送，另外，由于循环流化床锅炉一般为微正压运行，因此，脱硫剂给料系统也应采用正压给料方式。

1. 炉前混合、机械输送给料系统

将成品脱硫剂和煤分别由输送设备送至各自的料仓内，然后，均落入给煤机内，由给煤机经播煤管送入炉膛。可以根据给煤量和烟气中的 SO_2 的浓度以及所要求的脱硫率，来调节脱硫剂的给料量。系统也较简单，但脱硫剂在炉内与煤的混合不够均匀，通常应用于容量不大的循环流化床锅炉。

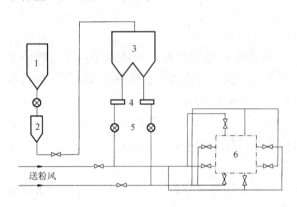

图 7-18　气力输送石灰石给料系统

1—成品石灰石储仓；2—仓泵；3—炉前石灰石仓；4—给料机；
5—旋转气锁阀；6—循环流化床锅炉

2. 炉内混合、气力输送给料系统

采用气力输送的方式将成品石灰石，经过单独的输送管道和给料机，直接喷入炉膛，主要优点是送入炉膛内的位置不受给煤管的位置和数量的限制，可以选择比较合适、且数量较多的喷入点，以确保比较理想的脱硫效果，并可以单独进行计量，有利于对石灰石给料量进行自动调节。通常较大容量循环流化床锅炉装备这类形式的给料系统。该系统的示意图见图7-18。

四、炉底灰渣处理系统

与煤粉炉相比，循环流化床锅炉的底渣量占锅炉总灰量的比例在 50% 以上，再加之脱硫所形成的额外排渣，因此，灰渣的排放量比煤粉炉要大得多。循环流化床锅炉的排渣具有灰渣流量不稳定、温度较高且波动大、热量回收价值高以及底渣颗粒不均匀等特点。如底渣排渣不畅或受阻，将影响锅炉的正常运行，必须停炉处理。因此，对循环流化床锅炉底渣处理系统的要求比煤粉炉要高得多。

1. 底渣处理系统

目前，大型循环流化床锅炉的底渣均采用干式除渣并回收灰渣热量的方式。

底渣处理系统包括底渣的排放、冷却和热量回收、输送至灰场，其关键装备是底渣冷却器（也称为冷渣器）。

从炉膛内排出的底渣温度与炉膛内的温度相同，一般约为 $850℃$，底渣排放口可以设置在布风板底板上，即布风板上开设一定数量的排渣口，高温灰渣经过穿过风室的排渣管直接通入冷渣器。底渣排渣口也可设置在燃烧室侧墙壁面上，排渣口的下沿与布风板处于相同的高度。在需要排渣时，利用布置在排渣口四周的高压松动风来促进灰渣的流动并控制排渣量。这种排渣方式可以避免排渣管穿过配风室，简化结构，但是，排渣在控制上有一定的难度。除此以外，还通常需要设置底渣事故排渣口。

经底渣冷却器出口放出的灰渣温度约为 300℃ 以下，再进入水冷螺旋机冷却到 200℃ 以下，最后送入灰渣场。也有采用将冷渣器排除的灰渣直接送入灰场的方式。对于大型循环流化床锅炉通常需要布置数台冷渣器，并预留检修和事故备用。

2. 底渣冷渣器的作用和工作原理

底渣处理系统的关键设备为底渣冷却器，也称冷渣器，其主要作用有：

（1）实现锅炉底渣连续、稳定且可控地排放；

（2）回收高温灰渣携带的 70% 以上的物理热量，提高锅炉热效率，并减少灰渣对环境的热污染；

（3）保持灰渣的活性，便于灰渣的综合利用；

（4）将高温灰渣冷却到 300℃ 以下，以便进一步采取机械化方法安全地输送到灰场；

（5）改善环境和工作条件。

3. 底渣冷渣器的形式

冷渣器是循环流化床锅炉重要的辅助设备，它不仅要对灰渣进行冷却还要对灰渣所携带的热量进行回收再利用。冷渣器的种类繁多，但主要应用的类型有，风水联合式冷渣器、滚筒式冷渣器和水冷螺旋式冷渣器。

（1）风水联合式冷渣器。该类型的冷渣器采用送风机出口的空气作为流化和冷却介质。图 7-19 所示为一典型的多仓室冷渣器设计。锅炉排出的高温灰渣进入布置在流化风室底部或炉膛侧面的流化床冷渣器。冷渣器分为四个仓室，排出的高温灰渣首先进入第一仓室，经过第二和第三仓室，最后由第四仓室的排渣管排出。

第一仓室为选择仓，第一和第四仓室没有布置受热面，第二和第三仓室的壁面或床层内布置水冷受热面，冷却水来自给水回路。冷渣器各仓室的底部装有与燃烧室布风板类似的布风板，流化风速一般为 0.5～1.0m/s。第一仓室的风量较大，工作温度较高，灰渣中未燃尽的可燃物颗粒

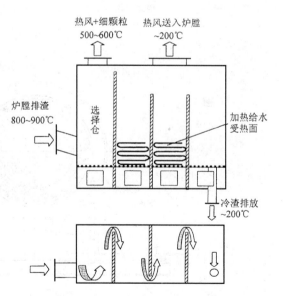

图 7-19　冷渣器结构与工作示意图

可以在其内进一步燃烧，流化床携带出来的细颗粒与热空气被送回炉膛，该部分空气也计入燃烧用的热空气。另外的三个仓室的工作原理相同，仅是冷却风温较低、风量较大，经加热的热风汇合一起经管道送回炉膛。经冷渣器送回炉膛的热风温度均低于炉膛的温度，因此，对炉膛上部的温度和吸热有一定的影响。也有采用单仓室冷渣器，以简化系统。

这种冷渣器的主要优点是冷却能力强，且不会发生机械故障，一般大型循环流化床锅炉均采用这种类型的冷渣器。其缺点是体积较大，操作控制较复杂严格，投运、停运和运行中控制不当易结焦。

（2）滚筒式冷渣器。滚筒式冷渣器一般由滚筒、支撑机构、驱动机构、进渣装置、出渣装置、冷却水系统和电控装置等组成。图 7-20 所示为近年来已成功应用于多台 100～300MW 循环流化床锅炉的一种改进型滚筒式冷渣器，其特点是两个直径不等的内外钢筒套装在一起，并构成封闭的水环形水腔，在内筒内壁焊接螺旋状叶片，在螺旋叶片间密布纵向叶片。螺旋叶片既是换热面，又有推动灰渣沿滚筒轴线方向移动的作用。

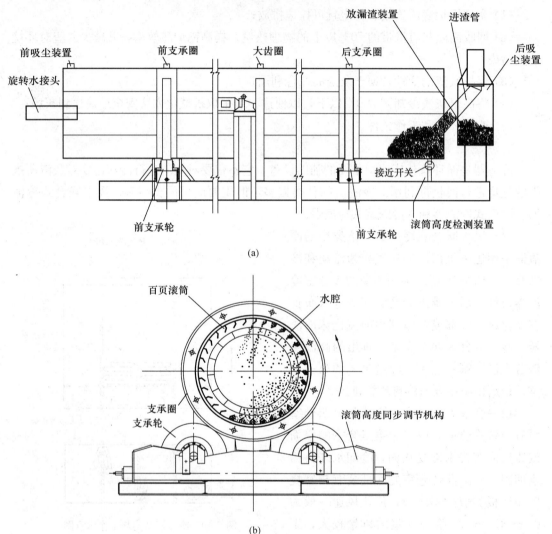

(a)

(b)

图 7-20　滚筒式冷渣器结构及工作原理示意图
(a) 结构示意图；(b) 工作原理示意图

这种滚筒式冷渣器的工作过程是：炽热灰渣经一个进渣管进入滚筒端部，并在进渣管端部周围堆积，当堆积到一定高度时，其产生的重力与管内渣流的重力平衡，管内渣流便被阻滞。当由滚筒旋转而推动灰渣向滚筒出渣端移动时，进渣管端周围渣堆高度随之下降，打破了管内外灰渣重力平衡，因而进渣管内的渣又继续流动。这样，滚筒转，热渣流进；滚筒停，进渣停。这种滚筒式冷渣器由于采用了纵向叶片，使热渣与水冷内筒的接触面积提高了近 50%，因此可以在较低转速下，达到较好的冷渣效果。

滚筒式冷渣器的优点是，对灰渣粒度适应性强；运行成本低，配套电动机耗电量小；操作控制简单可靠；冷渣器空腔内不存在结焦堵渣情况；冷却水可回收灰渣的物理热，降低排渣热损失。主要缺点是，滚筒体积较大；滚筒内腔及相关部件存在一定磨损，有一定的机械故障率；滚筒内腔需保持微负压；冷渣能力不够大。

（3）水冷螺旋式冷渣器。水冷螺旋式冷渣器是一种应用较多的冷渣器。如图7-21所示，灰渣在螺旋叶片间隙流道中通过，水流通道可以是螺旋冷渣器外壁的中空部分（水夹套），也可以是叶片或螺旋轴内部的中空部分。当底渣输送量较大时，还可以采用如图7-22所示的双螺旋式冷渣器。

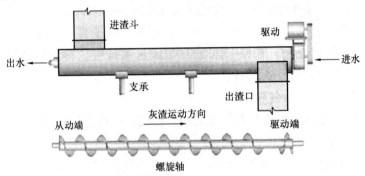

图 7-21　水冷螺旋式冷渣器

水冷螺旋式冷渣器由于不采用风冷，故灰渣再燃的可能性很小，但其传热系数较低，因此冷渣器的体积较大。由于灰渣在冷却过程中混合较慢，基本上只有贴壁的一层参加传热，因此传热效果不是很好。为提高水冷螺旋式冷渣器的传热效果，新型水冷螺旋式冷渣器采用图7-23所示的水冷螺旋叶片。冷却水首先进入中空结构的叶片内部，叶片中空部分向前流动到水冷螺旋叶片末端，再沿中空的螺旋轴流回到旋转接头，然后流出水冷螺旋叶片。

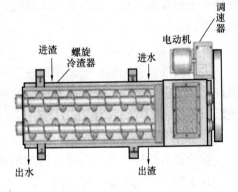

图 7-22　双螺旋式冷渣器

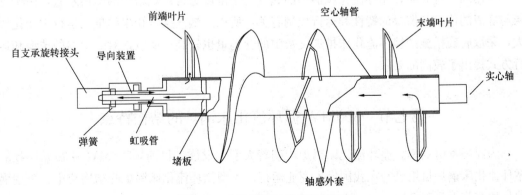

图 7-23　水冷螺旋叶片结构示意图

五、循环流化床锅炉风机和除尘器的特点

循环流化床锅炉系统所需风机的作用和特点与煤粉炉不同，具有种类多、全压较高、耗电高、噪声大等特点。

1. 一次风送风机

严格意义上讲，一次风送风机应称为流化风机，其作用是输送通过布风板进入炉膛的空气，并根据运行的需要维持床内颗粒物料的各种流化状态。由于一次风机除了克服空气预热器和管道的阻力以外，还必须克服布风板的阻力以及流化床层的压降，并需要维持炉膛的微正压燃烧。所以，一次风送风机所需提供的风压比煤粉炉高得多，必须为高压风机，大部分采用离心风机，电耗和噪声均很高。一次风送风机的压头一般为15000～30000Pa。

2. 二次风送风机

二次风机不需要较高的压头，一般为3000～5000Pa，也有采用送风机同时供给一、二次风的方式，不单独设置二次风机。

3. 引风风机

循环流化床锅炉引风机的作用与常规煤粉炉相同，但在送引风控制中，需要维持炉膛在微正压条件下运行。

4. 返料风机（也称高压风机）

大型循环流化床锅炉采用单独设置的返料风机，它具有风压高、流量小的特点，在有些场合采用罗茨风机，甚至空气压缩机。返料风机还同时给锅炉底渣排放装置提供高压松动风源。

5. 点火增压风机

大型循环流化床锅炉均采用炉底热烟气点火的方式，即在风室内设置燃油装置，为了保证燃油的有效雾化、燃烧以及床层的流化，通常需要在送风机出口管道上设置单独的点火增压风机。

6. 再循环烟气风机

在设置再循环烟气、水联合方式的流化床冷渣器的场合，用于抽取引风机出口的烟气，升压后用于底渣冷却器的烟气。

7. 除尘器

燃用同一种煤时，循环流化床锅炉的烟气含尘浓度为常规煤粉炉的两倍左右，由于飞灰与底渣的比例与燃煤的特性和运行控制有关，所以，烟气携带粉尘的量在运行中变化较大，采取脱硫措施的循环流化床排烟飞灰中的含钙量也较高，所以，对除尘器的选型和运行方式提出了较高的要求。

第七节 300MW循环流化床锅炉的结构特点

为提高发电效率，循环流化床锅炉均朝着大型化发展，目前，300MW亚临界参数的循环流化床锅炉机组已经在我国投入商业运行。大型循环流化床锅炉的结构与中、小型锅炉相比有若干显著区别。

一、锅炉的总体布置

图 7-24 所示为某 300MW 循环流化床的典型布置方案示意图。锅炉为亚临界、单汽包、自然循环、平衡通风、露天布置，全钢架支吊结构，采用绝热式高温旋风分离器进行

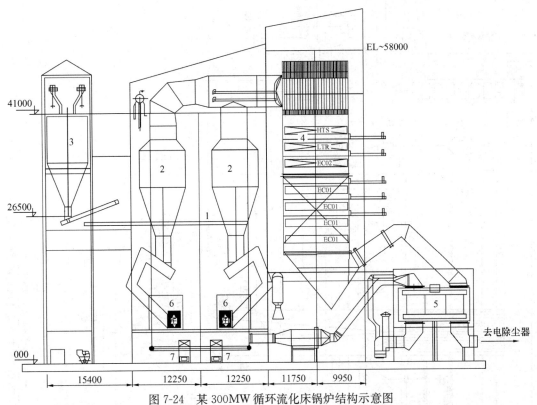

图 7-24 某 300MW 循环流化床锅炉结构示意图

1—炉膛；2—分离器；3—煤仓；4—尾部受热面；5—空气预热器；6—外置床换热器；7—底渣冷却器

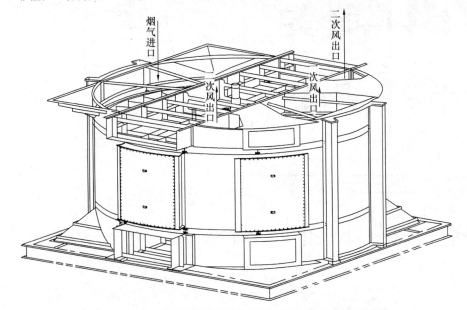

图 7-25 300MW 循环流化床锅炉四分仓回转式空气预热器

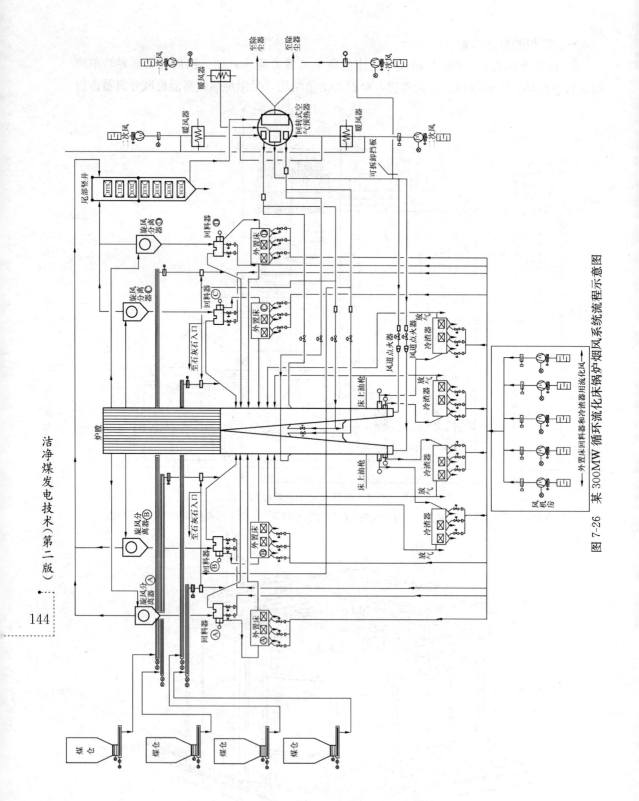

图 7-26　某 300MW 循环流化床锅炉烟风系统流程示意图

气固分离，采用外置式换热器控制床温及再热汽温。锅炉整体呈左右对称布置，支吊在锅炉钢架上。锅炉由五跨组成。第一、二跨布置主循环回路（炉膛、高温分离器、回料器及外置式换热器）、冷渣器以及二次风系统等；第三、四跨布置尾部烟道（包括高温过热器、低温再热器以及省煤器）；第五跨为单独布置的回转式空气预热器。

四台高温旋风分离器布置在炉膛两侧的钢架副跨内，在旋风分离器下各布置一台回料器。由旋风分离器分离下来的物料一部分经回料器直接返回炉膛，另一部分则流过布置在炉膛两侧的外置式换热器后再返回炉膛。四个外置式换热器内布置不同的受热面，外置式换热器 B 和 C 内设置有中温过热器（ITS1 和 ITS2）；外置式换热器 A 和 D 内设置有低温过热器（LTS）和高温再热器（HTR）。

炉膛采用全膜式水冷壁结构，四台流化床冷渣器被分为两组布置在炉膛两侧。在汽冷包墙包覆的尾部烟道内从上到下依次布置有高温过热器、低温再热器、省煤器。

空气预热器采用一台四分仓回转式空气预热器，如图 7-25 所示。图 7-26 所示为300MW 循环流化床锅炉烟风流程图。

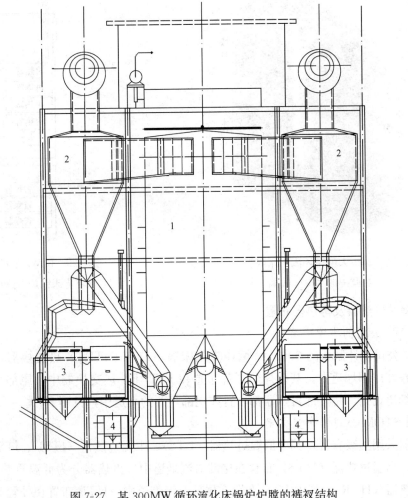

图 7-27　某 300MW 循环流化床锅炉炉膛的裤衩结构

1—炉膛；2—分离器；3—外置床换热器；4—底渣冷却器

二、炉膛设计特点

为保证流化均匀、二次风的穿透能力和布置足够多的受热面，300MW 大容量循环流化床锅炉的炉膛均采用了裤衩支腿结构和水冷分隔墙设计，炉膛下部分为两个支腿，二次风布置在每个支腿上，每个支腿底部有一个布风板，共有两个布风板，如图 7-27 和图 7-28 所示。水冷分隔墙由其下部敷设有耐火耐磨材料的整片膜式水冷壁构成，并可向下自由膨胀。在水冷分隔墙底部 3～7m 高度内，设置宽度为 250mm 左右的压力平衡通道（高度从布风板到炉膛下部水冷壁管的耐火、耐磨层），水冷分隔墙与炉墙之间也留有比上述压力平衡通道更宽的间隙。在接近炉膛出口高度，水冷分隔墙的鳍片上还开设有压力平衡孔。水冷分隔墙上的平衡孔、平衡通道以及与炉墙之间的较大间隙，使水冷分隔墙两侧的床料高度及压力能自动平衡，床料通过平衡孔或平衡通道的速度也不高，因此对平衡孔或平衡通道处管子的横向冲刷磨损并不严重。

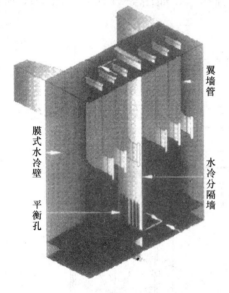

图 7-28　大型循环流化床锅炉
炉膛中的水冷分隔墙

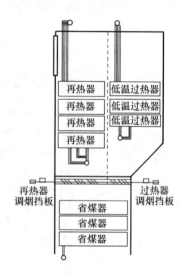

图 7-29　F. W. 公司 300MW 循环
流化床锅炉再热器布置方案

三、锅炉过热器及再热器布置

1. F. W. 公司的布置方案

F. W. 公司设计制造的 300MW 循环流化床锅炉带有 INTREX 热交换器，少量低温过热器布置在尾部烟道中，其余过热器都布置在 INTREX 热交换器中；尾部竖井采用前后平行双烟道设计，将全部再热器都布置在尾部竖井的烟道中，见图 7-29。

2. ALSTOM 公司的布置方案

过热器采用三级布置，其中低温过热器（LTS）、中温过热器（ITS1、ITS2）布置在外置床中；高温过热器（HTS）布置在尾部对流烟道中。再热器分为低温再热器（LTR）和高温再热器（HTR），其中 LTR 布置在尾部对流烟道中，HTR 布置在外置床中。锅炉汽水系统见图 7-30。

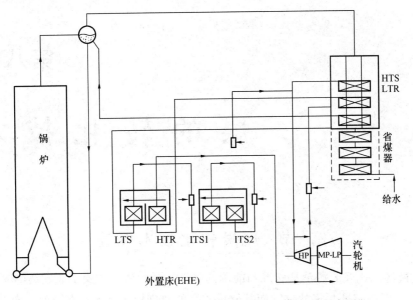

图 7-30 ALSTOM 公司 300MWCFB 锅炉汽水系统示意图

第八章

煤 的 转 化 技 术

第一节　煤炭转化技术概述

世界的能源结构及能源消耗状况与能源的储量相互矛盾，主要工业发达国家所需能源的 90％左右来自于石油与天然气，而其储量与煤的储量相比是十分有限的。自 20 世纪 70 年代以来，世界上与石油有关的各种危机不断出现，因此，人们重新认识到煤应当是能量和化学产品原料的主要来源。

我国是一个煤炭储量丰富的国家，占一次能源的 75％以上。但是，煤炭的利用效率较低，由直接燃用煤炭所带来的环境污染日趋严重。由于石油和天然气相对贫乏，根据我国的情况，通过煤炭转化，发展基于煤气化的煤基能源及化工系统是实现高效、环保和经济目标的最有效的技术途径，实施"以煤代油"和"以煤造油"是实现能源供应多元化和保证能源安全的根本措施，是我国社会和经济可持续发展的需要。

煤炭的转化利用是高效、清洁利用煤炭资源的主要途径之一，从煤中制取气体或液体"清洁燃料"，不仅可以有效地提高煤炭资源的利用率，而且可以大大减轻直接烧煤所造成的污染。

因此，近年来，世界各国竞相研究和推广煤炭转化技术，以摆脱单纯依靠石油和天然气的状况。目前，煤炭的转化利用方式主要是煤的气化和液化，煤气化技术的发展较早，目前已有多种成熟技术并用于工业化生产。煤的液化分为间接液化和直接液化。

一、煤炭转化的经济与环保特点

目前，就煤的气化与液化这两种不同的煤转换方式的比较，由于技术上的原因，煤的气化技术比液化技术要成熟得多，煤的气化技术在化工领域的应用也广泛得多。但是，煤气作为气体燃料存在不易输送和储存，并且存在易燃、易爆的不足。相比之下，煤的液化产物的优点更多一些，譬如：液体燃料易输送、储存和净化，从长远来看，煤的液化产物的应用范围会比气化产物要广泛。

煤气化技术是发展煤基化工产品、煤基液体燃料、联合循环发电、多联产系统、制氢和燃料电池等工业的关键技术。

煤的气化在经济和环保方面具有以下特点。

1. 煤气化过程中的热量损失

从热效率的角度，煤炭转化需要消耗一定的能量。特别是在单独煤气化的过程中，煤的化学能中约15％的热量损失于使煤气冷却至一定温度的冷却水中，所以，在同等条件下，直接燃烧煤的热效率要高一些。

2. 煤气利用过程中的热量补偿

可以采取不同的煤气化工艺制备不同热值的煤气化产物，以适合不同的应用场合，达到更好的经济性。譬如，低、中热值煤气制作成本较低，不适合于储存和输送，但由于其燃烧温度低，NO_x排放少，价格低廉，如果将低热值煤气就地用于燃烧发电，就可以直接利用煤气化产物的物理显热，或者将这部分热量用于加热锅炉的给水，因而，减少了煤气化过程中热量的损失，从经济上予以一定程度的补偿。

3. 污染物排放减少

煤的直接燃烧的污染要比煤炭转化后燃烧煤气要严重得多，而且控制直接燃煤污染的难度也要大得多。在煤气的净化过程中，不仅可以比较容易地脱除绝大部分污染物质，还能实现煤中硫的有效回收，因此，从减少污染物排放的角度，将煤转化成煤气再使用更加有利于环境保护。

4. 煤炭气化技术趋于成熟

经过长期的发展与工业应用，煤炭气化的工艺、设备和运行技术已经比较成熟和完善，目前，先进的煤气化技术可达到99％的碳转化率，气化炉的总效率可达94％，设备的可用率已经能够满足实际的要求。

煤的间接液化是在煤气化制成合成气后通过催化合成，得到液体燃料或化工产品的技术。采用费托合成法（F-T法）进行煤的间接液化和由CO和H_2合成甲醇再转化制汽油（MTG）已经实现工业化生产。由合成气直接合成二甲醚和低碳醇的技术也在积极开发中。高硫和高灰分的煤可以作为间接液化的原料，而高灰煤难于直接液化。

煤的直接液化在目前来讲，与炼油相比，在建设投资、能耗和水的消耗方面都要大得多，投资利润率也较低。但从长远来看，随着技术的不断进步和成熟，建设投资会逐步有所减少，能耗和水耗也会有所下降。加上石油价格不断上涨，而煤的价格尽管也在上涨，但总体水平还相对较低，煤的液化产品的竞争力会日益提高。

二、煤炭转化产品的应用领域

煤气化是指由煤经干馏或气化等方式而得到气体产物的工艺过程，煤气的成分包括可燃气体，如氢、一氧化碳、气态烃类等，以及氮、二氧化碳等不可燃气体。

中国适合于气化的煤炭资源比较丰富，可用于气化的无烟煤、贫煤、褐煤、长焰煤、不黏煤和弱黏煤的资源占全国煤炭总资源的60％以上，因此，利用我国比较丰富的煤炭资源，开发和推广煤气化技术将具有广泛的应用领域和很好的社会经济效益。目前，煤气化的主要应用领域包括以下几个方面。

1. 高效、低污染的洁净煤发电

近年来，煤气化的一个重要应用是促进燃煤火力发电向高效、低污染的洁净煤发电技术的方向发展。譬如，将煤的气化与燃烧和燃气-蒸汽联合循环动力发电设备有机地结合在一起的所谓整体煤气化联合循环发电技术（IGCC，见第十章）。

另外，煤气化的产物或采用化工方法进一步转化得到的气体燃料产物，还可被用做燃料电池发电装置的燃料（见第十二章），可以更大幅度地提高利用煤进行发电的效率并进一步减少污染。

2. 重要的化工原料

煤气是化工合成产品的基本原料。由煤气化产物 CO 和 H_2，应用不同的催化剂和操作条件可以合成多种重要的化工产品，譬如：

（1）合成甲烷。采用催化剂使含有一定比例的氢和一氧化碳的煤气转化为甲烷，从而提高煤气热值。主要用于生产城市煤气和替代天然气。目前，合成天然气的价格还略高于天然气；

（2）由氮和氢在高温高压下直接生成具有广泛用途的合成氨产品；

（3）由煤气化产物合成甲醇、乙醇和乙烯等，作为合成纤维、合成塑料与合成橡胶的基本化工原料；

（4）将 CO 和 H_2 转化为各种液体燃料（即煤的间接液化）。

3. 在冶金行业的应用

煤气化技术在冶金工业中也有广泛的应用，譬如，在炼铁过程中，用煤气作为还原剂，对铁矿石直接还原，可节约优质炼焦用煤。

4. 煤气作为民用燃料

我国原煤产量中的 20％左右被用作民用燃料，近年来已有逐年下降的趋势。民用直接烧煤的能量利用率十分低下，不仅造成资源浪费，而且环境污染严重。改用燃烧城市煤气，可大大提高煤炭的利用效率和改善环境。

第二节 煤 的 气 化 原 理

煤的气化是燃料热加工方法之一，通常是指在气化剂的参与下，在一定温度和压力条件下，把煤炭转化成可燃气体的过程。根据所采用的气化剂的不同（空气，纯氧、富氧空气、水蒸气、二氧化碳等）和气化工艺的不同，能够制得各种不同成分的煤气，以适应各种不同的用途。

煤的气化反应是一个复杂的物理化学过程。涉及的化学反应过程包括温度、压力、反应速度、化学反应平衡及移动等问题，物理过程包括物料及气化剂的传质、传热、流体力学等问题。

煤的气化过程是煤的部分燃烧与气化过程的组合。在无外界提供热源的情况下，煤气化炉内的气化热源依靠自身部分煤炭的燃烧，生成 CO_2 并放出热量，为煤的气化过程提供必要的热力反应条件。

值得一提的是，煤的气化与煤的干馏过程和产物是有显著区别的，煤的干馏过程是煤炭在隔绝空气的条件下、在一定的温度下（分为低温、中温和高温干馏）进行的热加工过程，干馏的目的在于得到焦炭、焦油和其他若干化学产品，同时，也得到一定数量的煤气（焦炉煤气）；而煤的气化过程是利用气化剂（氧气，空气或水蒸气）与高温煤层或煤粒接触相互作用，使煤中的有机化合物在氧气不足的情况下进行不完全氧化，尽可能完全地转化成含氢、甲烷和CO等可燃物的混合气体。

煤的气化可大致分为两个阶段：煤的干燥与部分燃烧阶段和煤的气化阶段。在煤的气化过程中，煤的干燥与部分燃烧作为煤气化前的准备阶段。

一、煤气化的基本原理和过程

1. 煤发生气化的基本条件

（1）气化原料和气化剂。气化原料一般为煤、焦炭。气化剂可选择空气、空气—蒸汽混合气、富氧空气—蒸汽、氧气—蒸汽、蒸汽或CO_2等。

（2）发生气化的反应容器。即煤气发生炉。气化原料和气化剂被连续送入反应器，在其内完成煤的气化反应，输出粗煤气，并排出煤气化后的残渣。煤气发生炉的炉体外壳一般由钢板构成，内衬耐火层，装有加煤和排灰渣设备、调节空气（富氧气体）和水蒸气用量的装置、鼓风管道和煤气导出管等。

（3）煤气发生炉内保持一定的温度。通过向炉内鼓入一定量的空气或氧气，使部分入炉原料燃烧放热，以此作为炉内反应的热源，使气化反应不间断地进行。根据气化工艺的不同，气化炉内的操作温度亦有较大不同，可分别运行在高温（1100～2000℃）、中温（950～1100℃）或较低的温度（900℃左右）区段。

（4）维持一定的炉内压力。不同的气化工艺所要求的气化炉内的压力也不同，分为常压和加压气化炉（1～6MPa），较高的运行压力有利于气化反应的进行和提高煤气的产量。

2. 煤的干燥与部分燃烧阶段

煤的主要干燥阶段发生在150℃以前，在此阶段煤失去大部分水分。之后，煤发生挥发反应，开始释放出挥发性物质，它们主要是煤中可燃物热解生成的气体、焦油蒸气和有机化合物，以及热分解水所生成的水蒸气等物质。由于少量氧气的存在，部分可燃气体发生燃烧。与煤种和气化过程的工艺条件有关，挥发反应可能是热中性（即吸热和放热基本平衡）或可能输出热量。

随温度的升高，煤的干燥和产物的释放进程大致如下：

100～200℃	放出水分及吸附的CO_2；
200～300℃	放出CO_2、CO和热分解水；
300～400℃	放出焦油蒸气、CO和气态碳氢化合物；
400～500℃	焦油蒸气产生最多、CO逸出减少直至终止；
500～600℃	放出H_2、CH_4和碳氢化合物；
600℃以上	碳氢化合物分解为甲烷和氢。

取决于不同煤种的不同的煤化程度，各种煤的热稳定性差别较大。因此，随温度的升高，挥发性气体释放的速率也不同。煤干燥与挥发后的产物是焦炭。在煤气化过程中，对煤化程度浅的多水分褐煤，干燥与挥发阶段具有重要的作用，而对烟煤、半焦和无烟煤则意义不大，且除两段气化工艺以外，其他气化工艺中的此阶段也不是主要的。

3. 煤气化阶段的基本反应过程

一般认为，在煤气化阶段中发生了下述反应：

（1）碳的氧化燃烧反应。煤中的部分碳和氢经氧化燃烧放热并生成 CO_2 和水蒸气，由于处于缺氧环境下，该反应仅限于提供气化反应所必需的热量，即

$$C+O_2 \longrightarrow CO_2+394.55kJ/mol$$

$$H_2+1/2O_2 \longrightarrow H_2O+21.8kJ/mol$$

（2）气化反应。这是气化炉中最重要的还原反应，发生于正在燃烧而未燃烧完的燃料中，碳与 CO_2 反应生成 CO，在有水蒸气参与反应的条件下，碳还与水蒸气反应生成 H_2 和 CO（即水煤气反应），这些均为吸热化学反应

$$CO_2+C \longrightarrow 2CO-173.1kJ/mol$$

$$C+H_2O \longrightarrow CO+H_2-131.0kJ/mol$$

在实际过程中，随着参加反应的水蒸气的浓度增大，还可能发生如下反应

$$C+2H_2O \longrightarrow CO_2+2H_2-88.9kJ/mol$$

（3）甲烷生成反应。当炉内反应温度在 700～800℃时，还伴有以下的甲烷生成反应

$$2CO+2H_2 \longrightarrow CH_4+CO_2+247.02kJ/mol$$

对煤化程度浅的煤，还有部分甲烷来自煤大分子裂解反应。

在煤的气化过程中，根据气化工艺的不同，上述各个基本反应过程可以在反应器空间中同时发生，或不同的反应过程限制在反应器的各个不同区域中进行，亦可以在分离的反应器中分别进行。

一般情况下，煤的气化过程均设计成使氧化和挥发裂解过程放出的热量与气化反应、还原反应所需的热量加上反应物的显热相抵消。总的热量平衡采用调整输入反应器中的空气量和/或蒸汽量来控制。

二、煤炭气化工艺的原则流程

由于煤炭的性质和煤气产品用途不同，所采用的气化工艺流程也不一样，很难用一种系统流程将如此众多的气化工艺加以概括。为了说明气化流程的概念，取气化过程的共性，将主要的工作单元组合成一个原则流程，图 8-1 是煤炭气化工艺的原则流程图，包括原料准备、煤气的生产、净化及脱硫、煤气变换、煤气精制以及甲烷合成等 6 个主要单元。

在仅需要生产中低热值煤气时，一般只用前三个单元组成气化工艺，即原料准备、煤

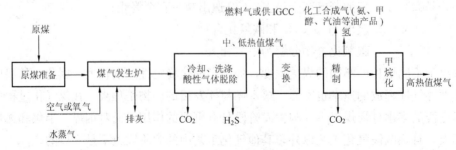

图 8-1　煤炭气化工艺的原则流程

气的生产和净化。在需要生产高热值煤气时，为了在煤气生产过程中获得富氢和甲烷含量较高的气体产物，还需要煤气变换、精制和甲烷合成等三个环节。在生产合成氨原料时，则无需甲烷化这一单元。

第三节　煤气化产物的分类与特点

采用不同的气化剂和气化工艺，所得到的煤气成分和热值也不同。

一、基于气化剂和煤气成分的分类

根据采用的气化剂和煤气成分的不同，通常将煤气分为以下几类。

1. 空气煤气

单独以空气作为气化剂得到的煤气，这种煤气中含氮较多，可燃成分较少，主要成分为一氧化碳和氮，热值很低，用管道运输很不经济，除非用于就地燃烧发电，否则，空气煤气的其他用途不大。如果用氧气（全部或部分）代替气化过程中使用的空气，则气化产物中的氮气减少，会不同幅度地提高煤气的热值，但并不会改变其可燃气体的组成成分。

2. 混合煤气

用空气及蒸汽作为气化剂得到的煤气，也被称为发生炉煤气，主要成分为一氧化碳、氢、氮、二氧化碳等，热值稍高于空气煤气，可以直接作为燃料气使用，也可作为高热值煤气的稀释气。

3. 水煤气

是采用水蒸气和氧气作为气化剂而得到的煤气，主要成分为氢和一氧化碳，由蒸汽和炽热的无烟煤或焦炭作用而得，制备成本较高，可作为燃料，或用作合成氨、合成石油、氢气制备等的原料。采用石油裂解增热后，可作为城市煤气。

4. 半水煤气

用蒸汽及空气作为气化剂所得到的煤气，也可以是空气煤气与水煤气的混合气。其成分和用途与水煤气相似。

5. 焦炉煤气

由煤在炼焦炉中进行干馏所制得，主要成分为氢、甲烷和一氧化碳，也含有少量的乙烯、氮和二氧化碳等。可用作燃料，也可用作合成氨等的原料。

二、基于煤气热值的分类

根据煤气热值高低可划分为三类煤气。

1. 低热值煤气

标准状况下煤气的热值范围为 $3800 \sim 7600 kJ/m^3$，一般为空气煤气、发生炉煤气。

2. 中热值煤气

标准状况下煤气的热值范围为 $10000 \sim 20000 kJ/m^3$，用氧气或富氧气体代替空气作为气化剂，煤气中可燃成分的比例较高，可以管道输送，适于民用或工业用，还特别适用于就地发电。焦炉煤气也属于这一类煤气。

目前，世界上已经运行的整体煤气化联合循环电站多采用富氧（纯度 $85\% \sim 95\%$）

气体作为气化剂来得到中热值煤气，经过净化后直接用于燃烧并驱动燃气轮机进行联合循环发电。

3. 高热值煤气

煤气的热值为 $21000kJ/m^3$ 以上，是中热值煤气经过进一步甲烷化工艺过程而制得，主要成分是甲烷，也称为合成天然气。

综上所述，煤气的有效成分主要是 H_2、CO、CH_4 和其他气态烃类化合物，采用不同的气化剂和不同的气化工艺方法可以得到不同组成成分的煤气，当然也与煤质有关。表 8-1 所示为某些典型的实测煤气组成成分及其热值范围。

表 8-1　　　　　　　　　　　煤气的组成成分

煤气名称	气化剂	煤气组成（%）						低位发热量[kJ/m^3，（标准状况下）]
		H_2	CO	CO_2	N_2	CH_4	O_2	
空气煤气	空气	2.6	10	14.7	72	0.5	0.2	3762～4598
混合煤气	空气、蒸汽	13.5	27.5	5.5	52.8	0.5	0.2	5016～5225
水煤气	蒸汽、氧气	48.4	38.5	6	6.4	0.5	0.2	10032～11286
半水煤气	蒸汽、空气	40	30.7	8	14.6	0.5	0.2	8778～9614
合成天然气	氧、蒸汽、氢	1～1.5	0.02	1	1	96～97	0.2	33440～37620

第四节　衡量煤气化炉的技术经济指标

衡量煤气化炉运行技术经济性的常用指标为：气化强度，碳的转化率，冷煤气效率和热煤气效率等。

1. 气化强度

用于衡量固定床和流化床气化炉的气化能力的指标，表示在气化炉单位截面积上、在单位时间内所能产生的煤气量（可采用标准状态下的气体体积或气体质量）。气化强度的单位为 $m^3/h \cdot m^2$ 或 $kg/h \cdot m^2$（标准状况下）。

2. 碳的转化率 η_c

$$\eta_c = \frac{转化成煤气成分的碳量}{煤中所含碳量} \times 100\% \tag{8-1}$$

表示煤中所含碳元素在气化炉内转化为煤气成分的百分数，即气化过程中碳的利用程度。目前，性能良好的气化炉的碳转化率可达 99%。

3. 冷煤气效率（气化效率）η_l

$$\eta_l = \frac{所生成煤气的化学能}{气化用煤的化学能} \times 100\% \tag{8-2}$$

该指标反映了气化炉将煤的化学能转化成煤气化学能的完善程度。如取低位发热量作为计算依据，目前，先进的气化炉的冷煤气效率可达 80% 左右。

4. 热煤气效率 η_h

$$\eta_h = \frac{所生成煤气的化学能 + 气化炉系统产生蒸汽的焓与给水焓之差}{气化用煤的化学能} \times 100\% \tag{8-3}$$

该指标反映了整个气化装置在能量转化过程中的完善程度，先进的气化炉的热煤气效率一般在91％～95％。

第五节 煤的气化工艺及其设备

煤气化的整个过程是在煤气化炉中完成的，因此，煤气化炉是气化工艺中最主要的设备。已经商业化的十几种气化工艺均有几十年的发展历史，并根据其特点适用于不同的场合。气化炉的最早使用功能是生产城市煤气和化工原料，近年来开始用于整体煤气化联合循环发电系统中。

一、煤的气化工艺

根据气化炉的结构特点和物料在气化炉中进行转化时的运动方式，煤的气化工艺分为如下三种主要工艺。

（1）移动床（固定床）气化工艺；

（2）流化床气化工艺；

（3）气流床气化工艺。

其各自的工作原理示意如图8-2所示，还同时给出了各自的工作温度和原煤尺寸的适应范围。

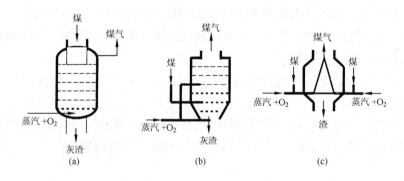

图8-2 三种典型气化工艺过程

(a) 固定床［800～1000℃ 块煤（3～30mm或6～50mm）］；

(b) 流化床［800～1000℃ 碎粉煤（1～5mm）］；

(c) 气流床［1500～2000℃ 煤粉（小于0.1mm）］

按气化炉的进料方式不同又分为湿法和干法进料。基于以上各种工艺，世界上不同的厂家提供的工艺设备和系统结构在细节上也有所不同。

二、煤气化炉的种类

根据以上三种煤气化工艺的分类，分别介绍各个工艺所对应的典型气化炉的结构型式及其特点。

（一）固定床气化炉

固定床气化炉又分为常压和加压气化炉两种。运行方式上有连续式和间歇式的区分。

固定床气化炉的主要特点有：

155

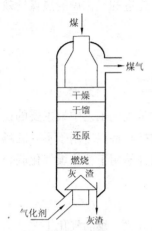

图 8-3 固定床气化
过程原理图

（1）在固定床气化炉中，气化剂与煤反向送入气化炉；

（2）煤为块状，一般不用煤粉；

（3）固态干灰排渣，也有采用液态排渣的；

（4）碳转化效率高，耗氧量低；

（5）煤气出口的温度较低，无需煤气冷却器；

（6）一般容量较小。

固定床气化炉内的气化过程原理如图 8-3 所示。可见，在固定床气化炉中的不同区域中，各个反应过程所对应的反应区域界面比较明显。

1. 常压固定床煤气发生炉

常压固定床煤气化工艺以空气和水蒸气为气化剂，用于生产工业用燃料气，具有投资费用低、建设周期短、电耗低、负荷调节方便等特点，是我国工业煤气生产的主要工艺方式，在机械、冶金、玻璃、纺织等行业中的大型煤气站普遍使用。

该工艺多以烟煤为原料，入炉煤粒度为 3～30mm（或 6～50mm），标准状况下单炉煤气产量为 3000～5000m³/h，煤气热值为 5500～7000kJ/m³。

2. 加压固定床气化炉

这是一种在高于大气压力的条件下（1～2MPa 或更高压力）进行煤的气化操作，以氧气、水蒸气为气化介质的气化炉，以褐煤或长焰煤、不黏煤为原料，煤气热值高。

加压气化的主要优点包括：

（1）可以采用灰熔融性稍低的和粒度较小（6～25mm）的煤，对煤的抗碎强度和热解性要求较低；

（2）能气化一些水分较高，灰分较高的低品质煤，还可以气化有一定黏结性的煤；

（3）气化过程的耗氧量低，譬如在 2MPa 下气化时，所需的氧量仅为常压气化的 1/3～2/3；

（4）在较高的压力下操作，气流速度低，粉尘带出量少；

（5）因为在加压的条件下，有利于甲烷的生成，所以，所产煤气中的 CH_4 含量高，适合于做城市煤气；

（6）该工艺的气化能力大，为常压固定床的 4～8 倍；

（7）因为出炉煤气压力高，可以作远距离输送；

（8）气化过程连续，运转稳定，有利于实现自动化。

加压固定床气化炉操作温度较高（但一般不超过 1100℃），气化中会产生酚类、焦油等有害物质，因此，煤气净化处理工艺较复杂，易造成二次污染；另外，只能用块煤，不能用粉煤，设备的维护和运行费用较高。

（二）流化床气化炉

流化床气化炉是基于流态化原理的煤的气化反应器，如图 8-2（b）所示，流态化的基本工作原理和流化床的结构特点可以参见第七章的有关内容。

流化床气化经过多年的发展，形成了多种气化工艺。如 U-Gas、KRW、HY-Gas、CO-Gas、旋流板式的 JSW、喷射床气化炉、温克勒（Winkler）、高温温克勒（HTW）、循环流化床气化炉（CFBG）、喷射床气化（spout bed gasifier）、灰熔聚气化，双器流化床、分区流化床、循环制气流化床、水煤气炉及加压流化床等。

一般流化床气化炉不能从床层中排出低炭灰渣，这是因为要保持床层中高的炭灰比和维持稳定的不结渣操作，流化床内必须混合良好。因此，排料的组成与床内物料的组成是相同的，所以排出灰渣中的含碳量就比较高。为了解决这一问题，提出了熔聚排灰方式。所谓的灰熔聚是指在一定的工艺条件下，煤被气化后，含碳量很少的灰分颗粒表面在软化而未熔融的状态下团聚成球形颗粒，当颗粒足够大时即向下沉降并从床层中分离出来。其主要特点是灰渣与半焦的选择性分离，即煤中的碳被气化成煤气，生成的灰分熔聚成球形颗粒，然后从床层中分离出来。

U-Gas 气化工艺就是一种灰熔聚加压流化床气化工艺。U-Gas 气化炉的结构如图 8-4 所示，气化炉要完成四个过程：煤的破黏脱挥发分、煤的气化、灰的熔聚和分离。

经过粉碎和干燥的煤料均匀稳定地加入炉内。煤脱黏时的压力与气化炉的压力相同，温度一般在 370～430℃之间，吹入的空气使煤粉颗粒处于流化状态，并为煤部分氧化提供热量，同时进行干燥和浅度炭化，使煤粉颗粒表面形成一层氧化层，达到脱黏的目的。脱黏后的煤粒在气化过程中，可以避免黏结现象的发生。

在流化床内，煤与气化剂在 950～1100℃和表压 0.69～2.41MPa 下接触反应，生成的煤气从气化炉的顶部导出经过两级旋风分离器除尘，气化形成的灰分被团聚成球形粒子，从床层中分离出来。

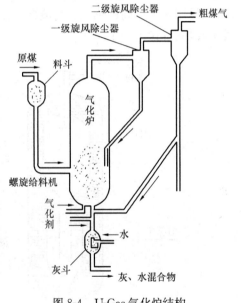

图 8-4 U-Gas 气化炉结构

U-Gas 气化工艺的突出优点是它气化的煤种范围较宽，碳的转化率高。气化炉的适应性广，对于一些黏结性不太大或者灰分含量较高的煤也可以作为气化原料。

（三）气流床气化炉

采用氧气—过热蒸汽作为气化介质，煤的气化过程在悬浮状态下进行，属于高温、加压或常压的煤气化工艺。

已工业化的气流床的工艺有常压气流床粉煤气化，即 Koppers-Totzek（K-T）气化；水煤浆加压气化，即 Texaco（德士古）和 Destec（现 E-Gas）气化；粉煤加压气化，即 SCGP（Shell 煤气化工艺）和 Prenflo（加压气流床）气化等。

德士古气化炉是一种以水煤浆进料的加压气流床气化装置，如图 8-5 所示。该炉有两种不同的炉型，根据粗煤气采用的冷却方法不同，可分为激冷型，如图 8-5（a）所示和全热回收型如图 8-5（b）所示。两种炉型下部合成气的冷却方式不同，但炉子上部气化段的气化工艺是相同的。德士古加压水煤浆气化过程是并流反应过程。合格的水煤浆原料同氧气从气化炉顶部进入。煤浆由喷嘴导入，在高速氧气的作用下雾化。氧气和雾化后的水煤浆在炉内受到高温衬里的辐射作用，迅速进行着一系列的物理、化学变化：预热、水分蒸发、煤的干馏、挥发物的裂解燃烧以及碳的气化等。气化后的煤气中主要是一氧化碳、氢气、二氧化碳和水蒸气。气体夹带灰分并流而下，粗合成气在冷却后，从炉子的底部排出。在激冷型气化炉中，粗合成气体经过激冷管离开气化段底部，激冷管底端浸没在一水池中。粗气体经过急冷到水的饱和温度，并将煤气中的灰渣分离下来，灰熔渣被淬冷后截留在水中，落入渣罐，经过排渣系统定时排放。之后冷却了的煤气经过侧壁上的出口离开气化炉的激冷段。然后按照用途和所用原料，粗合成气在使用前进一步冷却或净化。在全热回收型炉中，粗合成气离开气化段后，在合成气冷却器中从 1400℃被冷却到 700℃，回收的热量用来生产高压蒸汽。熔渣向下流到冷却器被淬冷，再经过排渣系统排出。合成气由淬冷段底部送下一工序。

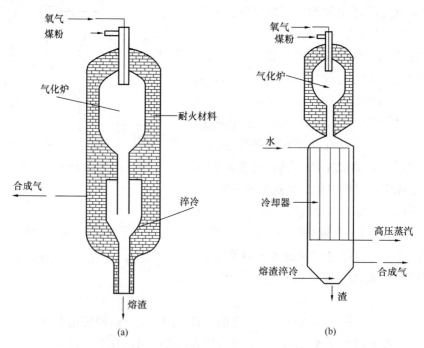

图 8-5　德士古气化炉

（a）激冷型；（b）全热回收型

图 8-6 所示为德士古煤炭气化工艺的流程简图。基本部分包括煤浆的制备和输送、气化和废热回收、煤气的冷却和净化等。

德士古煤气化炉是水煤浆气化工艺的代表之一。经过多年的发展，已进入商业化运行，最突出的优势在于它的运行经验最丰富。其单喷嘴运行大大简化了设备系统和控制系统，炉内的温度只控制煤浆量和氧气量即可，这两种物料的流量都比较容易准确测量。没有蒸汽输入，也省去了蒸汽量的控制，气化炉内的温度容易维持。与干法进料相比，水煤

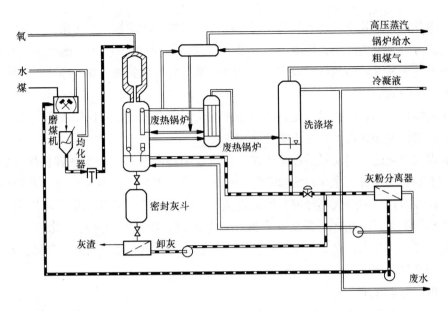

图 8-6 德士古煤气化工艺流程

浆进料系统相对比较简单、安全、无灰尘排放、变负荷更容易。

各种常用气化工艺主要特点的综合比较见表 8-2。

表 8-2 各种常用气化工艺的比较

项 目	固定床	流化床	气流床	
气化工艺	BG/Lurgi	U-gas	Texaco	Shell
进料方式	干式	干式	水煤浆	干式
气化剂	氧气/蒸汽	氧气/蒸汽	氧气	氧气/蒸汽
适用煤种	烟煤	烟煤	烟煤	烟煤/褐煤
粒度 （mm）	5~50	<6	<0.5	<0.1
操作压力 （MPa）	2.5	0.4~3.2	3.0~6.5	3.0
操作温度 （℃）	>2000	950~1090	1260~1540	1500~2000
耗氧率[kg(氧)/kg(煤)]	0.52	0.6	0.9	0.86
耗汽率[kg(汽)/kg(煤)]	0.36	—	0	0.3
碳转化率(%)	99.9	95.3	97.2	99
冷煤气效率(%)	89	69.6	74.3	81

第六节 煤气的净化处理

从气化炉中导出的是粗煤气，含有粉尘，雾状焦油、硫化物和含硫的有机物、氮化物、碱金属及水蒸气等物质。此外，还有极少量的重金属。各种物质的含量多少与煤炭的性质和气化工艺有关。粗煤气中的杂质对煤气的加压、输送和燃烧设备等均存在有害的影响。因此，煤气化的产物必须经过净化处理。

煤气净化的目的是采取技术与经济可行的技术措施，清除煤气中污染或危害下游设备和环境的成分（主要为除尘、脱硫、脱氮等），回收其中有价值的各种副产品，并同时提高了有效燃气的浓度，还包括有效利用粗煤气所携带的物理显热。煤气净化工艺顺序一般为先除尘、后脱硫。

煤气的净化工艺包括常温净化和高温净化工艺。现多采用相对比较成熟的常温湿法净化技术。高温煤气净化技术尚处于实验研究阶段。

高温煤气净化的应用前景是在整体煤气化联合循环发电系统中实现燃料煤气的净化，气化炉产生的煤气在进入净化系统前不降低或较少降低温度，同时又要有效地脱除粉尘、硫化物等；经净化后的煤气不经过升温就直接进入燃气轮机燃烧室。由于减少了热量交换所带来的热量损失，因此，可提高联合循环发电的整体净效率，并可简化系统，减少投资。因此，近十几年来，许多工业发达国家均积极开发和研制适合高温煤气除尘及脱硫的新材料和新型脱硫剂。

一、煤气除尘技术

粗煤气中含有大量粉尘，特别是流化床气化炉，煤气中的粉尘含量占原煤中灰分含量的50%～60%。一般情况下，采用常规的除尘装置即可除去煤气中的大部分粉尘。在整体煤气化联合循环发电装置中，燃气轮机所允许的煤气中的固体颗粒物含量是极微量的，因此，对煤气的除尘净化要求更高。

除尘方法按工作原理可分为离心分离除尘、洗涤除尘、过滤除尘、静电除尘等，其中有湿法和干法。通常，根据工作温度将煤气除尘方法分为常温除尘和高温除尘。

1. 煤气常温除尘净化

从气化炉出来的高温煤气经冷却降温到 250～370℃，然后进入除尘装置。通常有陶瓷过滤加水洗涤除尘和水洗涤除尘两种。水洗涤除尘的优点是结构简单，安全可靠，但是，存在较大的热量损失和废水处理等问题。

2. 煤气高温除尘净化

尚处于工业化实验阶段的高温煤气净化是在 500～600℃ 间的高温条件下除尘，现阶段普遍采用高温旋风分离器或/和高温陶瓷过滤器除尘的方式。从净化系统出来的煤气将不经加热直接送燃气轮机燃烧。

二、煤气脱硫技术

煤气中的硫化物主要是以 H_2S 的形式存在，还有很少量的 COS。由于 H_2S 的浓度比燃煤锅炉排烟中的 SO_2 浓度高数倍，而且 H_2S 的反应性比 SO_2 强，因此，从煤气产物中脱除硫化物比较容易而且脱除率高。

另外，气化过程通常在高压下进行，气体的比体积小，因此，煤气脱硫装置的尺寸比燃烧产物的烟气脱硫净化装置要小得多，煤气脱硫成本比烟气脱硫的成本低 1/3 以上，并且煤气脱硫的产物能够以硫元素的形式直接回收。

在气化炉中，燃料及空气中的部分氮会转化为氮的化合物（主要是 NH_3），其中一部分在煤气脱硫工艺中可以被除去，因此，在煤气燃烧过程中 NO_x 的排放量比常规火电厂减少 2/3 以上。

1. 煤气脱硫技术分类

煤气脱硫技术分为湿式常温脱硫法和干式高温脱硫法。

（1）湿式煤气常温脱硫法。湿法脱硫主要有物理吸收法、化学吸收法、物理化学吸收法等。由于利用这些方法进行脱硫反应时要求温度较低，所以，气化炉排出的高温煤气经过高温除尘，则需冷却降温后才能进行脱硫。在整体煤气化联合循环发电系统中，如果采用这类脱硫方法，应考虑脱硫时高温煤气降温的这一部分热量的回收利用。

（2）干式高温脱硫法。由于煤气净化工艺顺序为先除尘、后脱硫，因此，高温煤气脱硫设备的工作温度略低于高温除尘设备的运行温度。干式高温脱硫采用金属氧化物作为脱硫剂，脱硫效率可达到 98%～99%。目前，工业实验的脱硫剂为 Fe-Zn 系和 Zn-Ti 系金属氧化物，与煤气中的硫化物发生反应，吸收了 H_2S 和 COS 的脱硫剂进入再生装置再生，再生后的脱硫剂再返回脱硫设备循环使用。

再生系统产生的较高浓度（15%左右）的 SO_2，被送到硫酸制备系统。但脱硫剂的再生设备复杂，脱硫剂的运行寿命短，目前尚不适合用于整体煤气化联合循环电站系统中的煤气高温净化。

（3）与煤气化过程同时进行的高温脱硫。在煤气制备的同时也可以进行脱硫，即直接在煤的气化过程中将石灰石或白云石脱硫剂加入气化炉中完成固硫过程。此类方法具有工艺简单的特点，煤气无须冷却，但是，这种脱硫方法有一定局限性，并且脱硫效率也相对较低。可以采用这种脱硫方法的有流化床气化炉和气流床气化炉。

2. N-甲基二乙醇胺法（MDEA）

醇胺类溶剂是应用很广泛的脱硫化学吸收溶剂。N-甲基二乙醇胺（MDEA）是四种醇胺类溶剂之一，吸收性好，凝固点低，蒸汽压小，有较好的化学稳定性和热稳定性，性能明显优于其他醇胺类溶剂，因此获得了广泛的应用。

（1）基本原理。N-甲基二乙醇胺（MDEA）与 H_2S 的反应如下

$$2 RNH_3 + H_2S \longrightarrow (RNH_3)_2S$$

$$(RNH_3)_2S + H_2S \longrightarrow 2 (RNH_3) HS$$

MDEA 水溶液中添加少量的活性剂对上述反应有重大影响，因此，有关活化剂的种类、加入量等的研究十分活跃。

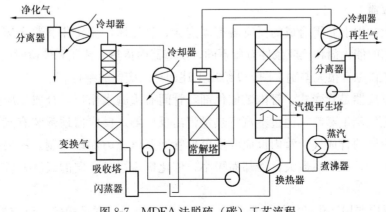

图 8-7 MDEA 法脱硫（碳）工艺流程

（2）工艺流程。如图 8-7 所示为 MDEA 法脱硫（碳）工艺流程。原料气进入两段吸收塔的下层，与向下流的吸收溶液逆向接触，气相中的 H_2S 和 CO_2 大部分在下层被吸收。在吸收塔上段将气体洗涤到要求的最终纯度。

第七节 煤的间接液化

一、费托（F-T）合成

费托（F-T）合成是用合成气为原料，通过催化合成，生产各种烃类以及含氧化合物的方法，是煤液化的主要方法之一。用煤气化气中的 CO 和 H_2 合成液体燃料是一个非常复杂的反应，其产物可达百种以上，可以得到气体和液体燃料，以及石蜡、乙醇、丙酮和化工原料（乙烯、丙烯、丁烯和高级烯烃等）。主要工艺过程及产品如图 8-8 所示。

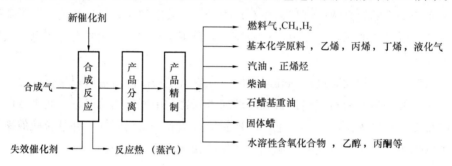

图 8-8 F-T 合成主要工艺过程及产品

F-T 合成的第一步是 CO 和 H_2 在催化剂上同时进行化学吸附，CO 的 C 原子与催化剂金属结合，形成活化的 C—O—键与活化的氢反应，构成一次复合物，进一步形成链状烃。链状烃由于表面化合物的加碳作用，使碳链增长。增长的过程因脱吸附、加氢或因与合成产物反应而终止。反应的主要产物是烷烃和烯烃，副产品是醇、醛和酮。主要反应为烷烃生成反应、烯烃生成反应。副反应有甲烷生成反应、醇类生成反应、醛类生成反应和生成碳反应。上述反应虽然都有可能发生，但其发生的概率随催化剂和操作条件的不同而变化。

二、反应器

迄今为止，用于 F-T 合成的反应器有固定床、气流床、流化床和浆态床等。由于不同反应器所用的催化剂和反应条件有所不同，反应器内传热、传质和停留时间等工艺条件不同，反应产物也有很大差别。图 8-9 给出上述四种反应器的结构。

固定床反应器是管壳式，管内装催化剂，管间有沸腾水循环，合成反应过程放出的反应热使水蒸发产生蒸汽，通过蒸汽将热量带出反应器。反应器顶部装有蒸汽加热器以加热进入反应器的合成气。管内反应温度可由管间蒸汽压力加以控制。该反应器气流速度可达 $2 \sim 4 m/s$，传热系数大，冷却面积小，催化剂床层各方向的温度差较小，合成效果好。

固定床反应器用活化的沉淀铁催化剂，反应温度较低，不易积碳。反应器尺寸较小，

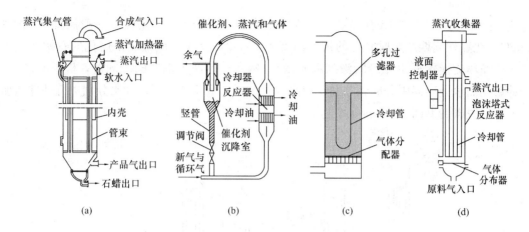

图 8-9　F-T 合成反应器

（a）固定床；（b）气流床；（c）流化床；（d）浆态床

操作简便。在常温下，产品为液态和固态。由于反应热靠管子的径向传热导出，故管子直径的放大受到限制。

　　在气流床反应器中催化剂随合成原料气一起进入反应器，悬浮在反应气流中，并被气流带至沉降器与反应气体分离。气流床反应器强化了气-固两相间的传质、传热过程，床层内各处温度比较均匀，有利于合成反应。反应放出的热，一部分由催化剂带出反应器，一部分由油循环带出。气流床反应器催化剂可连续再生，传热系数大，散热面积小，反应器结构得到简化，单元设备生产能力显著提高。

　　气流床反应器操作生成碳量少，可在较高温度下操作，采用活性较小的熔铁催化剂，生成气态的和较低沸点的产品，能防止生成蜡。液体产品中约 78％ 为石脑油，7％ 为重油，其余为醇和酸等。

　　固定流化床反应器是一个底部装有气体分配器的塔，中部设冷却盘管，顶部设多孔金属过滤器用于气固分离，尽量不让催化剂带至塔外，因为催化剂气体流速不大，故密度大的铁催化剂颗粒必须很细，这样才能充分流化并保持一定的料位高度，形成细颗粒浓相流化的工艺特点。在反应器上部留有较大的自由空间，让大部分催化剂沉降，剩余的部分通过气固分离器分离出来并返回反应床层。利用固定床反应器使催化剂粉化得到缓解，消耗降低 40％；反应器直径可放大至 8m 和 10.7m（高均为 38m）。单台设备生产能力比气流床反应器高出 1 倍多。

　　浆态床反应器床内为高温液体（一般为熔蜡），催化剂微粒悬浮其中，合成气以鼓泡形式通过，呈气、液、固三相流化床，但是催化剂颗粒微小（<50μm），从而降低了固相的作用。与气流床比较，浆态床反应温度较低，从而改善了蜡产率。浆态床的操作条件和产品分布的弹性大。由于反应物需要穿过床内液层才能到达催化剂表面，所以阻力大，传递速度小。浆态床可以大型化，可望应用于 F-T 合成生产。

三、工艺过程

1. 固定床合成工艺流程

工艺流程图如图 8-10 所示。新鲜原料气和循环返回的余气升压至 2.5MPa。原料气通过热交换器与从反应器来的产品气换热后由顶部进入反应器，反应温度一般保持在220～235℃。在操作周期结束时允许的最高温度为254℃，反应器底部流出熔化的石蜡。气体产物流经热交换器析出热冷凝液（重质油），然后通过两个串联的冷却器，析出冷凝液，合并后在油水分离器中分成轻油和反应水。对石蜡、重质油、轻油和水分别进行处理和加工，尾气脱碳后返回。CO转化率为65%。

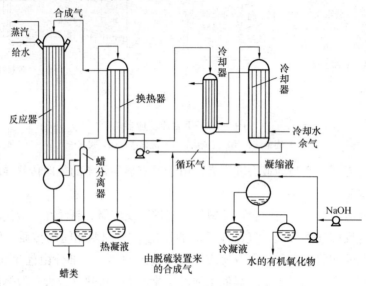

图 8-10　固定床合成工艺流程

2. 气流床合成工艺流程

工艺流程图如图8-11所示。原料气约160℃，通过一根水平管进入反应器，与通过滑阀自竖管落下的热催化剂混合。原料气温度上升至300～315℃，二者一起进入反应器提升管。原料气由新鲜合成气和循环气组成。由于合成反应为强放热反应，需及时移出反应

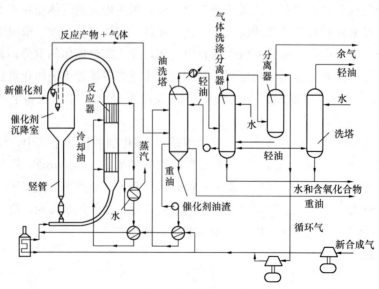

图 8-11　气流床合成工艺流程

热，反应器内设置两个冷却器，产生 1.2MPa 蒸汽，反应器顶部出口温度维持在 340℃。物料通过鹅颈式连接管进入催化剂沉降分离段，通过两套两级旋风分离器将尾气与催化剂颗粒分开，落下的催化剂经过调节阀和滑动阀再进入反应系统，反应器内温度范围 300～340℃，压力范围 2.0～2.3MPa。从旋风分离器出来的产品气进入热油洗涤塔，分出热重油，后者抽出一部分用于预热原料气再回到洗涤塔，其他作产品。塔底排出含催化剂颗粒的油浆。塔顶气体再经过后面的水冷塔和气液分离器，气体一部分作循环气，一部分作余气。粗轻油再经过一次水洗，得到轻油和含有含氧化合物的水，然后进一步加工，CO 转化率85%。

第八节 煤的直接液化

一、煤直接液化原理

煤和石油都是可燃矿物质，有机质都由碳、氢、氧、氮和硫元素组成，但二者在结构、组成和性质上有很大差别，具体表现为石油中的 H/C 原子比高于煤，煤中的氧含量显著高于石油；煤的主体是高分子聚合物，不挥发、不熔化、不溶解（可溶胀）并有黏弹性，而石油是低分子化合物；煤中有较多的矿物质。由此可见，要实现煤的直接液化，需要加氢、裂解和脱灰。目前，煤直接液化技术还不够成熟，处于大规模商业示范阶段。

煤炭液化是将煤中的有机物质转化为液态产物的过程。煤直接液化是指通过加氢使煤中复杂的有机大分子转化为小分子液体产物的过程。转化过程是在含煤粉、溶剂和催化剂的液浆系统中进行加氢、解聚，需要较高的压力和温度。

煤在加氢液化过程中，并不是直接与煤分子反应使煤的大分子裂解，而是煤分子在受热时分解生成不稳定的自由基"碎片"。此时，如果有足够的氢存在，自由基就能饱和并稳定下来，如果没有加氢或加氢不足，则自由基之间相互结合转变为不溶性的焦。所以，在煤的液化过程中，煤的有机质热解和加氢是缺一不可的。

煤是非常复杂的有机物（见图 8-12），在液化过程中的化学反应极其复杂。可以认为

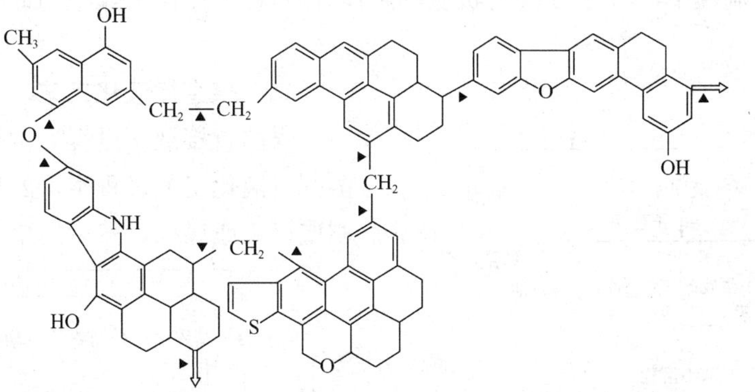

图 8-12 煤分子模型的典型化学结构

注：结构式中"⟹"代表分子模型中连接煤结构单元其他部分的桥键；

结构式中"▶"代表煤结构单元中的弱化学键

在煤的直接液化过程中发生煤的热解、自由基与氢的结合和自由基之间的缩合以及脱氧、脱硫和脱氮反应等。

煤在隔绝空气的条件下加热到一定温度，煤的化学结构中键能最弱的部位开始断裂，生成许多自由基"碎片"。随着温度升高，断裂部位增多，有更多的自由基碎片生成。热解产生的自由基碎片是不稳定的，只有当其与氢结合后才能变得稳定，成为分子量比原料煤低得多的初级加氢产物。在液化过程中，由于温度过高或供氢不足，煤热解的自由基碎片会彼此发生缩合反应，生成半焦和焦炭，使液化产率降低。由此可知，在液化过程中维持与温度水平相应的供氢速率是保证液化产率、避免结焦的重要条件。

在煤的加氢液化过程中，煤中的氧、硫、氮也会产生断裂，分别生成 H_2O（CO_2、CO）、H_2S 和 NH_3 气体而被脱除。脱除的难易程度与其存在形式有关。煤中有 40% 左右的氧比较稳定，不易脱除。由于硫的电负性弱，所以脱硫反应比较容易进行。与脱硫、脱氧相比，脱氮要困难得多。一般脱氮需要激烈的反应条件和有催化剂存在时才能进行，而且耗氢量很大。

煤加氢液化后的产物的组成是十分复杂的，包括气、液、固三相的混合物。液、固产物组成复杂，可以按照其在不同溶剂中的溶解度的差别进行分离。通常所用的溶剂有正己烷（或环己烷）、甲苯（或苯）或四氢呋喃（或吡啶）。可溶于正己烷的物质称为油；不溶于正己烷而溶于苯的物质称为沥青烯；不溶于苯而溶于四氢呋喃的物质称为前沥青烯；不溶于四氢呋喃的物质称为残渣。分离流程如图 8-13 所示。

煤的直接液化过程包括一系列顺序反应和平行反应。一方面，反应产物的相对分子质量由高到低，结构从复杂到简单，出现的时间先后大致有一定次序；另一方面，在反应初期，煤刚刚开始转化时，就有少量气体和油产生。这是由于煤不是均一组成的反应物。在煤中既有少量易液化组分，如嵌布在高分子主体结构中的低分子化合物，也有一些极难液化的惰性组分；前沥青烯和沥青烯是液化反应的中间产物。它们都不是组成确定的单一化合物，在不同反应阶段生成的前沥青烯和沥青烯结构肯定不同，它们转化为油的反应速度较慢，需要活性较高的催化剂。煤液化的反应流程如图 8-14 所示。

上述反应流程中，C_1 表示煤有机质的主体，C_2 表示存在于煤中的低分子化合物，C_3 表示惰性成分。

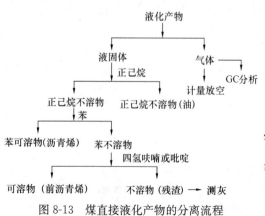

图 8-13　煤直接液化产物的分离流程

二、煤直接液化工艺

煤的直接液化过程通常是将煤粉与一种溶剂或液化工艺过程生产的循环溶剂混合后制成煤浆或煤糊，然后用泵输送到液化反应

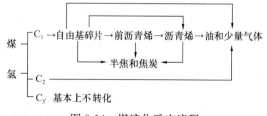

图 8-14　煤液化反应流程

器中。煤液化溶剂的主要作用是分散煤粉,以便于输送和提高液化体系的传热传质效率,同时,溶剂也参与煤液化反应,特别是具有供氢能力的溶剂可提供煤液化需要的部分氢源。

煤直接液化工艺可按照产品和过程特点进行分类。

按照煤液化产品分类大致有:①生成洁净的固体燃料(SRC)、重质燃料油,替代燃料和石油,供发电锅炉等使用;②生产汽油、柴油等发动机燃料,替代石油;③脱灰、脱硫作为生成电极等碳素制品的原料,也可用作炼焦配煤的黏结成分;④生产化工原料,如芳烃等。

按照过程特点分类大致有:①煤直接催化加氢液化工艺;②煤加氢抽提液化工艺;③煤热解和氢解液化工艺;④煤油混合共加氢液化工艺。

1. 煤液化粗油精制联合工艺(IGOR)

工艺流程见图8-15。这是将煤液化粗油的加氢精制、饱和等过程与煤糊加氢液化过程结合为一体的煤直接催化加氢液化工艺。

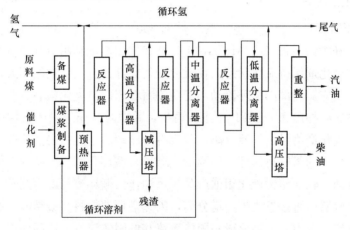

图 8-15 IGOR 工艺流程图

煤与循环溶剂再加催化剂与 H_2 一起依次进入煤浆预热器和煤浆反应器,反应后的物料进入高温分离器;重质物料与气体及轻质油蒸汽在高温分离器中分离;由高温分离器下部减压阀排出的重质物料经减压闪蒸分出残渣和闪蒸油,闪蒸油又通过高压泵打入系统与高温分离器分出的气体及轻油一起进入第一固定床反应器,在此进一步加氢后进入中温分离器,中温分离器分出的重质油作为循环溶剂,气体和轻质油蒸汽进入第二固定床反应器又一次加氢,再通过低温分离器分出提质后的轻质油产品,气体再经循环氢压机加压后循环使用。为了使循环气体中的 H_2 浓度保持在所需的水平,要补充一定数量的新鲜 H_2。液化油在此工艺经两步催化加氢,已完成提质加氢过程,油中的 N 和 S 含量降到 10^{-5} 数量级。此产品可以直接蒸馏得到直馏汽油和柴油,汽油只需再经重整就可获得高辛烷值产品,柴油只需加入少量添加剂即可得到合格产品。

2. 氢煤法(H-Coal)

氢煤法也是一种煤直接催化加氢液化工艺,其工艺流程如图8-16所示。

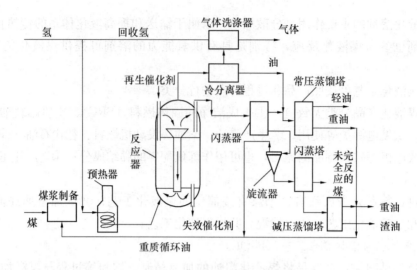

图 8-16　氢煤法工艺流程图

煤粉磨细到小于 $250\mu m$，干燥后与液化油混合，制成煤浆，经过煤浆泵把煤糊增压至 20MPa，与压缩空气混合进入预热器预热到 350～400℃后，进入流化床催化反应器。采用加氢活性良好的钴—钼（Co-Mo/Al$_2$O$_3$）柱状催化剂，利用溶剂和氢气由下向上的流动，使反应器的催化剂保持流化状态。在反应器的底部设有高压油循环泵，抽出部分物料进行循环，造成反应器内部的循环流动，促使物料在床内呈流化状态，为了保证催化剂的活性，在反应中连续抽出 2% 的催化剂进行再生，并同时补充等量的新催化剂。由液化反应器顶部流出的液化产物经过气液分离，蒸汽冷凝冷却后，凝结出液体产物，气体经过脱硫净化和分离，分出的氢气再循环返回到反应器进行循环利用。凝结的液体产物经常压蒸馏得到轻油和重油，轻油作为液化粗油产品，重油作为循环溶剂返回制浆系统。含有固渣的液体物料出反应器后直接进入闪蒸塔分离，闪蒸塔顶部物料与凝结液一起入常压蒸馏塔精馏；塔底产物通过水力分离器分成高固体液流和低固体液流。低固体液流返回煤浆混合槽，以尽量减少新鲜煤制浆所需馏分油的用量；水力分离器底流经过最终减压蒸馏得重油和残渣，重油返回制浆系统，残渣送气化制氢，作为系统氢源。

3. 神华煤直接液化工艺

该工艺在吸收近几年煤炭液化成果的基础上，采用了如图 8-17 所示的煤直接液化工艺流程。煤浆经煤浆泵增压至 19MPa 与压缩氢气进入煤浆预热器，加热至 455℃后相继

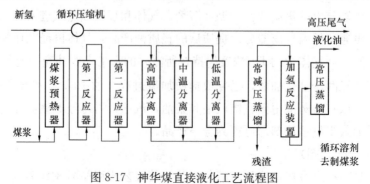

图 8-17　神华煤直接液化工艺流程图

进入第一反应器和第二反应器。两段反应器紧密相联，缩短了一段反应产物在两段间的停留时间，可减少缩合反应，有利于提高馏分油产率。

该工艺的主要特点有：①采用外循环全返混三相流化床反应器，以强化传热、传质，提高了反应器的处理能力；②采用人工合成超细铁基催化剂，催化剂用量相对较少；③固液分离采用成熟的减压蒸馏；④采用两段反应，提高了煤浆空速；⑤循环溶剂全部加氢，提高了溶剂的供氢能力；⑥液化粗油精制采用离线加氢方案。

第九章

燃气—蒸汽联合循环

燃气—蒸汽联合循环发电技术具有循环效率高、对环境污染小、耗水量少、调峰性能好等突出优点，在几十年的商业化进程中已发展成为一种成熟、可靠的发电技术。燃气—蒸汽联合循环发电装置以气、油资源作为其燃料的来源，近年来，随着洁净煤发电技术的迅速发展，燃气—蒸汽联合循环技术已经逐步扩展到了燃煤发电的领域，将会成为未来洁净煤发电的主流技术之一。

另外，在电网中配置一定比例的燃气—蒸汽联合循环机组，有利于电网的安全运行，在某些工业发达国家，这一比例达到8％～10％以上。随着西气东输、进口液化天然气和近海油气资源项目的全面建设，我国燃气轮机及其联合循环发电将进入一个新的发展阶段，在"十一五"期间拟建设3000万 kW 发电容量的大型燃气轮机联合循环电厂。

燃气—蒸汽联合循环发电装置的主要设备为燃气轮机、余热锅炉和蒸汽轮机，以天然气、煤气或轻质柴油为燃料。与常规电站相比，除了增加了燃气轮机以及热力系统有很大区别外，锅炉和汽轮机也与常规电站显著不同。另一种联合循环电站是以大型船用内燃机代替燃气轮机，其突出优点是采用重油为燃料，但存在噪声大的缺点，应用较少。另外，由于电力系统中燃气轮机所携带的负荷性质的不同，燃气轮机的类型和功率等级应该是多种多样的，因此，电力系统中可分别配备大型高效率的燃气—蒸汽联合循环型的机组，具有快速启动和加载能力的中型燃气轮机以及适用于分布式能源系统的微、小型燃气轮机及其联合循环机组。

本章主要介绍燃气—蒸汽联合循环的基本原理、系统过程和主要设备等内容，着重分析其区别于常规电站的特点，最后简单介绍分布式能源系统。燃气—蒸汽联合循环的大部分设备和技术特点与燃煤联合循环是基本相同的。

第一节　燃气—蒸汽联合循环的基本原理

一、联合循环动力装置的热力学原理

从热力学的基本定律可知，热力循环的理想热效率只取决于循环的吸热平均温度 T_1 和放热平均温度 T_2，提高吸热平均温度 T_1 或降低放热平均温度 T_2，都可以提高循环的热效率，理想热机的循环热效率可表示为

$$\eta = 1 - \frac{T_2}{T_1} \tag{9-1}$$

在工程实践中，一种工作工质能达到较高的吸热温度，但不一定能达到较低的放热温度，反之亦然。

燃气轮机是一种应用广泛的动力机械，采用气体直接燃烧后的产物作为工质，基于布雷顿循环，是最简单的燃气轮机动力循环装置。它由压气机、燃烧室和燃气透平组成，其吸热平均温度较高，目前可达 1430℃ 左右，但排气的温度也高，为 450～600℃，先进的燃气轮机热效率接近 40%，单机功率已达 300MW。这种简单燃气轮机循环的热效率难以达到很高的数值。

蒸汽动力循环采用水蒸气作为工质，基于最基本的蒸汽动力循环，即朗肯循环，由锅炉、蒸汽轮机和凝汽器等组成。由于材料耐高温程度的限制，锅炉产生的蒸汽温度，即汽轮机进汽温度不可能很高，目前最先进的超超临界机组的蒸汽温度也仅达 610℃ 左右。但是，纯蒸汽动力循环具有一个明显的优点，即其循环放热平均温度很低，一般为 30～80℃。由于蒸汽参数的进一步提高有很大的困难，即便是超超临界机组，其效率也很难高于 45% 左右，期望纯蒸汽动力循环装置的热效率在近期内有大幅度提高是不现实的。

为了较大幅度地提高热机的循环效率，利用简单燃气轮机循环吸热平均温度高和纯蒸汽轮机循环放热平均温度低的特点，发展了采用燃气和水蒸气两种工质组成的燃气—蒸汽联合循环装置。

二、燃气—蒸汽联合循环的基本形式

燃气—蒸汽联合循环的形式很多，图 9-1 所示为最基本的联合循环形式及其在 $T\text{-}S$ 图上的表示。燃烧产生的烟气先在燃气轮机中做功，然后把燃气轮机排气送入余热锅炉用以产生水蒸气，蒸汽引入蒸汽轮机做功，汽轮机排汽再进入凝汽器放热。这样既增加了发电的总功率，又利用了燃气轮机和蒸汽轮机各自的优点，提高了整体循环的热效率。在工程实践中，在此基础上发展了各种形式的燃气—蒸汽联合循环发电动力装置。

三、燃气—蒸汽联合循环供电效率计算

根据联合循环动力装置的能量输入和输出，联合循环的净效率定义为

$$\eta_{CC} = \frac{(P_{GT} + P_{ST})(1 - \xi_e)}{Q_{net}B} \tag{9-2}$$

式中　P_{GT}——燃气轮机输出的电功率，MW；

　　　P_{ST}——蒸汽轮机输出的电功率，MW；

　　　ξ_e——厂用电率；

　　　Q_{net}——燃料的净热值，MJ/kg；

　　　B——燃料消耗量，kg/s。

燃气—蒸汽联合循环的净效率取决于燃气轮机、余热锅炉和蒸汽轮机的效率以及厂用电率，其净效率由式（9-2）推导可得计算式

$$\eta_{CC} = [\eta_{GT} + (1 - \eta_{GT})\eta_{HR}\eta_{ST}](1 - \xi_e) \tag{9-3}$$

式中　η_{GT}——燃气轮机发电机组发电效率（毛效率），%；

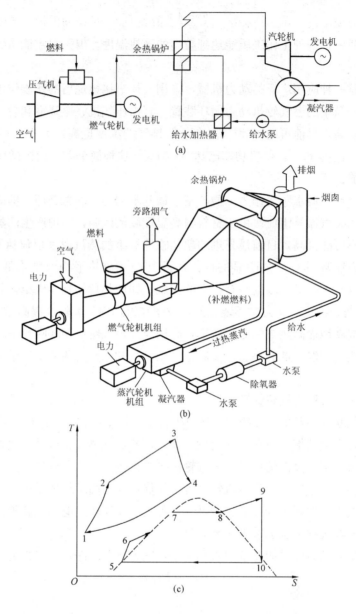

图 9-1 燃气—蒸汽联合循环基本原理图

(a) 基本形式；(b) 布置形式；(c) *T-S* 图

η_{HR}——余热锅炉效率，%；

η_{ST}——汽轮发电机组发电效率（毛效率），%。

燃气—蒸汽联合循环的发电效率可达 48%～58%。

四、燃气—蒸汽联合循环发电装置的主要优点

（1）电厂的整体循环效率提高。随着燃气轮机技术的不断改进，燃油和燃天然气的联合循环电站的发电净效率已达 60%，而基于蒸汽动力循环的常规火电厂的净效率尚不到 45%。

（2）对环境的污染小。几乎不排放粉尘，SO_2 的生成量很少，NO_x 的排放也可以得

到有效地控制（≤50mg/m³），特别是在燃烧天然气时还可以大大地减少CO_2的排放。

（3）调峰性能优良。可以快速启停，机组运行灵活，启动速度快，调峰能力强。

（4）耗水量少。燃气轮机动力装置部分不需大量的冷却水，只需常规火电厂用水量的2%～10%，因此，联合循环电站的耗水量只有常规燃煤电厂的2/3左右。

（5）占地少。直接燃用气体燃料的联合循环电厂无需煤场、灰场和相应的输煤和除灰系统，并不设烟气脱硫和脱氮系统，电厂的占地面积不到常规燃煤电厂的30%～40%，电厂的建筑面积为常规燃煤电厂的20%左右，安装工作量大大减少。

（6）厂用电率低。燃气—蒸汽联合循环的厂用电率一般不到2%，远低于常规火电厂的5%～6%。

（7）自动化水平高。燃气—蒸汽联合循环电厂的机组的自动化控制水平高，运行人员均少于常规火电厂，可用率高，维修工作量也少。

（8）可用于中小老电站的改造增容。利用具有良好条件的中小机组的蒸汽轮机，改造升级为燃气—蒸汽联合循环电站被认为是电站节能、环保且不降低容量的一条有效途径。

（9）模块化。燃气—蒸汽联合循环电厂的燃气轮机和蒸汽轮机装置具有模块化的特点，一方面，可以实现机组建设周期短，另一方面，可以分步建设，先建设单循环装置，即可投入发电运营，后组成联合循环。

第二节　燃气—蒸汽联合循环电站的类型及其特点

一、根据燃气轮机热量回收方式的分类

1. 增压锅炉型联合循环

这种联合循环设备的主要特征是采用炉内压力为0.6MPa或更高的增压锅炉，并兼作燃气轮机的燃烧室用，以空气压缩机取代送风机，其系统如图9-2所示。由压缩机出来的空气进入增压锅炉，使燃料在较高的压力下燃烧，产生较高温度和压力的烟气，进入燃气轮机膨胀做功带动空气压缩机和发电机，燃气轮机的排气被用来加热锅炉给水。同时锅炉给水在增压锅炉中吸热产生高参数的蒸汽进入蒸汽轮机做功。

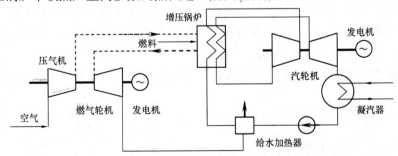

图9-2　增压锅炉型联合循环

增压锅炉型联合循环的主要特点包括：

（1）由于在增压条件下燃烧，燃烧的热强度增大，锅炉的体积减小，金属耗量减少。

（2）燃气轮机的进口过量空气系数可取正常值，在燃气轮机进口燃气温度低于

1250℃左右的条件下，经济性较余热锅炉型联合循环好。

（3）与其他形式的联合循环相比，它的一个重要特点是蒸汽轮机的输出功率所占比例大，蒸汽动力循环部分可以采用较高的汽温和汽压参数。

（4）运行控制系统较复杂，且只能燃用气体或液体燃料。

2. 余热锅炉型联合循环

在余热锅炉型联合循环系统中，燃料和压缩空气送入燃气轮机的燃烧室，产生较高温度和压力的烟气，进入燃气轮机膨胀做功带动空气压缩机和发电机，燃气轮机的排气导入余热锅炉回收热量并产生高温高压蒸汽，再将蒸汽送入蒸汽轮机做功发电，其系统如图9-3所示。

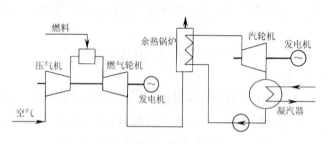

图9-3　余热锅炉型联合循环

（1）余热锅炉型联合循环的主要特点。由于蒸汽循环侧的参数提高受到燃气轮机排气温度的限制，所以，这种类型的联合循环是以燃气轮机为主。在一台燃气轮机带动一台汽轮机的配置下，蒸汽动力循环装置的容量受限制，通常采用2~4台燃气轮机和一台蒸汽轮机组成联合循环机组，以提高蒸汽轮机的输出功率份额和循环效率。

这类联合循环的效率主要取决于燃气轮机的进口燃气温度，目前，受到材料等因素的限制，燃气轮机的进口温度还低于所用燃料在正常过量空气系数下的理论燃烧温度。因此，燃气轮机燃气的过量空气系数很大，排气中含有14%~16%的氧量。

（2）余热锅炉型联合循环的分类。这种形式的联合循环还包括有补燃和无补燃两种形式。

在采取补燃的系统中（见图9-4），燃气轮机排气进入余热锅炉之前，在烟道内加入一部分燃料，利用燃气轮机排气中的部分剩余氧量燃烧放热，提高余热锅炉的烟气进口温度。一方面，可以提高蒸汽系统的参数与功率，使蒸汽轮机和燃气轮机的输出功率相等，同时，也提高了蒸汽循环的效率；另一方面，还可以通过降低余热锅炉排烟的含氧量而提高余热锅炉的热效率。但是，由于补燃的燃料仅在蒸汽动力循环系统中工作，补燃比过大时会造成联合循环的综合效率下降。

另一种补燃方式是将燃气轮机的排气直接送入锅炉的炉膛作为燃烧空气，将补加的燃

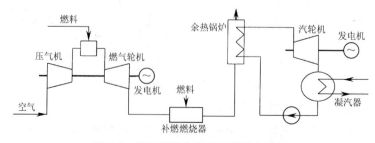

图9-4　排气补燃余热锅炉型联合循环

料也同时送入炉膛，利用排气中几乎全部的剩余氧量，在炉膛内组织与常规锅炉类似的燃烧过程。这种联合循环方式实际上是在现代高效蒸汽动力电厂的基础上叠加了一前置式燃气轮机，可以大大提高蒸汽动力循环的输出功率，可达到80%左右。这种联合循环方式又称为排气再燃联合循环，如图9-5所示。

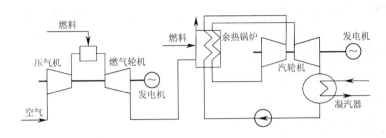

图9-5　排气再燃型联合循环

近年来，随着燃气轮机技术的迅速发展，进口燃气温度逐步提高，燃气的过量空气系数减小，使余热锅炉排烟损失减少，也相应提高了余热锅炉的蒸汽参数，均使联合循环效率得到提高。补燃和再燃均会带来设备制造和运行的复杂性，因此，近年投入运营的大型循环联合循环装置很少采用补燃和再燃设计。

经过几十年来的研究、技术的发展和工程实践，燃气—蒸汽联合循环更趋于可靠和经济，余热锅炉型联合循环已经逐步成为联合循环发展的主流方向，近年来投入运营的大型联合循环电站也绝大部分为余热锅炉型，而增压锅炉型的联合循环应用得较少或将逐渐被淘汰，其主要原因源自于技术和经济上的考虑。在早期的发展中，余热锅炉型和增压锅炉型同为联合循环发展的两大流派，但两者联合循环效率的高低，取决于燃气轮机的进口燃气温度，当该温度低于某一温度时（一般认为约1250℃），增压锅炉型联合循环效率高于余热锅炉型，而当高于此温度后，则余热锅炉型联合循环效率高于增压锅炉型。因此，随着以提高燃气轮机进口燃气温度为主要特征的燃气轮机技术的迅速发展，再加上增压锅炉的制造和运行技术均较余热锅炉复杂，因此，余热锅炉型联合循环的优势愈加明显。

其他形式的联合循环方式，随着技术的发展、经济性及应用场合等因素的变化，也已不再是联合循环采用的主流装置。

二、根据汽水系统的蒸汽压力等级数的分类

随着燃气轮机的效率不断提高和容量增大，其排气流量增大，为了更有效地回收燃气轮机的排烟热量，伴随而来的余热锅炉产生的蒸汽具有多压的特点，即在同一台锅炉的汽水侧同时存在两个或三个等级压力的汽水回路。

由于联合循环装置的余热锅炉没有空气预热器，采用单汽水压力的余热锅炉不能达到既产生高参数的做功蒸汽，又能将余热锅炉的排烟温度降到较低的温度的目的，因此，使得采用多压（双压或三压）余热锅炉成为必需。

与常规电厂不同，联合循环中的余热锅炉通常将蒸汽动力循环中的除氧给水系统作为余热锅炉本体低压汽水系统的组成部分，给水箱与低压锅筒合二为一。因此，给水除氧用汽来源于锅炉本身的低压蒸发器产生的蒸汽，而不依赖于汽轮机抽汽，这使得余热锅炉可以完全独立启动。

多压余热锅炉的汽水系统要复杂一些，但由于余热锅炉增加了传热面积，燃气轮机排气的热量得到充分的回收利用，联合循环的效率提高。当燃气轮机的排气温度高于 600℃时，使实现蒸汽再热循环成为可能。

根据余热锅炉向汽轮机输送的蒸汽压力等级的数目分为以下五种形式的蒸汽动力循环：

(1) 单压无再热蒸汽动力循环；

(2) 双压无再热蒸汽动力循环；

(3) 双压再热蒸汽动力循环；

(4) 三压无再热蒸汽动力循环；

(5) 三压再热蒸汽动力循环。

值得注意的是，蒸汽动力循环的压力等级数目与余热锅炉的汽水侧工作压力的等级数目在有些设计中是不同的，双压运行的余热锅炉一般只向汽轮机输送较高压力等级的过热蒸汽，而低压汽水回路产生的蒸汽被用于除氧器除氧，因此，从蒸汽动力循环的角度，为单压蒸汽动力循环。三压运行的余热锅炉，既可对应于三压蒸汽动力循环，也可对应于双压蒸汽动力循环。

目前，典型的燃气轮机联合循环电厂通常采用双压余热锅炉，尚无蒸汽再热循环，也不单独设置给水加热和除氧系统。

对于 350MW 等级的联合循环机组，三压再热余热锅炉联合循环将成为主流（见图 9-6），是目前燃气—蒸汽联合循环发电机组中效率最高的联合循环类型。

联合循环电站的效率与所选用的燃气轮机的参数、余热锅炉的蒸汽参数和汽轮机循环

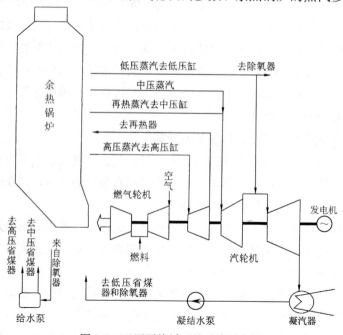

图 9-6　三压再热循环的系统示意图

系统的方式与参数等因素密切相关，其中以燃气轮机的效率和参数的影响最为重要。燃气轮机的排气温度影响到余热锅炉参数和汽轮机循环参数的选择。

显然，随着联合循环方式的改进，一方面，联合循环效率和机组功率均有所提高，但是，另一方面，循环方式愈加复杂，相应的投资费用也增加，因此，只有在燃料价格昂贵而且环保要求很严格的情况下，采用三压再热蒸汽循环才是经济的。

三、根据燃气轮机与汽轮机轴系的不同联结方式的分类

联合循环机组的轴系布置是指联合循环中燃气轮机的轴、汽轮机的轴以及发电机的轴之间的相互联结方式。目前，联合循环机组的轴系布置有单轴型和多轴型两种。

1. 单轴型联合循环装置

单轴型联合循环装置是指燃气轮机与汽轮机及发电机连接在同一轴上的、共同驱动同一台发电机而构成联合循环发电，也称为单轴一拖一。燃气轮机与汽轮机及发电机之间的连接可分为刚性连接和采用同步离合器连接，如图 9-7 与图 9-8 所示。安装顺序也分为两种，以燃气轮机—发电机—汽轮机顺序和燃气轮机—汽轮机—发电机顺序。

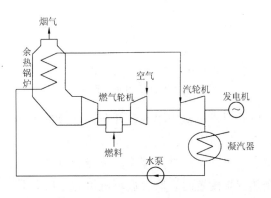

图 9-7　单轴（无离合器）配置的
联合循环机组示意图

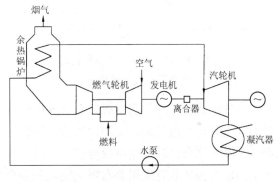

图 9-8　单轴（有离合器）配置的
联合循环机组示意图

在燃气轮机和汽轮机刚性连接的情况下，机组启动时，发电机以同步电动机方式由外界交流电源启动，同时，汽轮机与燃气轮机也一起被迫启动。相对于单台燃气轮机与单台汽轮机匹配的多轴布置方案，系统简单，布置紧凑，比投资费用降低 10% 左右，但整台机组不能快速启动，当汽轮机发生故障时，燃气轮机无法单独运行。

在燃气轮机和汽轮机间采用同步离合器连接的情况下，机组启动时，发电机以同步电动机方式带动燃气轮机启动，汽轮机脱扣冲转，待其达到与发电机同步转数时，同步离合器装置自动投入，汽轮机开始带负荷。另外，利用汽轮机的蒸汽旁路系统，也可以使燃气轮机单独按简单循环方式启动和运行，启动速度较快，运行灵活性较好。但是，同步离合器的运行可靠性对机组的运行影响很大，因此，要求较高。相对于单台燃气轮机与单台汽轮机匹配的多轴布置方案，该单轴布置方案的比投资费用只降低 5%～8%。

2. 多轴型联合循环装置

多轴型联合循环装置是指燃气轮机与汽轮机连接在不同的轴上，各自驱动所连的发电机。在这种方式中，有一台燃气轮机与一台汽轮机相配套，有两台或两台以上燃气轮机与

一台汽轮机相配套而构成联合循环，也相应地成为多轴"一拖一"（见图9-9）和多轴"二拖一"（见图9-10）或"多拖一"，而余热锅炉的配置数量与燃气轮机的数量相等。

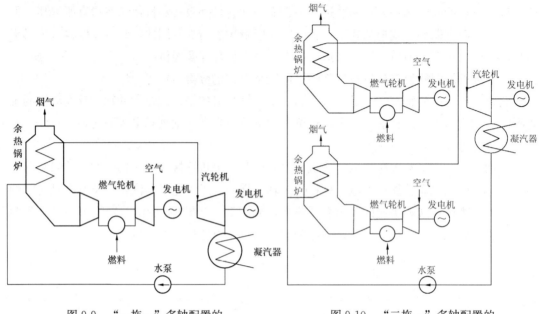

图 9-9 "一拖一"多轴配置的
联合循环机组示意图

图 9-10 "二拖一"多轴配置的
联合循环机组示意图

　　这种配置方式的特点是燃气轮机发电机组与汽轮机发电机组单独分开布置，当燃气轮机的排气管道与余热锅炉之间设置旁路烟道时，燃气轮机可以按简单循环方式运行。这种燃气—蒸汽联合循环机组可以分阶段建设，机组运行灵活，启动速度快，调峰能力强。当多轴型联合循环装置采用多台燃气轮机和多台余热锅炉配置时，联合循环机组的总功率不仅比较大，而且有利于改善整台机组在部分负荷工况下的供电效率。因为在部分负荷工况时，可以停运若干台燃气轮机和余热锅炉，使其余燃气轮机能够在高负荷和高的燃气初温条件下经济运行。但是，多轴型联合循环的缺点是需要配置多台发电机及其配电系统，特别是在配置多台燃气轮机时蒸汽系统、给水系统及其控制系统都比较复杂。因此，整个系统比较复杂，占地面积增大，比投资费用增加。

　　无论单轴配置或多轴配置的联合循环装置，汽轮机的输出功率一般为燃气轮机输出功率的 $1/2 \sim 1/3$。

四、联合循环机组的主机配置

　　目前，为了简化系统组成，优化设计，尽量减少运行和管理的复杂性，联合循环机组的主机配置有如下趋势和特点。

　　（1）联合循环电厂多采用一台（或多台）燃气轮机配一台余热锅炉，不设置备用锅炉。

　　（2）联合循环电站中汽轮机的功率往往受限于燃气轮机排气和余热锅炉参数，一般为燃气轮机功率的 $1/3 \sim 1/2$，而且，大功率汽轮机的效率比小功率汽轮机高。因此，为了尽可能提高联合循环中汽轮机的效率，往往每个单元的联合循环中只配一台汽轮机发电机组，既合理也简化了系统。

（3）为了使多台余热锅炉产生的蒸汽进入汽轮机前混合均匀，同时，也由于汽轮机的运行受控于每个单元中任一台燃气轮机的运行工况，所以，对多轴布置的联合循环机组，主蒸汽系统应采用母管制。对单轴布置的联合循环机组，由于汽轮机跟随其特定的燃气轮机运行，所以，其主蒸汽系统应采用单元制。

由于燃气轮机的燃气参数限制了余热锅炉蒸汽侧的参数提高，因此，提高联合循环的燃气参数是现阶段的主要任务和目标。目前，蒸汽循环的参数还均为高压、超高压参数，不超过 12MPa，温度也多在 540℃以下。

在不远的将来，不仅燃气轮机进口温度参数要提高很多，而且与之配套的汽轮机也必须选用超临界机组，余热锅炉也要步入超临界直流锅炉的范围。届时，联合循环发电机组的效率将会大幅度提高。

第三节　燃　气　轮　机

燃气轮机是以连续流动的气体为载能的内燃（或外燃）、叶片式旋转热力原动机组，基于布雷顿循环，是一种应用广泛的动力机械，其进口燃气平均温度和排气温度均较高。

简单循环的燃气轮机由压气机、燃烧室、燃气透平三个主要部件组成，并配置了控制和保护系统、润滑油和动力油系统、空气过滤器和消声器、燃料系统、启动装置等附属设备。燃气轮机作为一种动力机械，主要应用于航空和发电，也可应用于机车、汽车、舰船等。

燃气轮机的种类很多，在燃气轮机发电中应用的是工业燃气轮机，即常规的发电用燃气轮机。工业燃气轮机的部件较为厚重，设计时考虑较长的检修周期和使用寿命，不计其本身重量，并能燃用轻油、柴油、重油和天然气等多种燃料。

燃气轮机广泛应用于燃气—蒸汽联合循环发电还是在近二十年左右。目前，电站用燃气轮机的单机功率已达 300MW，进气温度达到 1430℃，排气温度超过 600℃，简单循环的燃气轮机热效率接近 40%。大型联合循环电站的发展和参数提高主要受限于燃气轮机技术的发展与改进。

一、联合循环电站燃气轮机的发展

近年来，燃气—蒸汽联合循环电站迅速发展的根本原因是燃气轮机技术的发展和性能的不断改进，而燃气轮机的开发均是围绕提高燃气轮机进气温度这一技术关键。首先随着进气温度的提高，燃气轮机单机效率提高；其次，燃气的过量空气系数随着进气温度提高而减小，使得余热锅炉排烟损失减少，余热锅炉效率提高；再次，也相应提高了余热锅炉的蒸汽参数，提高了汽轮机的效率和功率，这些均对提高联合循环效率和功率作出贡献。另外，在进气温度不高时，排气温度也低，余热锅炉常采用补燃措施，带来设备制造和运行的复杂性，随着排气温度的提高，近年投入运营的大型循环联合循环装置已经很少采用补燃设计。

20 世纪 60 年代某些工业发达国家开始建设联合循环电站，由于当时燃气轮机的进气温度很低，联合循环的效率仅为 35％，达不到常规大型火电机组 36％～40％循环效率的水平，而且，叶片的高温腐蚀严重，可靠性也不高，难以在电力行业承担主力机组的任务。因此，在初期发展缓慢。

到 70 年代，燃气轮机的进气温度提高到 1000℃左右，联合循环的效率达到 40％～44％，已经接近或达到当时的大型火电机组的效率。同时，它具有运行灵活、启停快速、调峰方便等特点，因而得到重视。到 80 年代，燃气轮机的进气温度进一步提高到 1100～1280℃，排气温度达到 500～600℃，叶片高温腐蚀问题基本得到解决，使联合循环发电效率超过 50％，大大超过大型火电机组而得到迅速发展。

80 年代末到 90 年代中期，联合循环装置的产品研究和开发取得了较大的突破，大型燃气轮机普遍移植了各种航空发动机的先进技术，发展了一批大功率、高效率的燃气轮机即 F 级燃气轮机，使其既具有重型燃气轮机的单轴结构、设计寿命长的特点，又具有航空发动机的高燃气初温、高压比、高效率的特点。燃气轮机燃气透平进气温度达 1300℃，简单循环的发电效率达 36％～38％，单机功率在 250MW 以上，联合循环的效率达 57％左右。特别是 350MW 等级的单轴燃气—蒸汽联合循环机组，由于其功率大、效率高、安全可靠、单位千瓦造价低及环保性能好等特点，已逐步具备成为电力行业的主力发电机组或调峰机组的能力。某些供应商提供的典型主机配置及其参数见表 9-1。

表 9-1　三种 350MW 等级单轴型燃气—蒸汽联合循环发电机组主机设备的性能参数

项　目　＼　厂　商	GE （9FA）	ABB-ALSTROM （GT26）	SIMENS-WHVB （V94.3A）
联合循环机组的主要性能			
联合循环出力（MW）	391	393	385
联合循环效率（％）	56.7	57.9	57.7
联合循环热耗 [kJ/（kW·h）]	6349	6218	6239
NO_x 排放（$\times 10^{-6}$）	<25	<25	<25
燃气轮机			
燃机出力（MW）	256	265	265
效率（％）	36.9	38.5	38.5
热耗 [kJ/（kW·h）]	9757	9351	9351
转数（r/min）	3000	3000	3000
燃烧器出口烟温（℃）	1315	1255/1235	1320
排气流量（kg/s）	624	562	659
排气温度（℃）	609	640	581
余热锅炉			
余热锅炉型式	三压、再热、立式	三压、再热、立式	三压、再热、立式
高压蒸汽流量（t/h）	283	301	290
高压蒸汽压力（MPa）	10.4	11.8	11.2
高压蒸汽温度（℃）	568	568	566

厂 商 项 目	GE (9FA)	ABB-ALSTROM (GT26)	SIMENS-WHVB (V94.3A)
余热锅炉			
中压蒸汽流量（t/h）	311	332	319
中压蒸汽压力（MPa）	2.36	2.75	2.87
中压蒸汽温度（℃）	568	568	566
低压蒸汽流量（t/h）	44	29	39
低压蒸汽压力（MPa）	0.39	0.49	0.45
低压蒸汽温度（℃）	256	155	266
排烟温度（℃）	84	103	90
汽轮机			
汽轮机形式	三压、再热、双缸	三压、再热、双缸	三压、再热、双缸
汽轮机出力（MW）	135	128	120
冷却方式	氢冷	氢冷	氢冷

到 90 年代后期，大型燃气轮机开始采用先进的水蒸气叶片冷却技术和高温材料技术，使燃气进口温度和循环效率进一步提高，单机功率进一步增大。新一代的高效燃气轮机即 H 级燃气轮机的进气温度已经达到 1430℃，燃气轮机简单循环的发电效率达 37%～39%，单机功率达 300MW 以上，联合循环效率超过 60%。

随着新型高温材料的出现和先进冷却技术的发展，燃气轮机的进气温度还将逐步提高，会更进一步促进燃气—蒸汽联合循环电站的发展。现有厂家正在进行以进气温度为 1500℃为目标的新一代燃气轮机的研制工作，包括研制高压比、高效率、大容量的空气压缩机，解决增大压缩机和燃气透平的容量所带来的叶片、转子强度和振动等问题，以及燃煤联合循环所带来的一系列问题。届时，燃气轮机的循环效率将突破 50%，以期使联合循环的综合热效率、发电成本和环保质量都远远超过传统蒸汽动力循环发电技术。

表 9-2 为目前世界上主要燃气轮机制造商提供的大型燃气轮机基本参数。我国燃气轮机工业基础比较薄弱，与国外先进水平差距较大。为了积极发展我国的燃气轮机产业，推广燃气—蒸汽联合循环发电设备的应用，从 2002 年起国内制造企业和国外燃气轮机制造商合作引进燃气轮机发电设备和 F 级燃气轮机制造技术，使我国燃气轮机产业实现了高起点发展，同时通过引进技术的消化吸收与技术创新以实现重型燃气轮机的自主化制造。

表 9-2　　　　　主要燃气轮机制造商提供的大型燃气轮机基本参数

型 号	转数 (r/min)	燃气初温 (℃)	排气温度 (℃)	功率 (MW)	单循环效率 (%)
ABBGT26	3000	1260	654	277	39.3
GE9351FA	3000	1327	606	260	37.6
GE9391G	3000	1430	566	282	39.5
GE9001H	3000	1430	621	331	39.5
KWU V94.3	3000	1288	550	222	36.7
KWU V94.3A	3000	1343	577	264	39.3
Mtsb 701F	3000	1350	586	270	38.2
Mtsb 701G	3000	1430	587	334	39.5
W701F	3000	1349	567	252	37.5

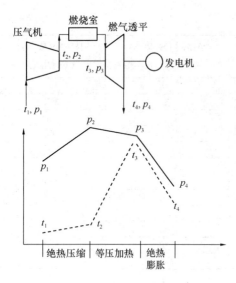

图 9-11　单轴简单循环燃气轮
机工作原理图

二、简单循环燃气轮机的工作原理

压气机从大气吸入空气，经过绝热压缩，压力和温度升高；压缩后的空气进入燃烧室，与由燃料喷嘴中喷射出来的燃料进行混合和燃烧，产生高温燃气；高温燃气进入燃气透平，经过绝热膨胀做功，推动燃气透平转子转动；膨胀做功后燃气温度和压力均下降，然后引入余热锅炉，也可以直接排入大气。由此完成燃料的化学能部分地转化为机械能的工作全过程。可见，其工作原理与汽轮机相似，区别只是采用的工质不同以及过程曲线不同。燃气轮机机组的热效率计算可参考工程热力学等文献的有关章节。

单轴简单循环燃气轮机工作原理见图 9-11。对应于简单循环燃气轮机的是复杂循环的燃气轮机，但这类燃气轮机构造复杂，尚没有得到发展。

三、燃气轮机的主要设备

发电用的燃气轮机的三大部件为燃气透平、压气机和燃烧室，还有启动装置、润滑油系统等相关设备。燃气轮机工作示意及典型燃气轮机的基本结构见图 9-12。

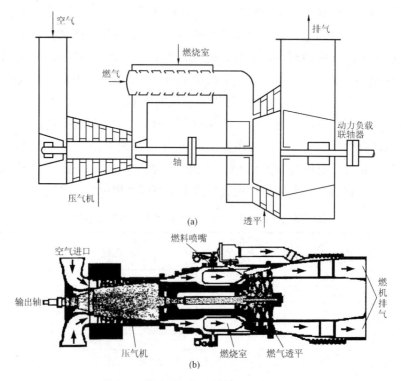

图 9-12　燃气轮机工作示意及基本结构

（a）工作示意图；（b）剖面图

1. 燃气透平

燃气透平是燃气轮机机械能的来源，驱动压气机和发电机。燃气透平的结构和其他形式的叶轮机械一样，由定子（包括气缸和静叶）、转子（包括主轴、叶轮和动叶）、轴承、气封等主要部件组成。燃气透平的体积和重量比同容量的蒸汽轮机小得多，叶片的长度也短得多，金属消耗少，但叶片材料的耐高温和耐腐蚀要求要高得多。燃气透平发出的功率约有2/3消耗于压气机对空气进行压缩，其余1/3成为燃气轮机的输出功，用以带动发电机。

燃气透平动、静叶片在高温环境下工作，均采用耐高温、耐热冲击的钴基合金材料与单晶和定向结晶精密铸造技术制造，叶片表面喷涂耐高温、耐冲蚀的保护涂层。还需要采用对流、冲击和气膜综合冷却方式，动叶片表面开有冷却孔，内部设计有弯曲通道，通常内还铸有多排针状小肋条，以强化冷却空气流的冷却效果；气缸隔层、静叶持环、透平静叶带有复杂的蒸汽、空气冷却通道。

2. 压气机

压气机也是具有叶片的旋转式叶轮机械，在燃气透平的驱动下向燃烧室连续稳定供应压缩空气，其特点是空气流量大，可以提供燃料完全燃烧所需理论空气量的3～4倍。压气机的工作过程与燃气透平的工作过程正好相反，是利用机械能将气体压缩，使气体的压力和温度逐步提高。

压气机的基本工作原理为：当动叶高速旋转时，使气体流速加快，然后进入一截面不断扩大的扩压流道（静叶），让气流速度逐渐降低下来，使气体的动能转化为位能，使压力得以提高。压气机的级也与燃气透平相反，是动叶在前，静叶在后，一级动叶和位于其后的一级静叶组成压气机的一个级，压气机通常是由若干个级组合在一起而成为一个多级压缩机。压缩比是一个表示空气通过压气机的级以后压力相对升高的参数，反映了压缩机级的增压能力。对于轴流式压气机来说，一个亚音速级的压缩比一般为1.05～1.28，超音速级的压缩比为1.5～2.0，而一台多级压气机的压缩比要高得多。压气机动、静叶片均采用不锈钢材料，前几级叶片表面喷涂防腐蚀涂层。

3. 燃气轮机燃烧室

燃烧室是燃气轮机的三大部件之一，装于压气机和燃气透平之间，将燃料喷入压气机送来的空气中进行燃烧，并混合成一定温度和压力的燃气送入燃气透平中做功。燃烧室尺寸紧凑，采用具有耐高温、高强度和抗腐蚀涂层；均为双层结构，设计有冷却通道，带有多个燃烧喷嘴。

燃烧室内燃烧区的温度很高，为1800～2000℃，燃气透平的叶片材料无法承受，必须使燃烧气体冷却降温后才能进入燃气透平做功。因此，从压气机进入燃烧室的空气分为两部分，一部分作为燃烧用空气，可以满足燃烧所需的全部空气量，称为一次空气；另一部分是不参加燃烧的冷却空气，与高温燃烧产物混合，使其温度降低到燃气透平进口要求的初温，称为二次空气。

燃烧器是燃气轮机燃烧室的一个十分重要的设备，它不仅要实现燃料高效燃烧，还是降低 NO_x 排放的关键设备，减排 NO_x 的技术措施均是通过合理地设计和运行燃烧器来实现的。目前，常见的燃烧器有干式燃烧器和湿式燃烧器两种形式，设计良好的燃烧器，比如，向燃气轮机燃烧室内喷射水或水蒸气以降低燃烧火焰温度等技术措施，可使燃气轮机（燃用天然气）排气中的 NO_x 排放浓度低于 $100mg/m^3$，远低于常规火电厂所要求的排放标准。

4. 启动装置

启动装置提供动力，把燃气轮机从停止状态逐步带动起来，当转速升到点火转速（一般为额定转速的 $15\%\sim25\%$），燃烧室内来自压气机的压缩空气已建立起一定的压力，喷嘴开始喷射燃料和点火引燃，此后，转速、空气流量、燃气初温和燃气透平功率随燃料量的增加而逐渐增大，直到功率可以维持自持运转时（自持转速为 $60\%\sim70\%$ 额定转速），启动装置与燃气轮机脱离，转入正常运转。通常采用的启动装置有：①柴油机启动；②采用变频器和主发电机启动，一般同步发电机接入交流电源后可作为电动机，但需要增设变频器，以调节交流电动机的转速；③在具备外来汽源的条件下，可直接将联合循环装置中的汽轮机作为启动机。启动所需功率一般为主机的 $2\%\sim5\%$。

5. 其他的辅助装置

根据具体情况选用。燃气轮机的燃烧器对入口燃料的压力和温度（比如，对于天然气燃料，需高于露点温度 $30℃$ 左右）有一定的要求，视燃料来源情况选用燃气增压机（或减压）和/或燃气加热装置。

四、燃气轮机的控制系统

实现燃气轮机机组运行过程自动化的各个子系统包括：启动控制、转速/功率控制、温度控制，以及保护和程序控制等系统。一般来讲，燃气轮机发电厂的自动化控制水平高于蒸汽动力发电厂。

（1）燃气轮机与汽轮机同为热力叶轮机械，在控制上有相似之处，二者的调速系统和保护系统有很多共同点，而且执行机构均为液压传动，可以参见汽轮机控制的有关内容。

（2）燃气轮机与汽轮机之间的最大区别在于燃气轮机组包括从燃料输入到电能输出的全过程，而汽轮机则只是整个蒸汽动力发电系统的一部分；再者，进入汽轮机的蒸汽温度是恒定的，不需由汽轮机控制；而燃气轮机的燃气温度则是随启动速度和负荷而变化，亦即随着燃料量而变化。所以，燃气轮机的全部控制都归结为燃料量的调节。

（3）燃气轮机机组增设了温度控制系统。温度控制系统是燃气轮机所特有的控制系统，在启动控制和转速控制的全过程中均发挥重要的作用。由于燃气轮机的初温很高，高温部分使用了高强度耐热合金材料，而其耐温的裕度较小，因此，必须防止温度超过高限。温度控制系统是通过控制燃料量来限制燃气轮机的燃气透平进口燃气温度。由于燃气透平进口燃气温度非常高且变化剧烈，非常难以测量与控制，但燃气轮机的排气温度相对容易测量，并且与燃气透平进口燃气温度成正比，所以一般应用燃气轮机的排气温度来间接反映燃气透平进口燃气温度。

五、燃气轮机机组的工作特点

（1）大气环境参数（温度、压力及湿度）的影响。燃气轮机属于定容积的动力设备，无论环境条件如何，进入燃气轮机的空气容积是一定的。因此，在设计和运行时必须考虑大气环境参数的变化对燃气轮机的运行性能的影响。

当环境温度升高时，空气密度下降，进入燃气轮机的空气质量流量因而下降，从而使燃气轮机的出力下降，效率也有所降低，见表9-3。大气压力的降低只影响燃气轮机的出力，但对效率的影响较小。燃气轮机发电机组的输出功率几乎不受空气湿度的影响。

图9-13描绘的是某燃气轮机机组的特性曲线，环境温度升高，燃气轮机负荷下降，空气量、排烟量减少，而热耗率及排烟温度会升高。冬季环境温度低，燃气轮机排烟量大，锅炉的蒸发量也大，汽轮机所能带的负荷比夏季高。而且环境温度对排烟量的影响大于对排烟温度的影响。

由于环境温度对余热锅炉烟气流量和进口烟气温度带来影响，从而也会影响送入汽轮机的蒸汽流量及蒸汽温度。

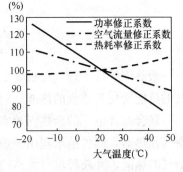

图 9-13　大气温度对机组工作性能的修正曲线

表 9-3　　GE 某型号 100MW 级燃气轮机（100％负荷）不同环境温度下的设计效率

环境温度（℃）	−4.4	23.0	39.4
燃机效率（％）	34.19	32.85	32.22

（2）负荷变化对燃气轮机参数的影响。当燃气轮机的运行负荷发生变化时，排烟量和排烟温度见表9-4。

表 9-4　　GE 某型号 100MW 级燃气轮机不同负荷下的燃气参数（大气温度 39.4℃）

燃机负荷（％）	100	70	50	25
燃机排烟量（kg/s）	366.74	306.76	306.38	306.13
排烟温度（℃）	545	560	462	378

（3）与汽轮机相比，燃气轮机不需要体积庞大的锅炉和冷却设备；金属耗量、厂房占地面积、制造和建设费用及周期、运行维护量和运行检修人员都大大减少；用水量极少，启动快，能在 2～20min 内从冷态启动、升速直到带满负荷。

（4）燃气轮机启动时可以不依靠外界电源。这是一个与常规蒸汽动力火电厂明显不同的特点，当运行中厂用电源突然中断时，只要有燃料供应，燃气轮机仍可以在短时间内带动发电机发电，为尽快重新恢复厂用电提供条件。

（5）燃气轮机的排气可不通过余热锅炉而直接排入大气。燃气轮机可单独启动并带负荷至并网后，再启动蒸汽动力系统。

（6）燃气轮机目前尚无法与蒸汽动力装置相匹敌的主要不足是：燃料品种有一定的限制，一般燃用气体或液体燃料。其次，部件的使用寿命短，发电用工业燃气轮机的设计寿命一般是按每年运行 4000h，可以用 30 年来计算，但是燃气轮机通流部分的高温部件使用寿命要短得多。

逐步提高燃气轮机允许的进口燃气温度，以提高联合循环的效率（某些情况下可降低过量空气系数），当进口燃气温度达到 1500℃时，燃气轮机的循环效率可达到 50％左右。但是，过高的燃烧温度也必将有利于 NO_x 的形成，使燃气轮机成为 NO_x 的主要排放源，从而不得不采取更先进的降低氮氧化物排放的技术措施。

第四节 余 热 锅 炉

余热锅炉处于燃气轮机发电循环和蒸汽轮机发电循环结合点的位置，是将燃气轮机排气的热能转化为蒸汽的热能从而实现热能回收的重要装置。

联合循环电厂的余热锅炉实际上是一个回收热能的蒸汽发生器，尾部不设常规锅炉的空气预热器，锅炉给水利用锅炉尾部烟气的热量加热。为了最大限度地利用余热锅炉尾部烟气的热能，并获得尽可能高的蒸汽参数，余热锅炉的工质侧为多压形式，即设置 2~3个压力等级的蒸汽发生系统，这也是与常规煤粉锅炉最显著的不同之处。

在联合循环机组的热力系统中，不设高、低压加热器，只设除氧器，而且除氧器、给水泵等辅助设备随余热锅炉一起整体供货。目前，趋向于将除氧器与余热锅炉的低压汽水回路设计成一个整体装置。

一、余热锅炉的分类

按锅炉炉水在受热面内的流动方式，联合循环余热锅炉分为强制循环和自然循环两种。由于余热锅炉为多压锅炉，也有在不同蒸汽压力回路中采用强制循环和自然循环两种兼有的复合循环方式。

按排气流动的方向不同分为立式和卧式余热锅炉。传热管垂直布置、气流水平流动的余热锅炉为卧式余热锅炉。传热管水平布置、气流自下向上流动为立式余热锅炉。一般来说，自然循环的余热锅炉采用卧式布置，强制循环的余热锅炉采用立式布置。

按工质侧的压力，也可以分为亚临界和超临界余热锅炉。目前在联合循环电站中还没有配置超临界余热锅炉。超临界锅炉将采用直流方式设计，结构更紧凑，成本也有所降低。超临界直流锅炉将是回收燃气轮机排气热量的理想装置。

二、余热锅炉的结构和布置特点

1. 与常规煤粉锅炉的不同点

主要表现在以下几个方面：

（1）没有燃烧设备（个别情况下装备有补燃设备），且没有空气预热器。

（2）由于烟气侧温度较低，因此，没有辐射受热面，热量的回收全部依靠对流受热面；也由于传热温差小，多采用受热面烟气侧强化传热的措施。

（3）利用燃气轮机排气的余压，余热锅炉烟气侧受热面均在微正压条件下工作，因此，可以取消送引风机。

（4）由于烟气量大、流速高，在燃气轮机至余热锅炉的烟道内一般需要布置消声器。

（5）通常需要设置旁路烟囱，以保护余热锅炉，机组运行的灵活性较好。但为了减少设备的初投资，现在有的联合循环不设置旁路烟囱。

2. 强制循环立式余热锅炉的特点

这种型式的余热锅炉为垂直布置，烟囱与锅炉合二为一，如图9-14所示。

（1）各受热面布置灵活，可以采用小管径，重量轻，尺寸小，结构紧凑，节约空间，占地面积小，可以组装出厂，安装方便。

（2）锅炉的水容量小，热惯性也小，而且，在燃气轮机启动之前，炉水循环泵可以启动以建立锅内循环。因此，锅炉启动速度快，机动性能好。

（3）适合采用较小的窄点温差（见第九章第四节），对省煤器中的汽化影响不十分敏感。但必须装设高温炉水循环泵，制造工艺复杂，可靠性较差，也增加了电耗。

（4）锅炉的重心较高，需要考虑稳定性和抗风抗震。在锅炉检修方面，立式布置余热锅炉也大大优于卧式布置的余热锅炉。

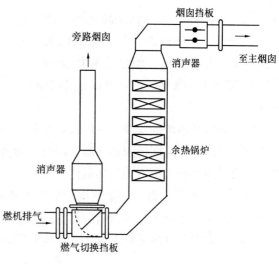

图 9-14　立式余热锅炉烟气流程图

3. 自然循环卧式余热锅炉的特点

此类锅炉的制造技术成熟，工作可靠，结构简单，制造容易，但钢材耗量大，而且必须水平布置，占地面积大。自然循环卧式余热锅炉的布置如图 9-15 所示。

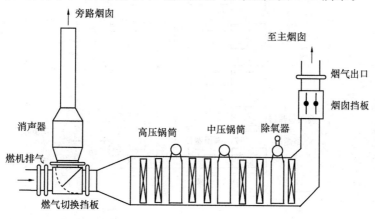

图 9-15　卧式余热锅炉烟气流程图

自然循环锅炉为了保证水循环的可靠性，采用比强制循环锅炉更大直径的蒸发受热管，因此，锅炉的水容积大，从而使自然循环锅炉的热惯性较大。虽然适应负荷变化能力强，自动控制要求相对不高，但锅炉启停及变负荷速度慢。最大优点是不需要循环泵，运行可靠，厂用电耗相对较少。

无论何种余热锅炉，在余热锅炉的出口烟道中，均设有烟囱挡板装置，在余热锅炉停运期间，关闭烟囱挡板，有利于锅炉保温。

三、余热锅炉的设计特点

1. 余热锅炉汽水侧的多压特征

由于余热锅炉不设空气预热器，燃气轮机燃烧室所需的空气直接来自燃气轮机的压气机，因此，余热锅炉完全用来将给水加热至过热蒸汽。在余热锅炉蒸汽动力循环中，提高蒸汽压力和温度可以提高循环效率，但随着给水压力升高，其饱和温度增加，而为保持一定的传热温差，必须将加热水和蒸发所需的受热面放在较高的烟温区段，势必相应提高排烟温度，使余热利用受到限制。特别是在联合循环中排气温度较低时，只能采取较低的蒸汽压力，使余热锅炉的效率不至于过低，但同时蒸汽动力循环的效率降低。

为提高余热锅炉的效率（也即提高循环效率），余热锅炉均采用双压（或三压）的设计和运行方式，即在同一余热热源中同时应用两套（或三套）压力不同的汽水系统，产生两种（或三种）不同压力的过热蒸汽。

图 9-16 所示为一台双压余热锅炉的汽水流程。该锅炉为强制循环，立式布置，虽然设计了两个压力等级的汽水回路，但低压蒸发器产生的蒸汽仅用于除氧器除氧，锅炉只输出一个压力等级的过热蒸汽。因此，对应的联合循环为单压蒸汽动力循环。

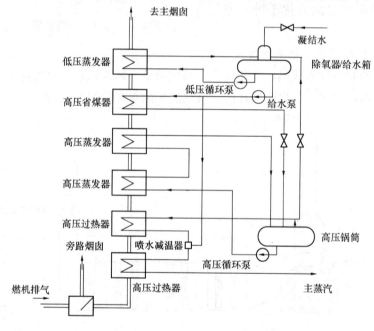

图 9-16　双压余热锅炉汽水流程图

图 9-6 所示的三压带再热循环的系统，高压和中压过热蒸汽均送入汽轮机发电，低压蒸汽可用来加热给水及送入除氧器中除氧，也可同时送入汽轮机低压缸中发电或供其他生产或生活用汽。这样，由于低压蒸发段的饱和温度低，因而，可降低排烟温度，提高循环效率。

图 9-17 为我国某 300MW 以重油为燃料的燃气—蒸汽联合循环电厂设计选用余热锅炉双压蒸汽循环系统的烟温和工质温度的变化图。

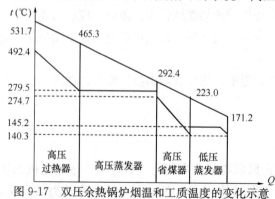

图 9-17　双压余热锅炉烟温和工质温度的变化示意

该系统配置两台100MW级的燃气轮机、两台强制循环余热锅炉及一台100MW级的汽轮机。其主要参数见表9-5～表9-7。

表 9-5　　　　　　　　　　　　余热锅炉设计工况参数

蒸发量（t/h）	蒸汽压力（MPa）	蒸汽温度（℃）	进口烟温（℃）	出口烟温（℃）
175	6.33	492.4	531.7	171.2

表 9-6　　　　　　　　　　不同环境空气温度下余热锅炉的蒸汽参数

环境空气温度（℃）	余热锅炉蒸发量（t/h）	蒸汽压力（MPa）	蒸汽温度（℃）
−4.4	2×181.46	6.46	475.2
15.0	2×176.43	6.33	485.4
23.0	2×175.03	6.33	492.4
39.4	2×171.44	6.22	503.7

表 9-7　　　　　　　　　　　100MW级汽轮机设计参数

入口汽压（MPa）	入口汽温（℃）	蒸汽流量（t/h）	背压（kPa）	发电效率（%）	发电功率（MW）
5.81	487.2	348	5	32.52	103.76

随燃气轮机容量和排气量增加，以及排气温度的不断提高，不仅须采用多压汽水系统设计，而且当燃气轮机排气温度高于600℃时，也使实现再热循环成为可能和必需。目前，对于350MW等级的联合循环机组三压再热余热锅炉成为主流，余热锅炉的高压蒸汽压力等级可达到12MPa左右。

2. 余热锅炉烟温和工质温度变化特点

燃气轮机联合循环的余热锅炉是利用燃气轮机排气的热量产生蒸汽的装置，与常规直接燃烧燃料的锅炉不同，进入余热锅炉的燃气轮机排气具有中温、大流量的特点，在常规锅炉中烟气与蒸汽的质量比通常不会大于1.5，而在余热锅炉中这一比值会高达4～10，这一特殊性带来了余热锅炉换热设计上的重要差别。

为了分析方便起见，以图9-18所示的单压余热锅炉烟气温度和工质温度的变化曲线为例。值得注意的是，在余热锅炉中，烟气温度的下降速度低于省煤器中水的升温速度，这与常规煤粉锅炉的省煤器段的温度变化规律恰好相反。

余热锅炉的设计与常规锅炉的设计有很大的差异，在余热锅炉设计中，首先须确定可以回收的热量及其品位，以

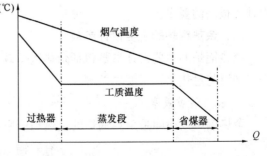

图 9-18　单压余热锅炉烟气温度和
工质温度的变化曲线

及拟得到的蒸汽参数，然后在满足最小窄点温差等受热面设计的条件下（见第九章第四节），来确定余热锅炉的蒸发量。也就是说，余热锅炉所产生的蒸汽量受控于燃气轮机的

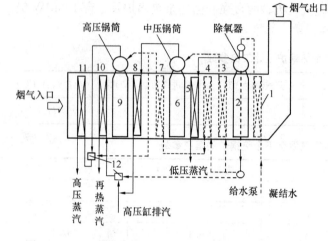

烟气出口

高压锅筒　中压锅筒　除氧器

烟气入口

高压蒸汽　再热蒸汽　高压缸排汽　给水泵　凝结水　低压蒸汽

图 9-19　三压再热带整体除氧器的余热锅炉的汽水系统图

1—低压省煤器；2—低压蒸发受热面；3—中压省煤器；

4—高压省煤器（一）；5—低压过热器；6—中压蒸发

受热面；7—高压省煤器（二）；8—中压过热器；

9—高压蒸发受热面；10—再热器；11—高压过

热器；12—减温器

排气参数和流量、余热锅炉的排烟参数、出口蒸汽参数和窄点温差等参数的选取。

3. 余热锅炉的汽水系统

图 9-19 所示为三压再热带整体除氧器的余热锅炉的汽水系统布置简图。由于余热锅炉的多压特点，如果再加上再热循环，因此，余热锅炉的汽水系统要复杂一些。随着燃气轮机的大型化，使得余热锅炉也向大型化发展，为了优化结构和系统，余热锅炉多采取整体除氧器的布置方案，从而使余热锅炉具有给水加热、除氧和产生高压高温蒸汽一体化的特点。在投资上减少了除氧器和给水箱的设备和占地投资，系统简单，由于余热锅炉的最末级受热面为加热凝结水的受热面，在余热锅炉不设置空气预热器的情形下，可以将排烟温度降到 100℃ 以下（对燃用天然气的情况）。

4. 余热锅炉传热和阻力设计特点

由于余热锅炉进口燃气温度比较低，而且主要依靠对流传热受热面进行换热，另一方面，传热温差也较小，所以，必须采用受热面管烟气侧强化传热的措施，比如，螺旋肋片管、鳍片管等，而且烟气中没有烟尘，不必考虑受热面磨损问题。

再者，由于烟气侧的流动阻力由燃气轮机的排气余压来克服，所以，为了增大燃气轮机的出力，对余热锅炉的烟气侧的压力损失要求尽量小，因此，制约各级受热面中的烟气流速的因素主要是烟气的流动阻力。余热锅炉在微正压运行，所以，对锅炉的密封和承压设计有很高的要求。

四、余热锅炉的主要设计参数

余热锅炉的主要设计参数包括余热锅炉效率、窄点温差、接近点温差、排烟温度以及进口烟温与过热蒸汽温度之差等。

1. 余热锅炉效率

余热锅炉效率即是余热锅炉的余热利用率，其定义为

$$\eta_{HR} = \frac{\text{有效输出热量}}{\text{输入热量}} \times 100\% \qquad (9\text{-}4)$$

可按式（9-5）计算，即

$$\eta_{HR} = \frac{C_{p1}t_{g1} - C_{p2}t_{g2}}{C_{p1}t_{g1} - C_{pa}t_a}\phi \times 100\% \qquad (9\text{-}5)$$

式中 C_{p1}、C_{p2}——余热锅炉燃气进、出口定压热容，kJ/（kg·℃）；

$\quad t_{g1}$、t_{g2}——余热锅炉燃气进、出口温度，℃；

$\quad\quad C_{pa}$——环境空气定压热容，kJ/（kg·℃）；

$\quad\quad\quad t_a$——环境空气温度，℃；

$\quad\quad\quad \phi$——考虑余热锅炉散热的保热系数。

以上述某燃气—蒸汽联合循环电厂的设计为例，在环境温度为 23.0℃，燃气轮机满负荷运行时，余热锅炉燃气进、出口温度分别为 531.7℃ 和 171.0℃，计算的余热锅炉效率为 71.2%。

2. 窄点温差 Δt_{PP}

余热锅炉中蒸发受热面烟气出口处，烟气温度和饱和蒸汽温度之间的差值称为窄点温差 Δt_{PP}（见图 9-17），是余热锅炉受热面设计的一个重要参数。由余热锅炉的设计特点可知，在确定了可以回收的燃气热量以及蒸汽参数后，还必须满足最小窄点温差的条件，才会得到余热锅炉所能产生的蒸汽量。值得注意的是，在余热锅炉中，给水和排气之间的最小温差点不是在省煤器的低温端，而是在高温端，这与常规煤粉炉省煤器的工况是相反的。

当烟气温度给定时，Δt_{PP} 减小，蒸汽参数及汽轮机输出功率增加，但平均传热温差也随之减小，致使总的受热面积增加，成本增加，反之成本减少，而输出功率减少。在余热锅炉设计中，要权衡各种因素，进行优化选择，Δt_{PP} 一般取 8～20℃。

3. 接近点温差

接近点温差也是余热锅炉中的一个重要设计参数，接近点温差为余热锅炉中省煤器出口的水温与对应压力下饱和水温度的差值（见图 9-17）。如果接近点温差为零，则表明在省煤器中发生了汽化现象，这对余热锅炉的安全运行是不利的；如果该温差值过大，则不能有效地利用省煤器强化换热的优势。因此，在设计余热锅炉的受热面时必须考虑有一定值的接近点温差，并考虑系统负荷降低时，接近点温差随之减少的影响趋势。双压、三压汽水系统的余热锅炉对应有两个和三个接近点温差，一般取值小于 4～10℃。

另外，选取余热锅炉的设计参数时，还需考虑余热锅炉进口处烟气温度与过热蒸汽出口汽温的差值。

余热锅炉各设计温差的推荐值范围见表 9-8。

表 9-8 余热锅炉各设计温差推荐值范围

窄点温差（℃）	接近点温差（℃）	进口烟温与过热蒸汽出口汽温之差（℃）
8～12	4～10	30～50

如图 9-17 所示为某台联合循环余热锅炉（采用双压汽水系统）的 $t-Q$ 图，窄点温差为 12.9℃，接近点温差为 4.8℃，燃气轮机排气温度为 531.7℃，对应的余热锅炉出口的高压蒸汽压力为 6.3MPa，温度为 492.4℃。

4. 排烟温度

余热锅炉的排烟温度直接影响到机组的经济性，通常情况下，排烟温度由锅炉的给水温度决定，并且高于给水温度，当排烟中含有 SO_2 时，不应低于烟气的酸露点温度。采用三压汽水系统的余热锅炉的排烟温度可以降到130℃以下，而采用双压汽水系统时，排烟温度一般在150～180℃。

5. 余热锅炉的蒸汽参数

由前述的余热锅炉设计特点可知，回收热量、窄点温差和接近点温差等均属于设计的前提条件，只有蒸汽参数和锅炉的蒸发量为互为确定的两个变量，因此，也需要结合汽轮机的发电功率和运行方式等因素进行优化选取，一般情况下，主蒸汽温度至少应较燃气轮机的排气温度低30～50℃，以保证过热器有足够的温压和传热效果。

五、余热锅炉的运行特点

由于联合循环的特点，余热锅炉的运行方式与常规电厂锅炉的运行方式有所不同。常规电厂单元机组运行的准则是，锅炉的最大连续蒸发量需要满足汽轮机的最大进汽量，是"炉跟机"的方式。在联合循环电站中，则是"机跟炉"，即汽轮机的进汽量由锅炉的连续蒸发量来确定。这是因为余热锅炉所产生的蒸汽量受控于燃气轮机的排气参数和流量、余热锅炉的排烟参数和窄点温差的选取，故在燃气轮机的型号、余热锅炉的出口蒸汽参数以及最小窄点温差确定后，余热锅炉的蒸发量也就确定了，即汽轮机的功率由燃气轮机的功率决定的。所以，汽轮机的进汽量应和余热锅炉的最大蒸发量相匹配，在多台燃气轮机拖动一台汽轮机的联合循环模式中，则要和所有余热锅炉的最大蒸发量之和相匹配。

余热锅炉的运行具有以下特点：

（1）在联合循环中，余热锅炉是按滑压方式运行，即随着机组负荷的降低，蒸汽的压力、温度和流量都会相应地降低，以适应燃气轮机的排气温度随负荷的减少而降低的特点。一般来说，主蒸汽压力首先线性地下降，当达到某一个合适的最低压力限值后，将维持恒压运行。

（2）多压余热锅炉不同于普通蒸汽锅炉，它存在多路不同压力的流股，它们之间既相互独立，又相互影响，其耦合关系主要通过烟气侧实现。另外，它也不同于单压余热锅炉，不仅在结构上，在动态特性上也具有其特殊性，由于存在多个汽包，使得汽包压力和水位互相影响且相互关系复杂，给汽包水位的控制带来一定的困难。

（3）汽包压力主要扰动来源有烟气侧和汽轮机耗汽量扰动，给水量的变化对于汽包压力影响很小。当烟气入口参数或汽轮机耗汽量变化时，高压汽包压力变化最大，中压汽包次之，低压汽包最小，故常把低压汽包作为除氧器使用，即保持定压运行。

（4）汽包水位主要扰动来源有给水扰动、负荷扰动和烟气侧扰动。高压给水变化或烟气入口参数变化，对高压汽包水位影响最快，中压汽包次之，低压汽包反映最慢，这是由于一方面三压余热锅炉中换热设备较多，存在一定的惯性延迟；另一方面，由于烟气热量的梯级利用，使得到达低压汽包的热量变化已经很小了。同时，由于"假水位"的存在，使得对汽包水位控制系统的设计带来一定的难度。

（5）过热蒸汽温度的主要扰动源有蒸汽流量和压力、烟气流速和温度。而给水扰动，对过热汽温影响不是很大。余热锅炉中的过热器是一个存在大干扰、大延迟、时变性、不确定性和非线性的复杂热工对象，这对过热汽温的控制也带来一定的难度。

（6）余热锅炉出口烟温由于受不能低于环境温度和露点的限制，使得其不能降得太低。从对三压余热锅炉的动态特性分析可知，在烟气入口参数扰动或负荷扰动下，烟气出口温度变化都不是很明显。因此，再进一步增加多压余热锅炉的级数，对于出口烟温的降低效果并不明显。

（7）从对余热锅炉动态特性的分析可知，扰动引起的变化幅度随烟气流向依次递减。比如，高压给水扰动，对高压侧工质参数影响最大，中压侧次之，低压侧最小；当中压给水扰动时，对其上游设备（如高压汽包等）影响很小，只对中压侧和低压侧工质参数有一定的影响。可见，对余热锅炉重要参数的控制设计应主要从高压侧的扰动来考虑。

（8）由于联合循环电站相对于普通电站的一个重要优点是负荷变化较快，这就要求余热锅炉的热惯性尽量小，以便与燃气轮机达到同步启动，而且可靠性要求更高。立式余热锅炉相对于卧式来说具有更低的热惯性，因为受热面均采用悬挂布置结构，允许受热部件的自由膨胀，避免负荷的快速变化带来的热应力。另外锅筒的直径和管径也较小，锅炉的水容积也小，均降低了锅炉的热惯性。

六、余热锅炉的水处理特点

由于余热锅炉采用多压设计，增加了水处理的难度。为了防止汽水系统的腐蚀，在不同的运行工况下，需要采用的化学水处理和控制方式，比传统的锅筒锅炉要复杂得多，主要体现在不同的汽水压力回路中，要求采取不同的水处理与控制方法。

第五节 汽 轮 机

在现代大型燃气—蒸汽联合循环电站中，汽轮机的功率往往受限于燃气轮机排气和余热锅炉参数，一般为燃气轮机功率的 $1/3 \sim 1/2$，所配置的汽轮机与常规电站汽轮机的基本原理和工作过程是一样，但为满足联合循环机组的运行要求具有启动快速、运行灵活等特点，因此，在设计和运行方面存在有较大的不同。主要特点体现在以下几个方面。

一、全变压特点

（1）为了最大限度地有效利用燃气轮机的排气能量，采用全变压蒸汽透平设计。伴随全变压的采用，必须采用全周进汽，取消了叶栅性能较差的调节级来改善性能。

（2）正常运行时蒸汽调节阀处于全开状态，汽轮机的负荷调节原则上由燃气轮机的燃料投入量进行控制，采用包括主汽门和调节汽门的一体化主汽阀组。

（3）由于燃气轮机联合循环机组启动频繁，要求受热均匀，因此，除了采用全周进汽（无调节级）外，还加大了隔板汽封间隙，以适应机组滑参数运行工况。

二、无抽汽和增设补汽的特点

1. 无抽汽式汽轮机

与常规汽轮机为单一进汽、多级抽汽的方式不同，现代燃气轮机联合循环发电系统所配的汽轮机不再设置抽汽功能（除联合循环热电厂外），即没有常规电站所设置的高压和低压给水加热器系统。锅炉的给水加热完全依靠余热锅炉尾部烟气的热量，以提高余热锅炉的效率。从理论上分析，无回热抽汽时，锅炉的排烟温度降低，使余热锅炉效率的提高值大于采用抽汽加热而使汽轮机循环效率的提高值。因此，取消抽汽对提高联合循环电站的循环效率是有利的。

由于无回热抽汽，联合循环电站用汽轮机不设置给水加热器，也不设单独的除氧器，因此，在多压或双压蒸汽循环中，余热锅炉产生的低压蒸汽除了可以送入汽轮机低压缸中发电外，还兼有在整体除氧器中除氧的功能。也有采用在凝汽器的热井中利用蒸汽加热方式进行除氧的方式。

2. 补汽式汽轮机

早期的燃气轮机进口燃气温度和排气温度均较低，一般均采用单压循环，汽轮机的结构与常规汽轮机基本相同。采用多压蒸汽循环后，向汽轮机补入中压和低压蒸汽成为必要。在联合循环中向汽轮机补汽的含义在于，从汽轮机的进汽口到出汽口，不仅没有抽汽，而且蒸汽的流量是增加的。对常规蒸汽轮机来说，由于抽汽，沿通流截面的蒸汽流量是减少的。补汽是联合循环电站汽轮机的一个重要特征，补汽式汽轮机又称为多进口汽轮机。

3. 补汽式汽轮机的原则性系统流程

由图 9-16 和图 9-19 可进一步了解蒸汽的流程。余热锅炉的高压汽水部分产生的高压蒸汽经过高压缸做功后，送回余热锅炉，经再热器升温的蒸汽，与余热锅炉的中压部分产生的中压蒸汽汇合后一起送回汽轮机的中压缸做功（也有在再热器前混合的），从中压缸出来的低压蒸汽与余热锅炉的低压部分产生的低压蒸汽一起送入汽轮机的低压缸做功，最后一起排到冷凝器。因此，排到冷凝器的凝汽量要大于高压缸入口的高压蒸汽量，是余热锅炉三个压力下产生的蒸汽量之和。

4. 补汽式汽轮机的结构特点

(1) 低压补汽口可以直接设在汽轮机的低压缸本体上，也可不设补汽口，而将低压蒸汽与中压缸排汽汇合后一起送入低压缸。由于没有抽汽口，减少了汽缸的壁厚。

(2) 采用轴向排汽凝汽式，汽轮机机组可安装在汽轮机房的底层，结构对称性较好。

(3) 由于存在中低压补汽，且没有抽汽，所以，排汽流量与主蒸汽流量的比值比常规汽轮机大，需加大中低压缸的通流面积。并且，在同样的出力下，末级叶片长度加长，对汽轮机的制造水平提出了更高的要求。

(4) 低压蒸汽一般为接近饱和蒸汽的过热蒸汽，联合循环汽轮机的排汽湿度比常规火力发电汽轮机的湿度要大。因此，在汽轮机静叶的根部需设置排水收集器，扩大末级叶片的动静叶片间距。

(5) 为了适应燃气轮机联合循环机组频繁快速启动的运行特点，汽轮机高、中压缸采用双壳体结构，加之较好的对称性及较薄的汽缸壁厚，均有利于减少因快速启停而产生的热应力和热变形。另外，还需要加大汽轮机动静部件之间的间隙，防止在快速启动时膨胀不同步而引起摩擦。

（6）主蒸汽导管、主蒸汽控制阀和关断阀，再热蒸汽控制阀和关断阀，低压蒸汽控制阀和关断阀等，一般均设置两组，并沿圆周对称布置，以满足机组快速启动的要求。

（7）必须设置 100％快速旁路系统。与凝汽器相连的快速旁路系统也设计成对称布置。

第六节　分布式能源系统

自 20 世纪初以来，电力工业的发展方向是大机组、大电厂和大电网。随着经济的发展与社会的进步，人类对能源的需求量越来越多，由大电厂、大电网构成的单一化集中式能源系统显示了其不足之处。分布式能源系统由于具有能源利用效率高、环保性能好、能源供应可靠性高和经济效益好的特点而成为未来世界能源技术的重要发展方向。目前我国能源工业亟待解决的主要问题是合理调整能源结构，进一步提高能源利用效率，改善能源供应的安全性，控制能源利用的环境污染，而分布式能源系统是解决这些问题的关键技术之一。由于其与传统的集中式能源系统有较大的区别，是本节所介绍的主要内容。

一、分布式能源系统概述

分布式能源系统是指分布在用户端的小型、模块化的能源综合利用系统。一次能源以气体燃料为主，可再生能源为辅，利用一切可以利用的资源。二次能源以分布在用户端的热电冷联产为主，其他集中能源供应系统为辅，实现以直接满足用户多种需求的能源梯级利用，并通过集中式能源系统提供支持和补充。它完全不同于传统的集中式发电和输电模式，可以位于终端用户附近，如建设在工业园区、大楼和社区里。在不适宜建设集中电站的地区，小容量和模块化的分布式能源系统可提供现场型电力。这个概念是从 1978 年美国公共事业管理政策法公布后正式在美国推广，然后被其他先进国家所接受。当今的分布式能源系统主要是指用液体或气体燃料的内燃机、微型燃气轮机和各种工程用的燃料电池。

二、分布式能源系统的特点

与传统的集中式能源系统相比，分布式能源系统的优点主要有：

（1）能源利用效率高。实现了能源梯级合理利用，可按需要方便、灵活地利用排气热量实现热电联产或热电冷三联产，提高了能源利用效率，能源利用效率可达 80％以上。

（2）损耗小。由于安装在用电需求侧，分布式能源系统的供应与需求在最短的距离内平衡，输配电损耗很小。

（3）具有良好的环保性能。分布式能源系统一般采用清洁燃料，减少了粉尘、SO_2、NO_x、废水、废渣等的排放。此外，分布式能源系统由于减少了输变电线路和设备，电磁污染和噪声污染比传统的集中式能源系统要小得多。

（4）运行灵活，安全性好。分布式能源系统发电方式运行灵活，在公用电网故障时，可自动与公用电网断开，独立向用户供电，提高了用户的用电可靠性。

（5）电能质量高。分布式能源系统发电设备通常可以就地调整电压和电流波形，保证了较高的电能质量。

（6）系统经济性好。由于高效率、低损耗和低污染排放，分布式能源系统具有明显的经济性。将分布式能源系统接入传统的电力系统，既可以满足电力系统和用户的特定要求，又可以提高系统的灵活性、可靠性和安全性。

三、分布式能源系统的主要形式

分布式能源系统的形式多种多样，根据燃料的不同，可分为燃用化石能源、燃用可再生能源和燃用二次能源及垃圾燃料等。燃用化石能源的动力装置有微型燃气轮机、小型燃气轮机、内燃机、常规的柴油发电机等；利用可再生能源发电技术有太阳能发电、风力发电、小水力发电、生物质发电等；利用二次能源的有氢能发电技术。根据用户需求的不同，有电力单供方式、热电联产方式（CHP）或热电冷三联产方式（CCHP）。根据循环方式不同，可分为燃气轮机发电方式、蒸汽轮机发电方式和内燃机发电方式等。下面主要介绍几种常见的分布式能源系统。

1. 以微型燃气轮机为动力的分布式能源系统

随着微型燃气轮机技术的不断发展，微型燃气轮机发电机组已成为分布式能源系统的主力。微型燃气轮机（micro turbines）是功率为 $25\sim300kW$，以天然气、甲烷、汽油、柴油等为燃料的超小型燃气轮机。微型燃气轮机的雏形可追溯到 20 世纪 60 年代，但作为一种新型的小型分布式能源系统和电源装置的发展历史则较短。

微型燃气轮机分为两类，一类为带回热器的，利用回热器回收燃气轮机排烟的热量，同时提高进入燃烧器的压缩空气的温度，从而提高发电效率，带回热器的微型燃气轮机发电效率为 $26\%\sim32\%$。另一类为不带回热器的，无回热器的微型燃气轮机发电效率为 $15\%\sim22\%$，虽然发电效率有所降低，但燃气轮机的成本也降低。带回热器的典型的微型燃气轮机发电系统如图 9-20 所示，通常由燃气透平、压气机、燃烧室、回热器、发电机及电子控制部分组成。从压气机出来的高压空气先在回热器内吸收燃气透平排气的余热，然后进入燃烧室与燃料混合、燃烧。产生的高温燃气进入燃气透平做功，驱动压气机和发电机。大多数微型燃气轮机由燃气轮机直接驱动内置式高速发电机，发电机与压气机、燃气透平同轴，转速在 $50000\sim120000r/min$ 之间。表 9-9 为部分厂家开发的新一代微型燃气轮机的主要技术参数，其功率为 $28\sim75kW$，发电效率为 $22.5\%\sim33.0\%$。在下一代微

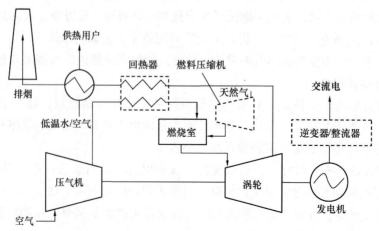

图 9-20　典型的微型燃气轮机发电系统

型燃气轮机中，期望通过引入高新技术如陶瓷材料部件（陶瓷叶轮等）以大大提高效率。研究表明，进气温度为1350℃的微型陶瓷燃气轮机的效率可达40％。

与柴油机发电机组相比，微型燃气轮机具有以下优点：

（1）结构紧凑，体积小，重量轻，单位功率的质量约为柴油机发电机组的1/3。

（2）转动部件少，运行可靠性比传统的内燃气轮机高。

（3）适用于多种燃料，燃料消耗率低、污染排放低，尤其是使用天然气。

（4）振动小、噪声低、寿命长、运行成本低。

（5）设计简单、备用件少、生产成本低。

（6）通过调节转速，即使不是满负荷运行，效率也非常高。

因此，先进的微型燃气轮机是提供清洁、可靠、高质量、多用途的小型分布式能源系统的最佳方式，使电站更靠近用户。对终端用户来说，与其他小型发电装置相比，微型燃气轮机是一种更好的环保型发电装置。目前微型燃气轮机应用上的主要问题是造价较高。

表 9-9　　　　　　　　　　　新一代微型燃气轮机的主要技术参数

生产厂家	燃料	转速 (r/min)	电功率 (kW)	效率 (%)	压比	进口温度 (℃)	出口温度 (℃)	排气温度 (℃)	NO_x 排放 (10^{-6})
Allied Signal	天然气	65000	75	28.5	3.7	930	650	240	<25
Bowman	天然气	115000	45	22.5	4.3	—	650	305	—
Capstone	天然气	96000	30	—	3.2	840	—	270	—
GE/Elliott	天然气	116000	45	30	—	—	—	316	<9
NREC	天然气 柴油 丙烷	50000	70	33	3.3	870	—	200	—

2. 小型燃气轮机冷热电三联产系统

带回热器的微型燃气轮机的发电效率已从15％～22％提高到目前的26％～32％，但以微型燃气轮机作为动力的简单的分布式能源系统的热效率仍远低于大型集中式供电电站。如何有效提高分布式能源系统的能量利用效率是目前分布式能源技术发展所面临的主要障碍之一。

正如大型集中式供电电站通过热电联产提高能源利用效率一样，分布式能源系统在用户需要的情况下，可以在生产电力的同时提供热能或同时满足供热、制冷两方面的需求。而后者则成为一种先进的分布式能源利用系统—冷热电三联产系统。与简单的供电系统相比，冷热电三联产系统可以在大幅度提高系统能源利用效率的同时，降低环境污染，明显改善系统的热经济性。因此，冷热电三联产技术是目前分布式能源系统发展的主要方向之一。

冷热电三联产（CCHP）是一种建立在能量梯级利用概念基础上，将制冷、供热及发电过程一体化的多联产总能系统。分布式冷热电三联产系统主要是以小型燃气轮机、内燃机、微型燃气轮机或燃料电池为动力机械，配以余热锅炉、制冷机等实现冷热电多联供。

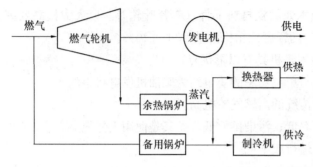

图 9-21　燃气轮机前置循环余热利用的
冷热电三联产示意图

典型冷热电三联产系统一般包括动力系统和发电机（供电）、余热回收装置（供热）、制冷系统（供冷）等，如图 9-21 所示。针对不同的用户需求，冷热电三联产系统方案可选择范围很大，与热电联产技术有关的选择有蒸汽轮机驱动的外燃烧式和燃气轮机驱动的内燃烧式方案；与制冷方式有关的选择有压缩式、吸收式或其他热驱动的制冷方式。另外，供热、供冷热源还有直接和间接方式之分。

在外燃烧式热电联产中，由于背压汽轮机常常受到区域供热负荷的限制不能按经济规模设置，多数是规模小、效率低。而对于内燃烧式方案，由于可生产尺寸小、重量轻、污染排放低、燃料适应性广、具有高能源利用效率和高排气温度的燃气轮机，同时燃气轮机的容量范围也宽，从几十到数百千瓦的微型燃气轮机到 300MW 以上的大型燃气轮机，它们用于热电联产时既发电又供汽，兼有高发电效率（30％～40％）和高热效率（70％～80％）。所以在有燃气和燃油的地方，燃气轮机正日益取代汽轮机在热电联产中的地位。

压缩式制冷是消耗外功并通过旋转轴传递给压缩机进行制冷的，通过机械能的分配，可以调节电量和冷量的比例。而吸收式制冷是消耗低品位热能来达到制冷的目的，来自热电联产的一部分或全部热能用于驱动吸收式制冷系统，根据对热量和冷能的需求进行调节和优化。目前最常见的吸收式制冷系统为溴化锂吸收式制冷系统和氨吸收式制冷系统。

冷热电联产（CCHP）与集中式发电远程送电相比较，可以大大提高能源利用效率。大型发电厂的发电效率一般为 35％～55％，扣除厂用电和线损率，终端的利用效率只能达到 30％～47％。而 CCHP 的能源利用效率可达到 80％，没有输电损耗。另外，CCHP 还可以减少温室气体的排放。

3. 燃气内燃机热电联产系统

往复式内燃机（包括 Otto 内燃机或柴油机）的应用非常广泛，其输出的机械功可以用于发电，也可以驱动其他设备，如制冷压缩机。在所有的分布式发电技术中，往复式内燃机首先实现了商业化。往复式内燃机使用天然气、丙烷或柴油等作为燃料，容量从 5kW 到 10MW，功率小于 1MW 的往复式内燃机最初是用于移动动力，逐渐也用于发电。

Otto 内燃机（火花塞点燃）和柴油机（压缩式点火）几乎在所有系统中都得到了广泛的应用，使用范围从小型动力驱动到大型超过 60MW 的基本负荷发电厂。往复式内燃机用于发电投资小，启动迅速、运行可靠，变负荷性能好，余热可以回收，是世界上应用最广的分布式发电技术。内燃机发电效率为 25％～40％，内燃机冷却系统和排气中的热能可以利用来供暖、生产热水或给一些吸收和除湿设备提供动力。内燃机的污染排放比微型燃气轮机和燃料电池要高，但是通过良好的燃烧设计和排气催化处理，可以大大地减少污染排放。世界上生产的燃气内燃机功率从几十千瓦到数千千瓦。

内燃机的工作过程经历四个过程，包括吸气、压缩、燃烧、排气过程，燃料和空气的混合通常在燃烧室火花塞点火之前（见图9-22）。在涡轮增压装置中，空气和燃料混合之前要先经过压缩，燃料空气混合物被引入一端封闭，带有可移动活塞的燃烧室，当活塞快到达冲程顶端时（优化发电效率或者降低排放，会有一个最佳的时刻），火花塞点燃混合物（在火花塞点火的系统中，混合物通过压缩点燃的方式），高温燃气的压力推动活塞在汽缸中运动，移动活塞中的能量传给旋转的曲轴，当活塞到达缸顶时，排气阀打开，废气从汽缸中排出。

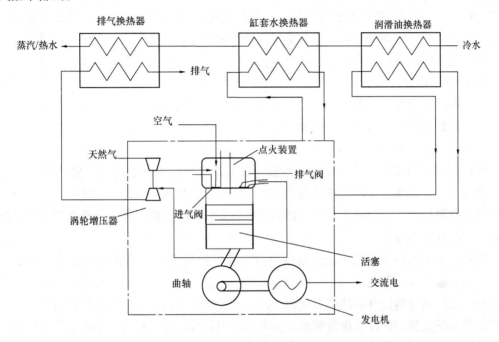

图 9-22　燃气内燃机热电联产系统简图

燃气内燃机将燃料与空气注入汽缸混合压缩，点火引发其爆燃做功，推动活塞运行，通过汽缸连杆和曲轴驱动发电机发电，燃烧后的烟气温度达到500℃以上，汽缸套冷却水可达110℃，加上空气压缩机和润滑油冷却水中的热量，可以回收用于热电联产。

燃气内燃机的优点是发电效率较高，设备投资较低，缺点是余热回收复杂，余热品质较低。

四、分布式能源系统的应用领域

1. 分布式发电

在不适宜建设集中式发电站和输电设备的地区，分布式能源系统可为就近用户提供现场性电力。直接安置在用户附近的分布式发电装置与大电网配合，可大大地提高供电可靠性，在电网崩溃和发生意外灾害的情况下，可维持重要用户的供电。在已具有可靠的大电网供电情况下，使用分布式发电系统可缓解对集中式电站高峰负荷时段的电力需求压力，均衡电网的电力负荷，起到经济环保的调峰作用。

2. 分布式冷热电联产

通过能源的梯级利用，燃料通过热电联产装置发电后，变成低品位的热能用于采暖、生活热水等用途的供热。这一热量也可驱动制冷机制冷，形成冷热电三联产系统。分布式冷热电三联产可广泛应用于楼宇（包括商业建筑、写字楼、公寓和住宅小区）的供电、供热与制冷。

3. 利用可再生能源的分布式能源系统

相对于化石能源而言，可再生能源能流密度较低、分散性强，而且目前的可再生能源利用系统规模小、能源利用率较低，作为集中式供能系统是不现实的。而分布式能源系统为可再生能源利用的发展提供了新的动力。我国的可再生能源资源丰富，发展可再生能源是 21 世纪减少环境污染和温室气体排放以及替代化石能源的必然要求，因此为充分利用量多面广的可再生能源发电，方便安全地向偏僻缺少能源地区供电，建设利用可再生能源的分布式能源系统势在必行。

4. 网络式能源系统

互联网式的分布式能源梯级利用系统是未来能源工业的重要形态，是由燃气管网、低压电网、冷热水网络和信息共同组成的用户就近互联系统。

5. 现代温室的供热和空气调节

现代温室对能源的需求以及植物生长所需要的环境，主要表现在需要热量和二氧化碳，将分布式能源系统发电设备排出的余热、二氧化碳和水蒸气注入现代温室，解决了城市绿化和蔬果供应，同时减少温室气体和其他污染物排放问题，将为分布式能源系统提供更加广泛的应用领域。

纵观西方发达国家能源产业的发展过程，可以发现经历了从分布式能源到集中式能源，又到分布式能源方式的演变。造成这种现象不仅是由于生活水平提高的需求，也是集中式能源系统自身所固有的缺陷造成的。因此，虽然从目前能源产业的发展情况来看，集中式能源系统是我国能源系统发展的主要方向，但从长远看，构造一个集中式供能与分布式供能相结合的合理能源系统，增加电网的质量和可靠性，将为我国能源产业的发展打下坚实的基础。毫无疑问，分布式能源系统将成为未来能源领域可持续发展的一个重要领域。

第十章

整体煤气化联合循环

第一节 概 述

目前，在洁净煤发电领域中，被普遍认为最具有发展前途的新一代燃煤发电装置是整体煤气化联合循环（IGCC）。IGCC将是煤气化与燃气—蒸汽联合循环发电结合起来的一项新型燃煤发电技术，即能高效地利用煤炭资源，又有很好的环保效果，可能会成为未来世界上最洁净的燃煤发电技术。

多年来，由于石油和天然气的开采量急剧增加，燃烧液体燃料和天然气的燃气—蒸汽联合循环发电装置发展迅速。自20世纪70年代后，为了减少对油气资源的高度依赖程度，世界各国纷纷将其能源消耗的重心转向煤炭，因此，煤气化技术的研究发展加快，基于煤气化的燃气—蒸汽联合循环发电装置应运而生。

自1972年世界上第一台工业规模的整体煤气化联合循环电站在德国建成以来，在20世纪90年代，IGCC得到了空前的发展。目前，世界各国已经在示范运行或商业发电的整体煤气化联合循环电站机组已经有十余台，单机发电规模已达到300MW，其中燃煤的IGCC四座。我国也已经开始建设第一座400MW的IGCC示范电站。

从联合循环的型式上，整体煤气化联合循环实际上是一种无补燃的余热锅炉型联合循环，因此，第九章所述的燃气—蒸汽联合循环的大部分技术的特点和设备对整体煤气化联合循环是基本适用的。

但是，整体煤气化联合循环与常规的余热锅炉型联合循环在以下两方面存在显著不同。

（1）整体煤气化联合循环将煤（或其他碳基燃料）气化制成合成气代替天然气等作为燃气轮机的燃料，因此，除了增加了煤气化设备外，还必须将煤气净化成适合在燃气轮机中直接燃烧的气体燃料，增加了系统的复杂性。

（2）系统和参数的优化配置是整体煤气化联合循环的一个重要内容，包括有效合理地利用各个子系统中的能量（包括温度和压力），合理安排工艺流程等。因此，对整体煤气化联合循环系统的研究与开发以及工程实践工作，主要集中在各个主要设备、参数以及系统的优化配置，真正体现"整体化"的优势，以追求更高的联合循环发电效率。

本章主要介绍当前整体煤气化联合循环的主流系统，即余热锅炉型整体煤气化联合循环的基本原理、系统和其独有设备等内容。讲述整体煤气化联合循环中的燃气轮机、余热锅炉等主要设备的特点。介绍了近年提出的先进 IGCC 的创新性概念设计。

第二节　整体煤气化联合循环系统与工艺流程

一、整体煤气化联合循环装置的工作过程

在目前典型的整体煤气化联合循环系统中，煤和来自空气分离装置的富氧气化剂送入加压（2～4MPa）气化装置中气化生成合成煤气，煤气经过净化后作为燃气轮机的燃料进入燃烧室。燃烧室产生的高温高压燃气进入燃气轮机带动发电机做功发电、并驱动压气机。压气机输出的压缩空气的一部分送入燃气轮机燃烧室作为燃烧所需空气，另一部分供空气分离装置所用。燃气轮机的排气进入余热锅炉产生蒸汽并送入汽轮机做功发电，实现了在燃气—蒸汽联合循环发电中间接地使用了固体燃料煤的目的。

二、整体煤气化联合循环的系统

整体煤气化联合循环系统大致可以分为空气分离制氧、煤气制备、煤气热量回收、煤气净化、燃气轮机、余热锅炉和蒸汽轮机等若干主要部分。当整体煤气化联合循环发电装置采用不同的煤气化工艺方案时，联合循环的系统有所不同，所以，其系统的设计是以煤气化设备为主导的。图 10-1 所示为一种典型的整体煤气化联合循环系统简图。图 10-2 所示为采用常温煤气脱硫工艺的 IGCC 工艺流程示意。

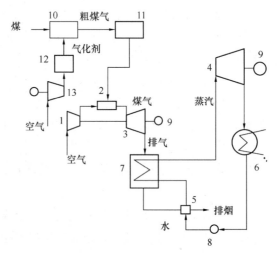

图 10-1　整体煤气化联合循环的基本形式

（独立空分系统）

1—压气机；2—燃烧室；3—燃气透平；4—汽轮机；
5—给水加热器；6—凝汽器；7—余热锅炉；8—给水
泵；9—发电机；10—煤气发生炉；11—煤气净化装
置；12—空气分离装置；13—空气压缩机

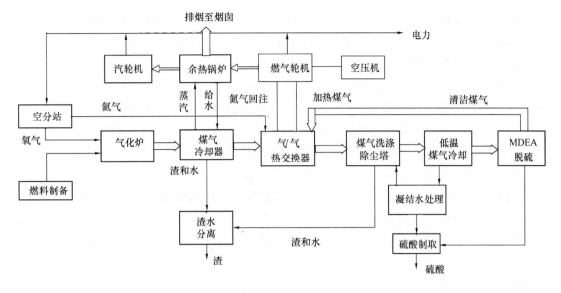

图 10-2　整体煤气化联合循环工作流程示意图

第三节　整体煤气化联合循环的特点

一、整体煤气化联合循环的主要优点

1. 燃料的适应性广

就目前已投运的整体煤气化联合循环电站和示范装置运行情况来看，燃料的适应范围是比较广的，几乎所有的含碳固体或液体燃料均可以气化，可利用高硫分、高灰分、低热值的低品位煤。

但煤种与煤质对 IGCC 的影响要比对煤粉锅炉燃烧的影响大。对燃料的适应性主要取决于所采用的气化炉型式及给料的方式，对于干粉加料系统，可以适合从无烟煤到褐煤的所有煤种。对湿法加料的气化工艺，则适合于灰分较低和固有水分较低的煤；对于高灰熔点的煤种，应加入助熔剂（如石灰石）。IGCC 更适合于采用水分低、含碳量高的燃料，譬如，烟煤及煤焦（石油焦）。对煤粉锅炉机组影响很大的硫分，对 IGCC 的运行及效率影响不大，只影响到煤气脱硫净化设备的设计容量。煤中灰分含量对 IGCC 有明显的影响，灰分变成熔渣需要消耗热能。采用高灰分煤种，并以水煤浆给煤时，对单位质量碳来说，需要更多的水，也消耗了更多热能，同时也增加了空分装置的容量，导致 IGCC 整体效率下降。因此，对高灰分的煤更适合采用干粉给煤气化，干粉气化炉也更适合于高水分的煤。因为 IGCC 机组的合成气净化工艺可以将煤中的硫直接转化为硫黄，填补硫资源短缺，也避免燃高硫煤的污染；因此，IGCC 采用高硫煤的优势更大。

为了保证根据某一种燃料所设计的气化炉的经济、稳定运行，其燃料适应性还是有限的。

2. 具有进一步提高效率的前景

整体煤气化联合循环的净效率主要取决于燃气透平的进口温度、煤气化显热的利用程度、电站系统的整体化程度以及厂用电率等。先进的煤气化技术可达到 99％的碳转化率，气化炉的总效率可达 94%。但由于在煤气化和粗煤气的净化过程中能量转换所造成的损失，再加上目前采用富氧作为气化剂，空气分离装置所消耗的电力，使整体煤气化联合循环的效率低于燃气—蒸汽联合循环机组的效率。

随着工程材料的不断发展和技术的改进，若能够采用成熟可靠的高温煤气净化技术，则可减少热量的损失；如果能进一步降低空气制氧成本，还可以大幅度降低厂用电率，再加之新型燃气轮机的发展与应用，因此，整体煤气化联合循环具有较大幅度提高燃煤发电效率的潜力。目前，发电效率可达到 45%（LHV）以上。

3. 整体煤气化联合循环克服了单独煤气化的缺点

由第八章的内容可知，在单独煤气化的过程中，煤的化学能中 15% 多的热量损失于冷却水中。在整体煤气化联合循环系统中，将煤气的生产与燃气—蒸汽联合循环发电联接成一个整体，直接利用在单独煤气化中不可避免要损失的热量，譬如，利用这一部分热量加热余热锅炉的给水，从而体现整体化的优势。但是，由于目前还没有很好地解决煤气化炉产生的粗煤气直接进行高温净化的技术问题，因此，这部分热量的利用还不彻底。

整体化的另一个优势是充分利用整体煤气化联合循环中气体介质的压力能。通过合理地配置系统中的设备，可以直接利用机械能、而尽量少用电能来提升介质的压力，从而提高联合循环的综合效率。主要体现在空气分离系统、燃气轮机、加压气化炉、余热锅炉等设备在参数上的整体合理配合方面。

4. 优良的环保性能

整体煤气化联合循环发电系统在将固体燃料比较经济地转化成燃气轮机能燃用的清洁气体燃料的基础上，很好地解决了燃煤污染严重且不易治理的问题，因此，它具有大气污染物排放量少、废物处理量小等突出优点，足以满足对未来燃煤发电系统日益严格的环保指标要求。

（1）由于燃气轮机的入口煤气的含尘浓度有比烟气排放标准要求高得多的限制，因此，在煤气进入燃气轮机前要进行严格的除尘（除去煤气中接近 100% 的粉尘），一般情况下，整体煤气化联合循环发电装置的粉尘排放均低于 $10mg/m^3$，基本不排放粉尘。

（2）在煤气化产物进入燃气轮机前必须进行脱硫处理，由于煤气中的硫主要以 H_2S（硫化氢）和 COS（硫氧化碳，所占比例很小）等的形式存在，在煤气脱硫装置中，可以除去煤气中 99% 以上的硫化氢和 COS，并在硫回收装置中以元素硫的形式得以回收，进一步用做化工原料，而且基本没有脱硫副产品的二次污染，所用的脱硫剂可循环使用。

另外，高压煤气的比体积小，需要处理的煤气量大大少于燃烧后的烟气量，脱硫设备的投资和运行费用均较低。因此，整体煤气化联合循环可使用高硫煤，与同容量的燃煤电站相比，SO_2 的排放减少 90% 以上。

（3）由于煤气（低、中热值）的燃烧温度较低，并且在煤气脱硫过程中可以同时除去部分会生成 NO_x 的煤气成分（譬如，NH_3 等），再加上在燃气轮机技术中采用的减排 NO_x 的先进技术，因此，整体煤气化联合循环的 NO_x 排放浓度一般能控制在 25×10^{-6} 以下。与常规燃煤电站锅炉相比，NO_x 排放量减少 90% 以上，同时，由于联合循环效率的提高，CO_2 排放量也相应减少。

（4）在新一代先进 IGCC 设计方案中，可以在燃烧前比较容易地从合成气中分离出 CO_2，并进一步封存，达到在碳基燃料利用中不排放 CO_2 的目的。

（5）整体煤气化联合循环系统中大多采用高温喷流床气化炉与产物激冷工艺，气化炉的排渣占灰渣总量的 90% 左右，以液态方式排出，熔融渣状态的矿物杂质经激冷而形成玻璃状不可浸出渣，具有惰性无析出的特点，不存在对环境的二次污染，回收利用条件好，可直接作为建筑材料，也可无害堆放，对环境影响很小。

5. 耗水量较少，节水效果显著

整体煤气化联合循环的燃气轮机发电量占总发电量的 50%～60%，蒸汽轮机占 40%～50%，而燃气轮机动力循环装置消耗水量很少；因此，联合循环电站的耗水量也只有常规火电厂耗水量的 50%～70%，适宜于缺水地区和建设坑口电站。

6. 充分利用煤炭资源，组成多联产系统

煤气化炉产生的煤气除了可直接用于联合循环发电外，还可以同时供热，煤气又能用于生产氢气，进一步制作合成氨、尿素等化工产品，也可直接供城市居民生活用煤气，还可以作为燃料电池的燃料组成效率更高的联合循环发电系统（见第十二章）。因此，具有利用煤炭建造联合生产各种产品的所谓多联产系统的潜力。

7. 宜大型化、并能与其他先进发电技术结合

目前，整体煤气化联合循环所涉及到的基本技术已趋于成熟，单机容量已能做到 300～600MW 等级，示范装置的运行可用率已达 80% 以上，能满足商业化运行的要求，而且，从技术和经济性的角度，整体煤气化联合循环发电装置适合于大型化。在先进制造工业和高科技的促进下，正朝着新一代的大型化整体煤气化联合循环技术发展，例如，分离与封存 CO_2 的 IGCC，电力与化工多联产的 IGCC，超临界蒸汽参数的 IGCC，整体煤气化湿空气透平联合循环发电装置，整体煤气化燃料电池复合发电装置等。

8. 便于分阶段建设电站

整体煤气化联合循环电站可采用分阶段建设与调试的方式，第一阶段：燃气轮机发电（譬如，使用天然气），可提供约 2/3 的电站额定出力；第二阶段：汽轮机发电；第三阶段：整体煤气化联合循环发电，达到机组的额定出力。当天然气和石油资源枯竭或价格昂贵时，可用于改造燃气—蒸汽联合循环电站，还可用于对现有蒸汽轮机电站进行增容改造。

二、整体煤气化联合循环发电装置尚需要解决的问题

（1）与同容量的常规火电机组相比，整体煤气化联合循环装置系统复杂，基建投资费用比较高，建设与调试工期需要 4～5 年，发电成本也较高。所以，其单机容量以 300～600MW 较合适。

（2）大容量煤气化设备、高温煤气除尘及脱硫技术有待于进一步开发。

（3）系统的整体优化配置和电站系统的控制技术有待于深入研究。

（4）厂用电率高。整体煤气化联合循环电站均专门设置制备氧气的空气分离设备，用于提供氧气作为煤的气化剂。因此，厂用电率通常高达 10%～12%。如果采用整体化的空气分离系统，厂用电率可望有较大幅度的降低。

（5）适合燃煤气的燃气轮机技术有待于进一步完善。尽管对煤气的净化提出了很高的

要求，但目前燃气轮机叶片耐高温及磨蚀的性能尚不能很好地满足直接燃用煤气的要求，需要进一步的改进。

第四节　整体煤气化联合循环系统的煤气化设备

由于整体煤气化联合循环是以燃气—蒸汽联合循环的原理和技术为基础的，因此，大部分主要设备及其特点与第九章所讲述的燃气—蒸汽联合循环装置中对应的设备基本相同。

典型的 IGCC 系统由以下子系统组成：

（1）煤气化子系统，包括煤的干燥与处理设备、给煤设备、煤气化炉、高温煤气冷却器、低温煤气冷却器、排渣设备及系统等。

（2）煤气净化子系统，主要设备有煤气除尘设备、煤气脱硫设备、煤气冷却器、煤气加热器、煤气饱和器等。

（3）空气分离子系统，包括空气净化设备、换热器、精馏塔、气体压缩机等。

（4）联合循环子系统，包括燃气轮机、余热锅炉、汽轮机、凝汽器、除氧器等。

本节仅讲述整体煤气化联合循环所独有的设备及其特点，包括煤气化炉及工艺，煤气净化与空气分离系统等。整体煤气化联合循环系统的煤气化炉与煤气净化设备的原理、工作过程与常规煤气化基本相同，可以参见第八章的有关内容。

一、煤气化工艺的基本化学反应

气化炉内发生的基本化学反应为燃烧反应与气化反应，前者为放热反应，后者为吸热反应，气化过程消耗的氧气约为其燃烧时的 50%。根据化学反应动力学原理，气化炉最佳气化温度约在 1300℃。实际设计的温度取决于采用干出渣还是液态出渣，以及气化炉内的流动与混合程度。

煤气化合成气是 CO 与 H_2 的混合物，且含 CO 较多，还有 CO_2、H_2O、N_2、Ar、H_2S 及 COS 等。以某典型平衡工况为例，CO 占 63%，H_2 占 34%，CO_2 占 3%。

对 IGCC 多联产的模式，气化合成气经过净化后除了直接发电外，根据生产各种化工产品，或者分离 CO_2 等工艺要求，还可以进一步发生水煤气变换反应，减小 CO 的比例，提高合成气中 H_2 的比例，并可根据合成某种化工产品的对 CO 与 H_2 的比例的要求进行调整。譬如，甲烷化反应要求 $H_2/CO=3/1$，而 F—T 合成柴油要求 $H_2/CO=2/1$。也可以经过水煤气变换大大提高 H_2 的比例，并增加 CO_2 比例，进而分离除去 CO_2，得到富氢气体产物。表 10-1 所示为气化工艺的基本化学反应式。

表 10-1　　　　气化工艺的基本反应式

$C+O_2 \longrightarrow CO_2$	快速放热反应
$C+1/2O_2 \longrightarrow CO$	快速放热反应
$C+H_2O \longrightarrow CO+H_2$	吸热反应
$C+CO_2 \longrightarrow 2CO$	吸热反应
$CO+H_2O \longrightarrow CO_2+H_2$	水煤气变换反应
$CO+3H_2 \longrightarrow CH_4+H_2O$	甲烷化放热反应
$C+2H_2 \longrightarrow CH_4$	直接甲烷化放热反应

二、IGCC气化炉的类型

IGCC机组的关键设备是气化炉，表10-2给出了适合于IGCC的四种主流气化炉技术。其技术共同点是均采用氧气作为气化剂，在高温与高压下运行。但各种技术也各有特点，主要区别在于给煤方式、运行温度、原煤颗粒尺寸、炉内流态、炉内结构及出渣方式等。

表 10-2   四种典型的 IGCC 气化炉类型及运行参数

项　　目	Shell	Texaoe	BGL	KRW
类型	气流床	气流床	移动床	流化床
给煤方式	干粉	水煤浆	湿法	湿法
气化剂	氧气、蒸汽	氧气、水	氧气、蒸汽	氧气、蒸汽
运行温度(℃)	1400~1800	1250~1550	750~900	850~1100
工作压力(MPa)	3.0	4.1	2.5	2.1
原煤尺寸(mm)	<0.1	<0.1	4.5	<5
出渣态	熔融灰渣	熔融灰渣	干渣/液态渣	灰熔聚团

注 British Gas Lurgi（BGL）；Kellogg-Rust-Westinghouse（KRW）。

1. Shell 气流床气化炉

图10-3所示为典型的Shell气流床气化炉及气化工艺流程。增压的干煤粉、氧气及蒸汽（必要时）经多组对冲布置的燃烧器送入气流床气化炉中，气化炉由压力容器外壳及内水冷膜式壁组成，水冷壁输出中、高压饱和蒸汽。在水冷壁上附着很薄的耐火层以避免在高温下熔融灰渣的侵蚀。炉内的气化温度由水冷壁管圈控制，一般不需要为了控制温度而额外加入水蒸气。在启动与运行中容易控制壁温，使炉壁很快达到稳定的温度梯度，也提高了热效率。

粗煤气以接近气化炉温度输出，立即被低温的再循环合成气激冷，然后进入对流式合成气冷却器（蒸汽过热器），冷却后的煤气经过布袋除尘器除掉约98％的飞灰，一部分清

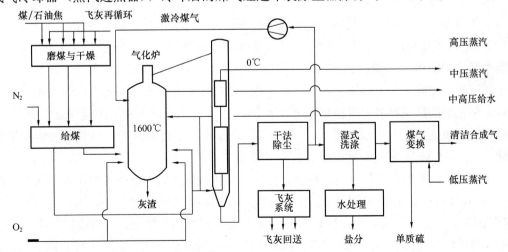

图 10-3　Shell 气化工艺流程

洁的合成气被作为激冷合成气循环回去，其余的合成气进入涤气器，进一步脱除颗粒物等杂质。

2. Texaco 气流床气化炉

水煤浆与氧气从气化炉的顶部喷入，呈熔融态的灰渣落入辐射冷却器底部经水激冷后排出，气化炉采用抗熔渣的耐火材料做内衬。从气化段出来的高温粗煤气先在辐射式冷却器中冷却，然后在对流式冷却器冷却。合成气冷却器采用高级合金钢制成，以保证有足够的使用寿命。冷却器产生高温高压的水蒸气。合成气再经涤气器除去颗粒物。

3. BGL 移动床气化炉

煤经过气化炉顶部的增压氮气锁气漏斗装置送入，如果采用石灰石作为助熔剂，则与煤一同送入，蒸汽与氧气经一组喷口送入，大部分煤床上发生气化与热解反应。向上流动的热煤气与向下落下的原煤发生热交换后经床上的煤气出口流出反应器，排出的热煤气经循环水激冷至约 160℃。同时，粗煤气携带的粉尘和其他挥发性成分（碳氢、氨、氯化物）被分离捕集下来，再经气液分离除去，粗煤气在进入净化系统前被进一步冷却至约 30℃。BGL 会产生一定量的焦油，因此，须有焦油分离设备，将焦油再循环至燃烧区域烧掉。

4. KRW 流化床气化炉

采用压力输送的方法将煤、分离下来的细煤粉、氧气与再循环煤气送至气化炉的底部，在运行温度范围内，灰粒聚团落到气化炉下部被排出气化炉，顶部出来的热煤气携带未被气化的煤焦细颗粒由旋风分离器分类下来回送至炉底部，冷却后的粗煤气经洗涤除去残余颗粒物等，再送入煤气净化系统。流化床气化炉采取的灰熔聚团排渣方式与固态和液态排渣均不同，是一种独特的煤气化排渣技术。

三、气流床气化炉的工艺特点

气流床、流化床和固定床这三种常用的煤气化炉均可用于整体煤气化联合循环。但就已经投入商业化运营的 IGCC 电站来看，多选用加压气流床气化炉，湿法或干法进料。

由于采用富氧气体作为气化剂、并且在加压条件下操作，因此，气化炉出力大，同等出力下的设备较小。加压气流床气化炉易于容量放大，为大型化创造了条件，可以满足与 IGCC 发电规模相对应的煤气化炉的容量，能适应电网主力发电机组的容量要求。目前，该类型气化炉的单台容量已达到 $2000 \sim 2600t/d$，预计最大的处理煤量可达到 $5000t/d$。由于气流床温度高，加之高压及存在大量水蒸气、硫化物等，环境恶劣，腐蚀性很强，因此，对气化炉的炉壁材料要求很高，通常十分昂贵。而 BGL 与 KRW 的运行温度低得多，材料的选择余地比较大，但如果 BGL 采用液态渣方式，则底部的耐火材料要求能抗熔渣腐蚀。BGL 与 KRW 气化炉的初投资低于气流床气化炉。

气流床的优点还包括煤种适应性强，任何含碳的固体燃料均能被粉碎送入气化炉，而且 Texcao 气化炉还适合采用浆态给料方式，可以直接气化炼油厂的渣浆。而 BGL 与 KRW 因为温度低，能够气化的燃料有限。BGL 方法宜采用块状颗粒，因此需要将粉末煤聚团成型使用。在液态溶渣的工况下，BGL 也能气化难反应的煤，而在 KRW 则不能。

气化炉均要排放固态灰渣及飞灰等，其可浸出性取决于气化炉的运行温度，气流床的高温足以使矿物杂质处于熔融状态，经淬冷后形成玻璃状不可浸出渣，可以工业利用或者安全堆放，对环境的影响要比其他类型气化炉小。

目前，大型气化炉是尚未完全成熟的技术，化工行业常采用备用炉以提高设备的可用率，已运行的大型 IGCC 机组也有采用备用炉。IGCC 可用率主要取决于气化炉的可用率，譬如：气化炉的耐火材料磨损与脱落、维修以及煤浆泵及喷嘴磨损，下游流程中的结垢等。采用备用气化炉与采用天然气作为后备燃料，可大幅度提高 IGCC 机组的可用率，能达到天然气联合循环机组的水平。

四、水煤浆气化与干煤粉气化的比较

采用气流床的煤气化炉又分为水煤浆气化与干煤粉气化。

1. 水煤浆气化

适合加压给煤，气化炉的运行压力可以高达 $6.5\sim8.5$MPa，气化温度略低，碳转化率略低，但是水煤浆喷嘴磨损严重。采用耐火砖作为内衬，由于高温熔渣的侵蚀，寿命短，通常需要设置备用炉。适合于气化煤灰熔点较低的煤种。

2. 干煤粉气化

气化温度高，碳转化率高，但干粉加压给料受到限制，运行压力不高于 4MPa，采用水冷壁加涂层，寿命长，单炉出力稍大，对气化煤的灰熔点适应范围广。如果煤的灰熔点较高，则只能选择干煤粉气化。

五、气化炉后煤气冷却工艺

是指气化炉出口的高温粗煤气，经过回收热量、除尘和增湿后变成水煤气的工艺流程，以满足下一工序的要求。根据后续工艺流程的要求不同可分为煤气激冷流程与废锅流程。

1. 煤气激冷流程

由激冷室、文丘里、洗涤塔组成，如图 10-4 所示。采用激冷水将高温粗煤气直接冷却到 300℃ 以下，煤气的热量被水汽化吸收，灰渣亦混于水中，气相中含有大量的水蒸气，可以满足水煤气变换工艺的需要，适合于煤化工产品生产工艺及多联产装置。譬如，后续产品为甲醇，甲醇合成需要 H_2/CO 在 2.0 左右，这要求气化后的煤气中含有较多的

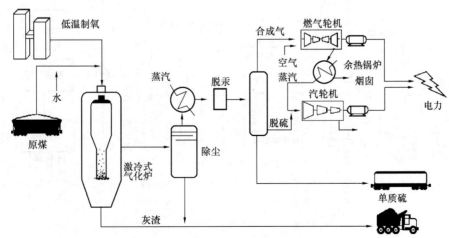

图 10-4 煤气激冷流程示意图

CO，与水蒸气反应转化成 H$_2$，因此需要大量的水蒸气参与，激冷流程起到了增湿作用，使合成气中的汽/气比例满足变换工艺的需要。该流程系统比较简单，投资较少。

2. 废锅工艺流程

废锅工艺流程包括一级或多级辐射与对流受热面组成的废热锅炉、煤气干洗后再水洗的除尘装置。如图 10-5 所示。也有采用再循环低温煤气激冷及对流受热面组成的废锅工艺流程，如图 10-3 所示。粗煤气热量的 15%～20%被回收用于产生高压和中压蒸汽，气相中包含少量的水蒸气。气化装置的总体热效率可达到 98%。此工艺流程适合于 IGCC 发电系统。

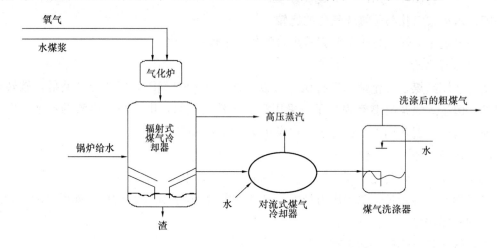

图 10-5 废锅工艺流程示意图

六、IGCC 气化岛热力系统流程与工作过程

某座采用干法气化工艺的典型 IGCC 电站热力系统如图 10-6 所示。

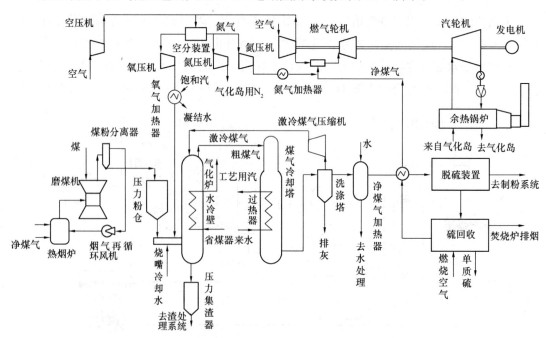

图 10-6 采用干法气化工艺 IGCC 电站热力系统简图

干煤粉与氧气和蒸汽送入气流床气化炉，工作压力为 3.0～4.0MPa，部分煤粉发生氧化燃烧，将温度提升到 1340～1400℃。炉内的温度、压力与流态可以保证煤粉与蒸汽迅速反应，碳接近完全转化，生成含有大量 CO 与 H_2 的合成气，煤中的矿物质形成熔融流渣。气化炉出口的粗合成气体具有很高的压力与温度，必须经辐射冷却器、对流换热器冷却并同时产生高温高压蒸汽，或采用喷水或冷煤气激冷，将合成气冷却到要求的温度再进行净化处理。

清洁的合成气送入燃料气饱和器，冷燃料气与热水接触进行热质交换，得到含有水分的合成气流，其中的水蒸气抑制 NO 的生成，同时也增加了流经燃气轮机的质量流量。饱和器出来的燃料气与压气机提供的空气及空分装置出来的氮气一起送入燃气轮机的燃烧室燃烧，推动燃气透平与压气机做功，燃气轮机排气送入余热锅炉，产生饱和蒸汽与过热蒸汽，余热锅炉的排烟温度约为 90℃。过热蒸汽驱动蒸汽轮机，部分饱和蒸汽作为工艺用汽。

七、煤气净化的特点

现已投入运营的 IGCC 电站多采用中温煤气除尘（一般在 250℃ 左右）、常温湿法煤气脱硫工艺，目前还没有可行的高温煤气净化技术。湿法常温煤气脱硫法主要是采用 MDEA 化学吸收法（乙醇胺类溶液吸收法，见第八章），脱硫效率较高，费用适中，适合于含硫量较高的煤。在采用常温脱硫方法时，应妥善考虑冷却高温煤气的热量回收与有效利用。

在 IGCC 的煤气净化系统中，追求的目标是采用高温煤气除尘和脱硫净化。气化炉产生的煤气在进入净化系统前不降低或较少降低温度，同时又要有效地脱除硫化物等，经净化后的煤气不再经过升温就直接进入燃气轮机燃烧室燃烧。由于高温煤气除尘和脱硫净化技术减少了热量交换所带来的热量损失，因此，可提高整体煤气化联合循环净效率 1%～2%，还可简化系统，减少设备投资。高温煤气除尘与脱硫尚处于研究与开发阶段，尚无成熟的运行经验。

高温脱硫前，必须经过高温除尘。高温除尘设备应除去煤气中 $5\mu m$ 以上的微小颗粒，除尘所消耗的阻力适当，在研究的高温除尘设备包括陶瓷纤维过滤器、金属丝网过滤器等。由于煤气中煤焦油的凝结温度为 450℃，因此，高温脱硫必须高于 500℃ 的温度。目前，高温干法脱硫方法有氧化铁法、氧化锌法等，脱硫剂为 Fe-Zn 系和 Zn-Ti 系金属氧化物，与煤气中的硫化物发生反应，其脱硫反应式为

$$Fe + H_2S \longrightarrow FeS + H_2$$

$$FeO + H_2S \longrightarrow FeS + H_2O$$

$$ZnO + H_2S \longrightarrow ZnS + H_2O$$

吸收了 H_2S 和 COS 的脱硫剂进入再生装置再生，再生后的脱硫剂再返回脱硫设备循环使用。但脱硫剂的再生设备复杂，脱硫剂的运行寿命短，目前尚不适合用于整体煤气化联合循环电站系统中的煤气高温净化。脱硫剂再生的同时会产生较高浓度（15% 左右）的 SO_2，可以被作为硫酸制备等化工工艺的原料。

高温煤气除尘脱硫净化技术的商业化应用将主要依赖于长寿命、高效的除尘过滤器和可重复回收使用的、价格低廉的煤气脱硫剂的研究与开发。

第五节　整体煤气化联合循环系统的空气分离制氧系统

目前，IGCC均采用富氧气体（氧气含量85%～95%）作为气化剂，因此，制备氧气的空气分离（常简称空分ASU）装置成为整体煤气化联合循环发电系统中的主要设备。

一、空气分离制氧系统的能耗

空气分离制氧通常采用常规的低温液化绝热分离方法（可参考相关的文献），在制氧过程中，要求向空气分离系统提供至少0.6MPa压力的压缩空气，所以，制氧的绝大部分功耗为空气的压缩，如果采用单独的空气压缩机，则将消耗大量的电能，在厂用电中占有很大的比例。为了尽可能减少厂用电的消耗，可以从燃气轮机的压气机中抽出一部分一定压力的压缩空气（1.2～1.4MPa）送入空气分离制氧系统，而不会明显减少整体煤气化联合循环装置的净输出功率和燃气轮机的效率，但可以大大减少空气分离系统单独设置空气压缩机的电力消耗。

IGCC的加压煤气化炉约在3MPa或更高压力下工作，因此，需要将来自空气分离系统的富氧气体经过升压再送到煤气化装置。空气分离制氧系统分离出来的氮气的压力也较高，可全部或部分地直接回注到燃气轮机做功，以减少压力的损失。空分后获得的氮气也可以作为副产品出售。

二、整体化设计的概念

IGCC机组的一个最突出的优点就是整体化设计，从工程热力学的基本原理出发，最大限度地利用各种物流和能量，以提高整体循环效率。整体化设计体现在两个主要方面：

（1）空气分离装置（ASU）与燃气轮机的整合程度，分为独立ASU空气压缩机，部分整合及取消空气压缩机的完全整体化。

（2）通过各种热力设备与系统的配置与连接，合理利用各种热能，譬如：余热锅炉接收煤气冷却器输出的高压饱和蒸汽，同时也给气化系统提供低压蒸汽；汽轮机凝结水先经过煤气冷却系统的预热后再送入余热锅炉；空气压缩机的间冷热量和高压压缩机出口空气的热量用于加热余热锅炉给水等。

空分装置是IGCC的能耗大户，其工艺流程与IGCC的整合关联程度对安全经济运行影响很大。采用不同整体化程度的空分流程方案，对IGCC系统性能的影响是不同的，因而出现不同类型与程度的关联。通常，整体化程度采用由燃气轮机的压气机提供给ASU的空气量占ASU所需总空气量的份额表示。

ASU所需的部分或者全部高压空气可以由燃气轮机的压气机出口提供，以减少或不装备低效率的ASU空气压缩机。ASU与燃气轮机间的整体化程度越高，越能降低机组投资与运行费用，减少NO_x排放，增加出力与提高运行效率。一般来说，100%的整体化的效率最高，而部分整体化的优点是可得到最大的发电输出、缩短启动时间与改进运行特性。另一方面，ASU 排出的高压氮气，除了用于工艺用氮气外，通常送至燃气轮机的燃烧室，稀释燃气以降低 NO_x 生成并增加燃机发电出力、获得较高的运行效率。利用氮气的多少，应与燃机的运行特性相匹配。

整体化提高了能量的利用效率，但也不可避免地使系统复杂化，增加了设备初投资及运行难度，降低了可靠性。当采用 100% 整体化空分系统时，燃气轮机与气化炉及空分装置紧密耦合，在 IGCC 机组启动或负荷急骤变化的情况下，均存在协调切换与调节难度大的问题。这也是 IGCC 机组调试周期长、可用率尚不高的主要原因。因此，需要基于全面的技术经济性比较来确定合理的整体化程度。目前的设计多采用部分整体化，即得到部分效率收益，也不会牺牲太多的可靠性。

三、空气分离制氧系统与燃气轮机系统的配置方式

根据空气分离系统与燃气轮机系统的配合关系，可分为完全整体化空分系统、部分整体化空分系统和独立空分系统。

1. 完全整体化空分系统

这是一种空气分离系统与燃气轮机系统之间最紧密的结合方式。空气分离制氧装置所需的空气全部来自高效率燃气轮机的压气机。其主要特点是空气分离设备的入口气体压力高，可取消单独的空气压缩机或降低空气压缩机的功耗，降低厂用电量。空气分离装置出来的高压氮气绝大部分回注到燃气轮机的燃烧室参加做功。如图 10-7 所示。

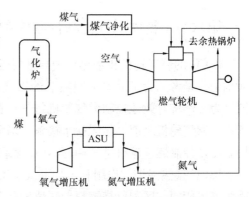

图 10-7 完全整体化空分系统示意图

但是，在这种紧密配置方式中，空气分离制氧装置的运行与燃气轮机的运行相互制约，使整个电站的机组启动和运行调节较为复杂。尤其是在启动过程中，在用天然气启动燃气轮机并达到稳定工况后，才能从压气机中向空分设备输送压缩空气，去进行制氧，再生产煤气，在燃料切换时给机组的稳定运行带来很大的技术困难，可靠性相对较低，也会影响到燃气轮机的出力和循环效率。

2. 独立空分系统

这是空气分离系统与燃气轮机系统之间最松散的结合方式。空气分离装置所需空气全部直接来自单独配置的空气压缩机。该系统的特点是，空气分离装置的运行与燃气轮机的运行关系不大，系统简单，机动性能好，整体可靠性高，但需要单独设置空气压缩机，而空气压缩机的效率要比燃气轮机的压气机效率低，是增加厂用电的主要设备，这种系统的常用电率最高。图 10-1 所示为独立空分系统。

3. 部分整体化空分系统

为了兼顾整体化空气分离系统的高效率和独立空分系统的可靠性，空分系统所需的压缩空气的一部分由燃气轮机组的压气机抽气供给，其余部分由独立的空气压缩机供给，其系统流程如图 10-8 所示。

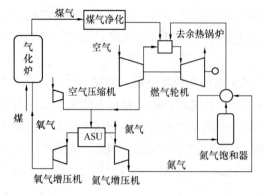

图 10-8　部分整体空气分离系统示意图

部分整体化空分系统的 IGCC 启动过程中，在用天然气启动燃气轮机并达到稳定运行时，启动独立空气压缩机，制氧并制取煤气，当煤气合格后，即可以供燃气轮机燃烧，逐渐完成两种燃料的切换，并平稳过渡到从燃气轮机的压气机向空分装置提供压缩空气。经济和技术分析以及工程实践表明，部分空分系统的综合效率较高。

设计部分整体化空气分离系统的两个重要参数为集成系数与氮气回注系数。集成系数定义为来自压气机的抽气量占空气分离装置所需总空气量的份额；氮气回注系数定义为空气分离器出来的氮气回注到燃气轮机的份额。

第六节　整体煤气化联合循环系统的燃气轮机、余热锅炉与蒸汽轮机

IGCC 的燃气轮机和余热锅炉与常规燃气——蒸汽联合循环有所不同。燃气轮机的设计区别主要是考虑为了适应不同热值的煤气以及煤气中残存的微小颗粒所存在的磨蚀和腐蚀。为了经济有效地控制燃气轮机排气中的 NO_x 的含量，采取在燃烧室内喷水、或在煤气送入燃气轮机之前，与无盐水接触，增大煤气的湿度，借以降低燃气轮机燃烧室内的火焰温度，控制燃气轮机排气中的 NO_x 含量。

IGCC 余热锅炉的作用和结构形式与第九章所述的燃气——蒸汽联合循环系统中的余热锅炉基本相同，区别仅是燃料的热值较低，燃气的流量大一些。但与燃煤增压流化床联合循环的余热锅炉相比，由于煤气的脱硫更彻底，因此，IGCC 余热锅炉的排烟温度可以设计的更低一些（还取决于锅炉给水的预热方式），余热的利用效果更好。

一、IGCC 燃气轮机的特点

1. 燃气轮机燃烧系统

以氧气为气化剂的 IGCC 电站中，气化炉生产的合成气的热值在标准状况下为 $10.47 \sim 12.56 MJ/m^3$（$2500 \sim 3000 kcal/m^3$）范围内，属于中热值合成气，燃气轮机燃烧室及辅助系统应适应中热值合成煤气的燃烧与输送特性。由于中热值合成气的燃烧特性与天然气比较有很大差别，常规燃气轮机的燃烧系统必须经过改造或改型设计，才能用于 IGCC 发电系统。

当 IGCC 气化炉向燃气轮机燃烧室提供热值标准状况下低于 $6.28 kJ/m^3$（$1500\ kcal/m^3$）的低热值煤气时，由于燃烧稳定性比较差，理论燃烧温度低，火焰传播速度较低，低负荷工况下易发生 CO 和碳氢化合物燃烧不完全，致使 CO 的排放量大大超过环保标准，以及容易发生熄火，因而燃气轮机的燃烧室须按低热值煤气燃烧室进行设计，所设计的燃烧室在任何工况以及负荷变化过程中都能稳定地组织燃烧。

在 IGCC 机组启动过程中，必须先用天然气或柴油启动燃气轮机，然后机组带负荷运

行，在气化炉正常供应合格煤气后，再由启动燃料切换为合成煤气，启动燃料同时作为备用燃料。因此，不论燃烧中热值煤气还是低热值煤气，燃气轮机燃烧室都必须能适应双燃料燃烧，既能单独燃烧中热值煤气（或低热值煤气），又能单独燃烧天然气（或柴油），也能两种燃料混烧，并能实现煤气与天然气或柴油燃烧工况的顺利相互切换。

由于低负荷下煤气燃烧稳定性较差，所以 IGCC 燃气轮机燃用煤气时的负荷不能太低，另外，IGCC 的负荷特性主要取决于气化炉的变负荷特性，机组降负荷运行不仅受到限制，而且操作比较复杂。实际运行的 IGCC 电站适合基本负荷，一般不宜在 60％负荷以下运行。

对整合分离与捕集 CO_2 的先进 IGCC 机组，则将合成煤气变换成富氢燃气，氢气的单位体积的能量密度很低，而其单位质量的能量含量却很大。因此燃气轮机及燃料系统应进行较大的设计改进，以适应燃用富氢气体的要求，目前还没有氢燃机投入商业运营。

2. 燃气轮机通流部分

在输出功率相同的条件下，由于煤气热值低，合成煤气流量大于燃天然气时的流量。因此，除了要增大煤气输送系统的尺寸与调节系统外，还需要对燃气轮机的通流部分进行改造，保持各部分间的流量平衡，使压气机或燃气透平满足燃料流量增加的要求，以防压气机发生喘振。加大燃气透平与压气机通流能力，以满足燃烧中、低热值合成气要求的主要方法有：改变静叶片安装角，改变叶片高度，降低燃气透平进口燃气温度等。

3. IGCC 机组降低 NO_x 排放的技术措施

IGCC 电站排放的污染物包括氮氧化物、一氧化碳、未燃尽碳氢化合物、氧化硫和微粒物质等。通过向燃气轮机燃烧室注水/蒸汽、注氮气，可使燃气轮机 NO_x 排放很低，满足更高的环保要求。

氧化氮按其形成机理基本上可分为：①在高温下把燃烧空气中自由氮氧化而形成的"热力 NO_x"，仅有百万分之几被氧化形成氧化氮，降低火焰温度降低热力 NO_x 的作用明显；②燃料中有机固氮氧化形成"有机 NO_x"，被氧化形成 NO_x 比例很高，采用降低火焰温度的方法来减少有机 NO_x 的作用很小。与常规燃天然气的联合循环机组相同，IGCC 直接燃烧煤气会造成燃烧产物中 NO_x 超标，可采用以下技术措施降低燃烧产物中 NO_x。

（1）向燃烧室注水或喷射蒸汽。这与常规联合循环的燃机通常采用的降低排气中 NO_x 含量的方法相同；基本原理是把冷源引入火焰区，以降低火焰温度。喷水是减少 NO_x 形成的一个非常有效的方法，喷蒸汽对减少热 NO_x 的效果略逊，水的高潜热在降低火焰温度的过程中起着一个强大冷源的作用。一般情况下，对于一定的 NO_x 减少量，蒸汽质量流量比水多约 60％。

如果向燃烧室喷水或蒸汽过多，会使一氧化碳增加，达到某一点后，随着水或蒸汽的进一步增加，一氧化碳排放会急剧地上升，同时也降低了燃烧室运行的稳定性。随着注水/蒸汽量的再增加，最终会达到火焰熄灭点。

（2）煤气预混水蒸气。对于燃用合成煤气但又不易获取氮气的工艺系统，在煤气进入燃烧室前，向中热值煤气喷水并达到饱和，增加了燃料湿度，可有效地降低燃烧火焰的温度以减少 NO_x 的排放。采用蒸汽饱和煤气的同时也提高了燃料气的喷射速度，可以避免低负荷下产生振荡燃烧。

（3）回注氮气。在氧气气化煤的过程中，作为副产品的高压氮气可作为理想的稀释剂直接注入燃气轮机燃烧系统，以控制 NO_x 排放。中热值煤气与来自空气分离装置的高压回注氮气预混成为低热值煤气，并被水蒸气饱和，然后送入燃烧室燃烧，即降低了燃烧室出口燃气的温度，也增加了流经燃气轮机的燃气流量，增加输出功率。也由于增大了混合煤气的容积流量，可以有效地避免发生振荡燃烧现象。

二、IGCC 余热锅炉的特点

IGCC 多选用无补燃余热锅炉型的联合循环形式，其原因是由于 IGCC 中燃气轮机的排气温度比较高，余热锅炉完全可以满足产生驱动汽轮机的高温高压蒸汽的需要。

IGCC 配置的余热锅炉在受热面布置方面略不同于常规联合循环中的余热锅炉，由于气化系统冷却高温煤气的同时，也产生了大量的高、中压饱和蒸汽，因此，余热锅炉主要用作过热器、省煤器和低压蒸汽发生器。图 10-9 所示为某 300MW IGCC 电站余热锅炉系统示意图。余热锅炉产生的低压蒸汽供气化系统作为工艺用汽，不足部分可由蒸汽轮机的低压抽汽供给。其他诸如汽水侧的多压特点与常规联合循环的余热锅炉相同。

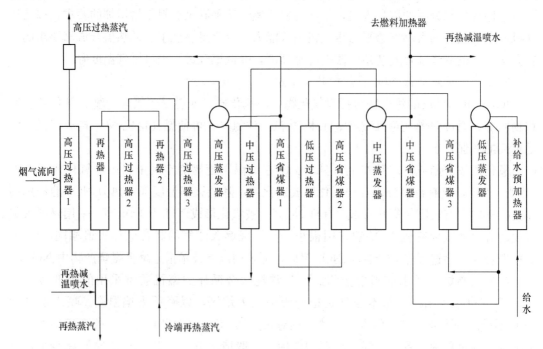

图 10-9　某 300MW IGCC 电站余热锅炉汽水流程图

由于 IGCC 系统工艺中煤气的脱硫率很高，燃烧产物中硫化物含量极低，因此，IGCC 余热锅炉的排烟温度可以低至 90℃ 左右，余热的利用效果更好。

三、IGCC 蒸汽轮机的特点

燃用合成气的 IGCC 中的蒸汽轮机与燃用天然气的常规燃气—蒸汽联合循环用蒸汽轮机没有明显差别，只是由于 IGCC 燃用合成气的燃气热值通常较低，燃气轮机出口温度较高，因此，蒸汽轮机的发电量较配相同类型燃机的常规燃气—蒸汽联合循环机组的蒸汽轮

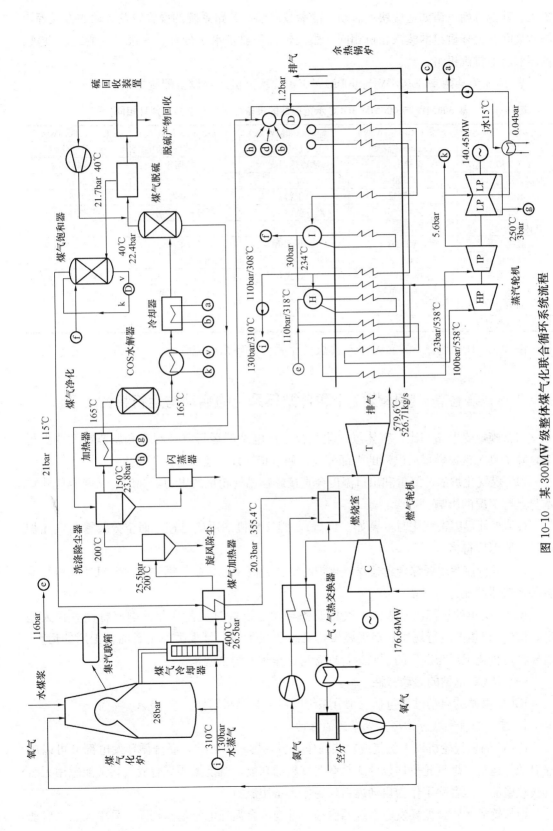

图 10-10 某 300MW 级整体煤气化联合循环系统流程

机大。其他方面，诸如适应快速启动、滑参数启动，旁路系统的设置以及启动的方式等均与常规联合循环机组的蒸汽轮机相同。蒸汽轮机一般是水平分缸、多级、纯凝式、再热、低压双流下排汽机组。

表 10-3 为某两座 300MW 与 400MW IGCC 示范机组的设备配置方案。

表 10-3　　某 300MW 与 400MW IGCC 示范电站的设备配置方案选择（煤种相同）

项　目	方案 1（400MW 级）	方案 2（400MW 级）	方案 3（300MW 级）	方案 4（300MW 级）
气化炉类型	Texaco 气化炉	Shell 气化炉	Texaco 气化炉	Shell 气化炉
煤气冷却工艺	全热回收	激冷热回收	全热回收	激冷热回收
原煤处理量（t/d）	3500	3220	2380	2090
给煤方式	水煤浆	干粉	水煤浆	干粉
空分类型	独立空分	部分整体空分	部分整体空分	部分整体空分
整体化程度（%）		47	40	51
脱硫工艺	MDEA	Sulfinol-M	MDEA	Sulfinol-M
燃气轮机	GE-PG9351FA	GE-PG9351FA	Siemens-V94.2K	Siemens-V94.2K
余热锅炉	自然循环卧式双压再热	自然循环卧式双压再热	强制循环立式双压再热	自然循环立式三压再热
汽轮机	双缸、单轴	双缸、单轴	双缸、多轴	双缸、多轴
IGCC 净出力（MW）	429	400	266	237
IGCC 净热效率（%）	42	43	38	39

图 10-10 所示为某 300MW 级整体煤气化联合循环系统流程。

第七节　整体煤气化联合循环系统的启动与运行特性

与常规燃煤电站相比，整体煤气化联合循环电站的运行复杂程度和调节难度要大得多，除了具有常规燃煤火电厂的大部分运行调节特性外，还具有以下特点：

（1）煤气化炉的产气量和出口温度会直接影响燃气轮机的出力，同时，又受到气化炉本身运行工况的影响。

（2）当外界因素变化时（譬如，负荷），燃气轮机的反应迅速，而空分装置与气化炉的反应要迟缓得多。

（3）运行控制中要综合考虑煤气化炉与空气分离系统、余热锅炉、汽轮机发电机组及各种换热器的配合与联系。

IGCC 机组的运行经验表明，气化设备与发电设备对负荷变化的响应特性有很大差别，IGCC 机组的运行规律与常规燃煤粉机组明显不同，且很类似于石油化工厂的运行，需要将运行化工厂与电厂的不同运行理念与操作规程结合起来。

一、IGCC 电站的启动特性

IGCC 电站的启动过程包括三个分系统的启动与燃料切换。

1. 燃气轮机和联合循环发电系统的启动

IGCC 的燃气轮机以天然气或轻柴油作为启动燃料，因此，联合循环发电部分可以单独启动与运行，燃气轮机均设计成具有双燃料的功能，既能燃用煤合成气，又能燃用天然气或轻柴油，后者除了作为启动燃料外还作为备用燃料。

燃气轮机和联合循环发电系统的启动与常规联合循环电站基本相同，采用天然气启动时，燃气轮机一般在 30min 左右就可以达到满负荷，余热锅炉和蒸汽轮机启动需要 1.5~2h。

2. 空分系统的启动

对于 100％整体化空分系统的机组，燃气轮机通常在 75％负荷时向空分系统供应空气。对于采用完全独立空分系统的机组，空分装置可以单独启动。目前，IGCC 电站的空分系统仍采用常规的低温分离技术，由于要将整个装置的温度降低到很低，因此，空分装置的正常启动过程很长，常温下启动通常需要数十小时。在空分系统维持冷态工况下启动时，向空分装置供空气约 6h 后可以达到所需要的氧气纯度。

3. 气化炉的启动

以水冷壁结构、干法进料的 Shell 气化炉为例，分别说明冷态与热态启动。

（1）冷态启动过程。首先用天然气（或石油气）点燃油喷嘴进行暖炉，同时辅助锅炉向膜式水冷壁供蒸汽或热水，将气化炉升温至 200℃。然后逐一投入气化炉的煤粉喷嘴（一般为 4 个喷嘴），使气化炉升温升压，水冷壁表面形成液态渣膜。

（2）热态启动过程。用天然气点燃燃油喷嘴 30~60min，煤气升压到 0.6MPa，所产生的粗煤气不经净化直接排向火炬。煤气逐渐升压到 1.5MPa 并完成净化，从硫回收焚烧炉烟囱中排出。气化炉从产气到 50％负荷约需要 1h。合成煤气达到要求后，将燃气轮机由天然气切换成合成煤气。燃气轮机燃合成煤气升负荷，再过 30~45min 即可达满负荷。通常 3h 就可完成气化炉热态启动并带满负荷。

在气化炉启动过程和正常运行中，气化炉温度是非常重要的操作参数。目前已经运行的示范电站采用的气化炉均为液态排渣，气化炉温度应比灰渣的流动温度 FT（即 t_3）高 50℃以上。

4. 燃料切换

机组启动过程中的燃料切换是 IGCC 电站运行的一个突出特点。切换操作的质量直接影响到机组运行的稳定性。燃气轮机启动后维持燃烧天然气运行，并开始向空分装置提供气化炉最低负荷（即 40％负荷）所需的空气量，气化炉点火并生产出煤气。起初，合成煤气在无氮气稀释的状态下送入燃烧室，并采用工艺蒸汽稀释。当稀释用氮气可用后开始掺入氮气，并停止供给稀释蒸汽。当煤气热值达到设计值时进行燃料切换，通常在 50％负荷进行燃料切换操作。切换时减小天然气流量，增大合成煤气流量，切换时间一般用 5min 时间，切换时负荷基本保持不变。然后继续升负荷，升负荷过程中，燃气轮机送至空分装置的空气流量应满足空气分装置和气化炉的要求。

即使对常规燃气轮机而言，燃料切换也是一次很大的运行扰动，对 IGCC 电站，燃料切换不仅对燃气轮机，而且对气化炉、空分装置等相关系统的运行也会产生很大的影响，所以对各个系统的协调控制提出了更高的要求，尤其对采用 100％整体化空分系统的电站。

二、IGCC 机组的负荷特性

IGCC 机组的负荷适应性取决于各分系统的负荷调节特性，主要取决于气化炉的变负荷特性，气化炉低负荷运行性能变差，且热惯性很大，IGCC 机组降负荷运行不仅受到限制，而且操作比较复杂。另外，负荷特性还与空分系统及发电系统等有关。

1. 气化炉负荷跟踪特性

在气化效率下降不大的情况下，气化炉既能够在部分负荷下运行，也能较好地跟踪机组负荷的变化，这也是IGCC机组发电所必需的。

目前，在IGCC电站中采用最广的气流床气化炉具有技术相对最成熟，单炉容量最大的特点。但是，从负荷调节能力来看，气流床气化炉的热容量较小，煤粒在流动过程中气化，在炉内停留时间很短，炉内几乎不留存未燃煤。当负荷变化时，为了维持火焰稳定，必须在操作中准确控制氧/碳（O/C）比，这就要求送入气化炉的氧气和煤量能够及时准确等比例准确调节，是保证气化炉运行正常及整台机组运行稳定的前提。尽管空分系统的变负荷能力较差，但如果有一定储存能力，氧气可迅速跟踪负荷的变化并准确调节；而煤量跟踪负荷相对较困难，采用水煤浆供料时，其流量的调节特性类似于油，相对容易控制；而对干煤粉加压送料，要达到准确供粉具有较大的难度，后续操作环节也明显多于煤粉炉。

一般来说，气化炉不投油（或天然气）最低负荷可稳定在25%，对于采用多个燃烧器的气化炉，可以通过调整投切的燃烧器数量。在低负荷工况下，碳转化率降低，全厂效率降低较多。有实验表明，气化炉在8%～10%负荷变化率下，气化炉参数的变化并不很大，实际运行的IGCC电站适合基本负荷运行，一般不宜在60%负荷以下运行。某IGCC电站实际能达到的负荷变化速率约每分钟4%，机组从75%升至100%负荷约需要30min。

2. 空分系统的变负荷特性

空分系统的变负荷能力较差，尤其是分馏塔对负荷响应缓慢，所以一般均采用较大容积的液氮和液氧储罐，以解决空分装置对全厂变负荷速率的限制。

3. 联合循环发电系统

对于联合循环发电系统，无论燃用天然气、油或是合成煤气，在负荷调节能力上无明显差异。但是，由于合成煤气的发热量远远低于前两者，低负荷下燃气轮机难以维持稳定燃烧，因此，整个电站的实际最低运行负荷不宜低于60%。

三、燃料特性变化对 IGCC 运行的影响

1. 合成煤气的燃烧特性的影响

以煤为燃料、氧气为气化剂的气流床气化炉合成气的成分和热值（10MJ/kg左右）与常规燃料（天然气或燃油）有较大差别，燃烧特性明显不同。合成气燃烧稳定性较差，尤其在低负荷时会造成CO燃烧不完全；合成气中含有较多的H_2，而H_2的化学活性高，燃烧速度快，易造成锥顶过热。

为了降低火焰温度来控制NO_x生成，必须掺混氮气（来自空分）来稀释煤气，再用水蒸气进行饱和，改变了合成煤气的成分比例，也使热值降低到4.1～4.3MJ/kg。经稀释后的合成气燃烧时的理论火焰温度要比稀释前低大约450℃，能有效地减少NO_x生成。也有采用将氮气由喷注水蒸气的通道注入燃机燃烧区，这种技术方案简单易行，但降低NO_x的效果略逊。

不同的燃气轮机制造商采用的合成煤气燃烧技术不同。一类是采用与燃用天然气相同

预混式低 NO_x 燃烧器。由于合成煤气中 H_2 含量高，增加了回火的危险性。另一类是采用扩散火焰燃烧器。

2. 煤种变化的影响

不同煤种或不同煤种的混煤通过对气化炉的影响，均对机组效率、运行适应性、发电成本等方面有明显的影响。

对水煤浆供料的 Texaco 气化炉，煤的活性、含硫量、灰分、发热量、灰熔点、氯化物含量、煤的成浆特性以及渣的腐蚀性、灰渣在煤气冷却器中的沉积特性等均是重要的影响因素。譬如，煤的活性和渣的腐蚀性与气化炉的运行温度直接相关，为了尽可能延长耐火砖的寿命，温度应尽量低，但为了获得高的碳转化率和渣的良好流动，温度又必须足够高。

对干煤粉供料的 Shell 气化炉，影响气化过程的主要特性包括：煤的活性、含硫量、灰的成分、灰熔点、渣的黏性及灰渣沉积特性，以及卤化物、微量元素含量等。

气化炉对煤种均有一定的适应能力，但是气化炉及其系统设计确定后，煤种特性的变化就会受到一定的限制。

四、IGCC 的可用率

影响 IGCC 可用率最大的是气化系统故障，例如，气化炉的耐火材料磨损与脱落，煤浆泵及喷嘴结垢等。对单气化炉，且无备用气化炉的煤基 IGCC，目前只能达到 80% 的可用率。对既无备用气化炉也无备用天然气燃料的情况，可用率将更低。如果附加一台备用的气化炉，并采用天然气作为备用燃料，其可用率可以达到与天然气联合循环机组的效率水平。有经验表明，由于系统复杂，IGCC 建设与调试的周期比较长，通常需要 2～3 年的时间才能达到 80% 以上的可用率。

五、整体煤气化联合循环的效率

整体煤气化联合循环净效率的计算是在余热锅炉型燃气—蒸汽联合循环效率计算式 (9-2) 和式 (9-3) 的基础上又考虑了煤气化炉和煤气净化过程中能量转化效率 η_G 而得到的，净效率的表达式为

$$\eta_{IGCC} = \eta_G \left[\eta_{GT} + (1 - \eta_{GT}) \eta_{ST} \eta_{HR} \right] (1 - \xi_e) \qquad (10\text{-}1)$$

$$\xi_e = \frac{W_{ASU} + W_{ETC}}{N_{GT} + N_{ST}} \qquad (10\text{-}2)$$

式中　η_G——气化炉的转换效率；

$\quad\quad\ \eta_{GT}$——燃气轮机净效率；

$\quad\quad\ \eta_{ST}$——蒸汽轮机效率；

$\quad\quad\ \eta_{HR}$——余热锅炉的效率；

$\quad\ W_{ASU}$——空气分离系统消耗的功率；

$\quad\ W_{ETC}$——IGCC 系统中其他设备消耗的功率；

$\quad\quad N_{GT}$——燃气轮机输出的电功率；

$\quad\quad N_{ST}$——燃气轮机输出的电功率。

在整体煤气化联合循环电站中厂用电率高达 10%～12%，在计算整体煤气化联合循环电站的净效率时是十分重要的。

由效率的计算式（10-3）可知，影响净效率的所有因素中，一部分因素仅与其设备本身的效率有关，譬如，气化炉、余热锅炉、燃气轮机、蒸汽轮机等，而厂用电率则与系统的合理配置有关，它取决于系统中的空气分离系统与燃气轮机的整体化程度，合理的配置不仅可以减少了系统的电耗，而且还可以增加燃气轮机的输出功率。

第八节　先进整体煤气化联合循环系统

一、先进 IGCC 创新性概念设计的背景

IGCC 的最初设计目的是用于高效洁净的燃煤联合循环发电。但是，IGCC 系统庞大复杂，组成设备众多，运行过程中各系统和设备互相牵制，互相影响，其系统设计与运行特性均比常规发电机组复杂得多。另一方面，与常规电站锅炉直接在锅炉炉膛内完成燃煤过程不同，IGCC 需要先将原煤在气化炉中气化，再经过净化后在燃气轮机燃烧室内燃烧驱动燃机发电，排气余热再经余热锅炉及蒸汽轮机发电。由于发电机组为了适应外界电负荷的需求，必须频繁改变发电机组的负荷，在我国电力系统，变负荷运行是对火力发电机组的基本要求，而 IGCC 的煤气化装置并不适合于在部分负荷及频繁变负荷的工况下运行，且系统的运行惯性也远大于常规煤粉锅炉发电机组。因此，除了 IGCC 系统复杂、投资高、建设周期长等外，负荷适应性差也是 IGCC 在发电行业应用不广泛的主要原因之一。

IGCC 机组的一个潜在的优势是具有突出的多功能性，包括发电、热电冷等多联产、生产化工产品及气液燃料、回收利用污染排放物（硫化物、CO_2 等）等。在已经运行的 IGCC 机组中，有一半以上并非专为燃煤发电而建造，而是为石油炼制企业处理炼油废弃物及煤化工企业生产燃料与化工产品，并同时生产自用电力的需要。传统发电企业对 IGCC 生产化工产品等既不感兴趣，也不在行，致使 IGCC 的应用尚不如其他洁净煤发电技术应用广泛。

为了克服传统基本型 IGCC 的问题，发挥其多功能性的优势，近年来提出了各种具有创新性、更适合未来发展的先进 IGCC 概念设计及示范工程，其基本思想是以发电为主的煤基能源与化工多联产，发电设备与化工设备相结合，并进而整合 CO_2 捕集与封存装置的先进 IGCC 系统。煤气化装置连续满负荷运行生产煤合成气，在发电满负荷时，全部（或大部分）煤合成气直接用于燃烧发电；在部分电负荷时，部分煤合成气直接用于燃烧发电，其余的煤气作为化工原料去进一步生产合成气、制氢或液体燃料、生产化工产品；同时，因地制宜地考虑煤气、热、冷等多联供，以及实现 CO_2 捕集与封存等。

先进 IGCC 的多功能性突破了传统分产系统各自片面注重产率和循环效率的思路，将化工流程与动力系统有机整合，将煤气化产物中适合于进一步转化的组分用来生产化工产品，不适于转化的组分则作为动力系统的燃料，并有效廉价脱除与回收污染排放物，解决分产的化工流程与动力系统难以克服的难题，同时实现燃料化学能与物理能的综合梯级利用。已有分析表明，多联产系统相对于分产系统可使能耗下降 5%～20%。

二、电力—化工多联产的先进 IGCC 系统

以煤气化制成合成气为源头，将煤化工流程与动力发电系统有机整合，合理兼顾发电需求与化工生产的特点，实现煤的化学能与物理能的综合梯级利用，成为一种具有良好发展前景的先进 IGCC 发电系统。图 10-11 所示为电力—化工多联产 IGCC 系统工艺流程的典型设计。

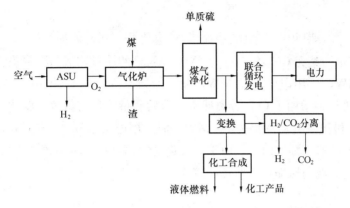

图 10-11　电力—化工多联产 IGCC 系统工艺流程的典型设计

煤合成气净化后可以全部或部分送入燃气—蒸汽联合循环发电，也可以将煤合成气经变换后制取氢气或经化工合成制取液体燃料及多种化工产品。由煤气化方法制取各种化工产品或燃料的工艺过程在我国的煤化工领域广泛应用，图 10-12 所示为基于煤气化生产各种液体燃料与化工产品的流程示意。甲醇脱水后还可以制取二甲醚，替代 LPG 作为民用燃料；从煤合成气制氢，由氢与氮合成可制取重要的化工产品氨，再由氨和二氧化碳合成制取尿素，我国对氨和尿素的需求量极大。

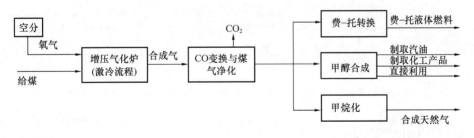

图 10-12　采用煤气化方法生产各种液体燃料与化工产品的示意图

三、分离与捕集 CO_2 的先进 IGCC 系统

在洁净煤发电技术的未来发展中，既要提高能源的转换效率、减排常规污染物，又必须采用 CO_2 捕集与封存来实现减排，大型燃煤电站作为 CO_2 集中排放源，很快将会面临着 CO_2 捕集与封存（CCS）巨大挑战。

整合 CCS 的先进 IGCC 系统有望成为一种现实可行的技术方案。IGCC 热力过程与 CO_2 分离一体化是控制 CO_2 同时实现零排放的有效途径之一。近年来，已经凝练出若干 CO_2 零排放的 IGCC 系统的设计概念。图 10-13 为在基本型 IGCC 系统中仅增加煤气变换环节即可以实现 CO_2 分离的先进 IGCC 系统，其分离 CO_2 的工艺过程是在它未燃烧、未被其他气体（氮）稀释前进行，因此，与其他从烟气中分离 CO_2 的技术比较，相关能耗将大大降低。

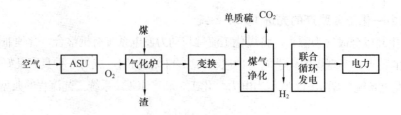

图 10-13　整合 CO_2 捕集与封存的先进 IGCC 系统流程

图 10-14 所示为某无 CO_2 分离的 500MW IGCC 的质量物流与参数设计方案。机组发电功率为 500MW，厂用电约为 90MW，设计净效率 38.4%。图 10-15 所示为在基本型 500MW IGCC 机组中增加了 CO_2 分离捕集环节后质量物流与参数的变化，可以明显看到所带来的影响。机组发电功率仍为 500MW，但厂用电增加到约 130MW，燃煤量增加约 23%，设计净效率 31.2%。而且，由于煤气化与净化过程均是在较高压力下进行，因此，也有利于 CO_2 的分离与压缩，相对耗能较少。

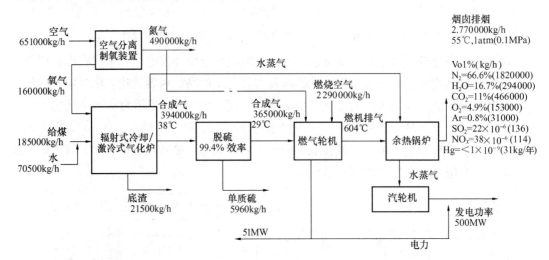

图 10-14　500MW 发电功率的 IGCC 质量物流与参数图（无 CO_2 分离）

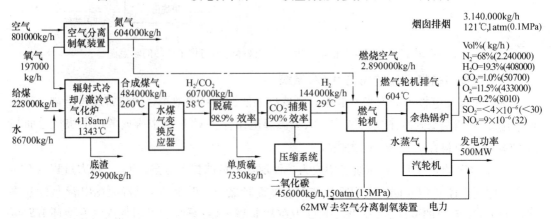

图 10-15　500MW 发电功率的 IGCC 质量物流与能量平衡图（有 CO_2 分离）

第十一章

增压流化床燃煤联合循环

增压流化床燃煤联合循环（PFBC-CC）根据燃烧室的类型不同分为增压鼓泡流化床和增压循环流化床联合循环，燃煤联合循环多采用增压鼓泡流化床。从联合循环的型式上，增压流化床燃煤联合循环类似于正压锅炉型联合循环，主要区别在于燃气的发生过程。因此，第九章所讲述的燃气—蒸汽联合循环的基本原理、大部分技术的特点和设备组成对增压流化床燃煤联合循环也是基本适用的。

第一节　增压流化床燃煤联合循环的发展与现状

增压流化床燃煤联合循环的发展始于 20 世纪 70 年代初，80 年代中期向示范电站阶段过渡，目前世界上已经投入商业运营的此类电站的数量已有十几座，最大容量已达300MW 级，技术日臻完善和成熟，已经具备提供增压流化床锅炉、燃气轮机和电站的成套系统的能力；我国在 80 年代初期开始进行增压流化床燃煤联合循环的实验研究，现在尚没有此类电站投入运营。

增压流化床燃煤联合循环是在增压流化床燃烧技术的基础上发展起来的一种新型高效、洁净煤燃烧发电技术，它具有效率高、环保性能好、系统比较简单、占地面积小、可以直接燃用原煤且煤种适应范围广、燃烧与传热强度高且结构紧凑以及运行方式与常规燃煤火电站接近等优点，与其他燃煤联合发电技术相比，造价相对较低。利用增压流化床联合循环技术进行火电厂老机组的改造也具有很好的前途，许多运行多年的燃煤机组的锅炉面临淘汰，但汽轮机仍能够正常运行，采用增压流化床锅炉替代原有的锅炉，组成燃煤联合循环，可以在较少投资的基础上，提高电站的容量、效率并降低污染物排放。

增压流化床燃煤联合循环是以增压的流化床燃烧室（在压力为 1.0～1.6MPa 下操作的鼓泡流化床或循环流化床燃烧室）为主体，以燃气—蒸汽联合循环为特征的新型燃煤发电技术。增压流化床燃煤联合循环系统中最关键的部分是增压流化床锅炉设备。

增压流化床燃煤联合循环继承了流化床燃烧的全部优良的环保性能，NO_x 的生成量很小，可以采取炉内脱硫措施，不用附加昂贵的烟气脱硫脱氮净化设备就能达到所要求的排放标准。但是，由于增压燃煤流化床燃烧室出口的烟气温度较低（为 850～920℃），在直接采用增压流化床出口烟气驱动燃气轮机的条件下，目前，联合循环电站的效率并不高。近年来，随着燃气轮机进口烟温的提高，发展了效率更高的第二代增压流化床燃煤联合循环，其主要特点是增加了一台炭化炉（或称为部分气化炉），将煤气产物供给燃气轮机的前置顶燃室，使增压流化床锅炉出口燃气初温提高到 1100~1300℃。

为了在燃煤发电中整合 CO_2 捕集与封存，近年又提出了增压富氧流化床锅炉整体化发电技术的概念设计。

第二节　增压流化床燃煤联合循环的原理和特点

一、增压流化床燃烧联合循环的原理

在增压流化床燃烧联合循环中，煤的燃烧和脱硫的过程是在压力为 1.0~1.6MPa、温度为 850~920℃下工作的增压流化床锅炉燃烧室中进行的，燃烧产生的部分热量被锅炉受热面吸收，排出的高温烟气（900℃左右）经高温分离器净化后进入燃气轮机扩容作功发电并驱动压气机，在增压锅炉中产生的过热蒸汽则送到蒸汽轮机做功发电，燃气轮机的排气热量用于加热锅炉给水，完成燃气轮机的布雷顿循环与蒸汽轮机的朗肯循环的联合发电。其基本系统如图 11-1 所示。

增压流化床燃烧联合循环的基础是燃料的流化燃烧，并且流化床被设置在于增压的压力容器内，因此，在继承了流化床高效燃烧、传热和低污染排放的所有优点的同时，还具有其独特的优越之处。

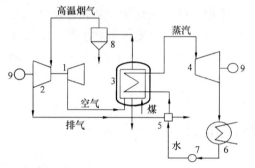

图 11-1　燃煤增压流化床联合循环基本系统示意
1—压气机；2—燃气轮机；3—增压锅炉；4—汽轮机；
5—给水加热器；6—凝汽器；7—给水泵；
8—烟气净化设备；9—发电机

二、增压流化床燃煤联合循环的特点

增压流化床燃烧不仅具有常压流化床高效燃烧、传热和低污染排放的所有优点（见第七章），还具有以下突出的特点，但是，也存在一些有待于解决的问题。

（一）主要优点

（1）在炉内压力达到 1.0~1.6MPa 的条件下，一方面，化学反应速度加快，燃料燃烧进一步强化，炉膛热强度提高，即使在较低过量空气系数下，燃烧效率也在 99% 以上；另一方面，炉内受热面的换热系数也随压力的增高而有所提高，锅炉受热面减少；因此，锅炉结构更加紧凑。

（2）增压流化床锅炉燃烧室内物料中可燃物所占比例极小，不超过 0.5%，其余是灰渣和脱硫剂等惰性物料，因此，增压流化床锅炉所用燃料的适应范围更广，几乎可以设计成燃烧所有的煤种。

（3）与常压流化床相同，脱硫剂和燃料混合后一起送入增压流化床燃烧室内，与燃烧过程中产生的 SO_2 直接反应生成 $CaSO_4/MgSO_4$ 并随灰渣排出炉外；在压力较高的条件下，脱硫化学反应速度加快，炉内脱硫的效果更好，脱硫效率高于常压流化床，当钙硫摩

尔比为 1.8 左右时，脱硫效率可达为 90％以上，而常压情况下达到同样的脱硫效率时所需的钙硫摩尔比通常在 2 以上。

（4）由于燃烧温度一般在 850～920℃之间，因而，抑制了 NO_x 的生成；而且，在增压流化床燃烧的条件下，NO 的排放随着压力的增高而有明显的降低，NO_x 的排放浓度仅为 140～280mg/m³；但是，有研究表明，N_2O 的排放量随着燃烧室压力的增高而有明显的增加。

（5）与常压流化床燃烧相比，增压流化床燃烧具有可同时降低 NO，SO_2，CO 和粉尘这些污染物的排放的优点，这些污染物的排放量一般只有常规火电机组的 1/5～1/10。

（6）由于采用燃气—蒸汽联合循环方式，所以，可以直接利用压气机所提供的空气气源。经压气机压缩后的空气不仅具有较高的压力，而且温度也高达 300℃左右，因此，锅炉既不需要空气预热器也不需要装备送、引风机，送风系统简单，节约厂用电，发电机组占地面积小、安装周期相应比较短。

（7）与整体煤气化联合循环相比，由于采取直接燃煤的方式，因此，所需设备较少，控制系统也相对简单；与其他类型的洁净煤发电技术相比，其单位投资和发电成本均相对较低，并适合老机组的增容技术改造。

（二）尚存在的问题

在燃煤增压流化床联合循环的研究与发展中，不断面临一些有待于解决的棘手问题，譬如，受热面的磨蚀，N_2O 的排放量较高，高效除尘，粉尘排放的有效控制，燃料的处理与输送，高温高压灰渣的排放与能量回收，燃气轮机叶片的磨蚀及耐高温性能，以及容量和参数的提高受到限制，这些问题的解决尚需要长时间的摸索与昂贵的费用。另外，其运行的可靠性能尚需在实际应用中的得到逐步改进。

第三节　增压流化床燃煤联合循环电站的组成

一、主要组成部分

燃煤增压流化床联合循环电站由增压流化床燃烧锅炉、燃气轮机和汽轮机三个主要部分组成。为便于了解个部件的主要特征，以某台典型的且已经商业运营的 100MW 级发电机组为例（P200 型）来具体说明，如图 11-2 所示。

1. 增压流化床燃烧锅炉

增压流化床燃烧锅炉燃烧室被封闭在一个直径为 11.5m、高为 32m 的钢制压力容器内。在压力容器内布置有鼓泡流化床燃烧锅炉、两级烟气净化装置、床料再注入容器及灰渣减压冷却器等设备。其中，增压流化床锅炉是整个系统的核心设备，如图 11-3 所示。

该锅炉是一台本生式直流锅炉，采用全悬吊结构；水冷壁管布置在锅炉炉膛内，炉膛内装有蒸发器、两级过热器，在第二级过热器之前设有喷水减温装置来控制蒸汽温度；省煤器独立于锅炉本体之外，燃烧所需空气直接由燃气轮机的压气机供给（热空气的温度为 300℃）；满负荷时，增压流化床燃烧室内的运行压力约 1.2MPa，燃烧效率可达到 99％，增压流化床燃烧室出口的设计烟气温度为 838℃。

在增压鼓泡床锅炉运行时，燃烧所需的全部空气都作为流化空气经布风板送入炉膛，

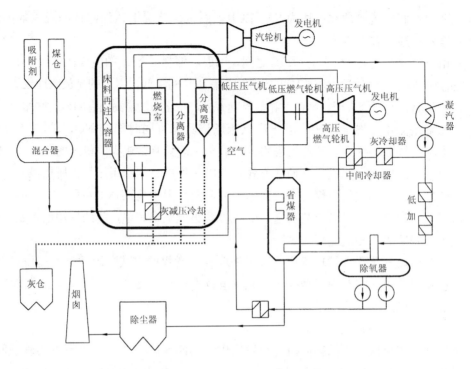

图 11-2　增压流化床联合循环工艺流程图

过量空气系数为 1.2～1.3，能保持一定范围的流化速度（流化速度接近 1m/s），使床层在整个运行负荷区间内处于鼓泡流化床的状态。炉膛燃烧室床层内布置有埋管受热面，起到带出床层内一部分燃烧热量并维持基本恒定的床温的作用。

2. 燃气轮机动力装置

燃煤增压流化床联合循环电站的燃气轮机与常规燃气—蒸汽联合循环的燃机相比无特殊之处，设备结构等特点见第九章的有关内容。

在增压流化床联合循环中，燃气轮机联结着压气机和发电机，由压气机向增压流化床

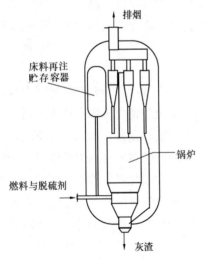

图 11-3　增压流化床锅炉布置示意图

锅炉提供燃烧空气、流化空气及冷却空气，并随锅炉负荷变化作相应改变。增压流化床锅炉排出的高温、高压烟气经过净化后直接进入燃气轮机做功发电并驱动压气机，燃气轮发电机发电量占联合循环机组全部输出功率的 20％～25％。

该机组的燃气轮机采用双轴结构，低压燃气轮机驱动低压压气机，并利用低压燃气轮机入口的调节导向叶片来控制低压燃气轮机的转速，实现变速调节，从而满足燃烧室在不同工况下所需求的空气量。高压燃气轮机驱动高压压气机并通过行星形齿轮箱与发电机相联。燃气轮机输入转速 6100r/min，输出转速 1800r/min，采用定速运行。

燃气轮机排出的烟气经省煤器对锅炉给水进行加热，被冷却到150℃左右后经过除尘器进一步除尘再排入大气。

3. 汽轮机动力装置

由汽轮机本体及其辅助系统组成，它与传统燃煤电站所采用的汽轮机系统基本相同，只是由燃气轮机的余热回收设备（省煤器）替代了部分给水加热器的功能，使汽轮机抽汽回热系统略有变化。该蒸汽动力循环部分的发电量占总输出功率的75%～80%。

二、燃煤增压流化床锅炉本体及其辅助系统

增压流化床燃煤联合循环电站工艺系统的设计和运行与其他型式的联合循环电站有不同程度的差别。

以图9-2所示的典型100MW联合循环发电机组为例。增压流化床锅炉主要由汽水系统、空气系统、烟气净化系统、除灰、燃料制备和供给系统、吸附剂输送系统、床料再注入系统、床层预热系统、燃烧室减压系统、氨、氮气的配给系统及过程空气系统等组成。以下介绍其几个主要的工艺系统。关于增压流化床锅炉的运行控制与常压流化床锅炉有相似之处，但无疑更复杂，可参见第七章的内容和其他有关文献。

1. 汽水系统

该机组采用本生式直流锅炉，其汽水系统与同类型的常规煤粉锅炉的汽水系统差别不大。采用直流锅炉的原因在于不需要庞大的锅筒，便于埋管受热面的布置，可以滑压运行，负荷变化性能好。经过省煤器升温至249℃的给水，首先从流化床底部的联箱送入锅炉，在膜式水冷壁管内吸热，随后进入埋在炉内流化床层中的埋管蒸发器，继续吸热达到饱和沸腾状态。在40%负荷以下，锅炉蒸发器内产生的是汽水两相混合物，因此，将被送到炉体外的汽水分离罐内进行汽水分离，分离出来的水送至除氧器，分离出来的蒸汽进入一、二级过热器，在第二级过热器之前由喷水减温装置来控制蒸汽温度（喷水量占过热蒸汽总流量的3%左右），二级过热器出口产生压力为8.83MPa，温度496℃的过热蒸汽。在满负荷下，给水在锅炉蒸发器中全部汽化为饱和蒸汽。

二级过热器出来的过热蒸汽经过汽轮机高、低压缸膨胀做功后进入凝汽器。从汽轮机抽出压力分别为3.2MPa和1.3MPa的蒸汽可以作为工业用汽和采暖用蒸汽。凝汽器出来的凝结水，由凝结水泵送入凝结水净化器，凝结水进入一级省煤器之前被分成几路分别送入燃气轮机的中间冷却器、过程空气冷却器、灰冷却器。然后，被逐级加热的凝结水进入除氧器。除氧给水由给水泵送到二级省煤器及高压加热器；两路给水混合后，经三级省煤器吸热后进入燃烧室内的水冷壁受热面。

目前，增压流化床联合循环电站的锅炉汽水部分均采用单压系统，还未有采用再热蒸汽循环方式的热力系统。

2. 空气系统

从燃气轮机的高压压缩机出来的压缩空气压力为1.2～1.6MPa、温度为300℃。高、低压压气机之间设置中间冷却器，以限制高压压气机出来的压缩空气的温度不超过300℃。压缩空气在为压力容器提供要求的压力环境的同时，用做燃烧用的高温空气、维持正常流化的风量以及提供不同用途的冷却风等。

燃气轮机出来的压缩空气按燃烧所需的全部空气量，经外侧环形风道进入增压流化床的压力容器中。进入压力容器的空气首先分别流经旋风分离器下面的飞灰冷却器、支架冷却器等，同时也得到进一步的升温预热。然后，全部热空气送入燃烧室底部配风风室，经布风板喷嘴送入床内作为一次风（或称为流化风）送入炉膛燃烧室。

3. 烟气系统

燃料经在鼓泡流化床内和悬浮空间燃烧并与炉内受热面换热后产生约 1.2MPa、838℃的烟气，离开炉膛的烟气含有大量的灰尘颗粒，然后在六组双级高温旋风分离器中进行粉尘分离净化，可除去 98% 的飞灰，使含灰量减少到 200mg/m³ 以下，10μm 以上的颗粒基本被除尽。

净化后的烟气经导出管进入燃气轮机，用来驱动发电机及为压气机提供动力（燃气轮机输出动力的 1/3 用来发电，2/3 用来产生压缩空气）。燃气轮机排出的烟气经省煤器冷却、进入除尘器除尘后排入烟囱。

4. 除灰系统

增压流化床锅炉排除的灰渣分为两种：高温旋风分离器中分离出来的飞灰和需要保持一定炉膛内床料高度而从流化床底部排出的床灰渣。在压力容器内高温高压的条件下向大气环境排出灰渣在技术上存在较大的难度，要求在有效、迅速地排出灰渣的同时，要尽量减少热量和压力的损失，不影响锅炉的效率和正常运行。

（1）高温旋风分离器中飞灰排放。高温旋风分离器中分离出来的飞灰温度高达840℃，它首先在压力容器内被流化燃烧用的空气冷却，然后输送到压力容器体外的 6 台飞灰冷却器中进行冷却，温度降至 200℃ 左右，然后输送到灰仓，整个过程通过气力输送方式完成。

（2）床底灰渣排放。当锅炉负荷一定时，应保持流化床床料高度恒定不变，为此就需要连续地从增压流化床锅炉底部的灰渣锁斗中排出多余的灰渣。灰渣的排放率取决于在一定负荷下所需保持的流化床料高度。由于灰渣温度与炉内床层温度相同，在 820～870℃ 之间，压力也处在炉内工作压力下，因此，当需要排出灰渣时，通过两组平行设置的控制灰量排放率的 L 阀及锁斗系统来实现。合理地设计和操作减压、降温和排渣过程，可以达到尽量减少压力和热量损失的目的。最后，排除的冷灰渣被输送到处于大气压力条件下灰渣仓中。整个过程也是采用气力输送方式完成的。

5. 燃煤的准备和供给系统

燃煤经过破碎处理，使其粒径大小和分布应符合增压流化床锅炉正常流化和燃烧的设计要求，然后用气力输送（干式输送）或水煤浆泵输送（湿式输送）注入增压工下下的炉膛。目前，气力输送的干法加料技术用的较多，但存在系统设备复杂、安全可靠性较差的问题。湿法加料技术是将一定粒度分布的煤粉（通常为 0～6mm）与一定比例的水（25%～30%）和脱硫剂制成煤水混合物，然后采用泵送技术，通过管道，再经喷嘴雾化后送入增压流化床。

6. 脱硫剂制备和输送系统

增压流化床燃烧过程中所采用的脱硫剂均为廉价丰富的石灰石。在燃烧过程中，为了能够快速有效地脱除燃烧过程产生的 SO_2，首先用破碎机把石灰石破碎至所要求的粒径大小和分布范围（最大粒径为 1mm），采用热空气干燥，并输送到石灰石粉储仓中去。然后，利用锁斗系统进行增压，通过调节给粉机，采用干式气力输送方式单独供给增压流化床锅炉燃烧室。

7. 床料再注入系统

与循环流化床锅炉相同（参见第七章的有关内容），锅炉负荷变化与燃烧室内床料高度（或存料量）有一对应的关系。在锅炉运行中，不仅需要在床料增多或要求床料减少时，通过排灰渣设备把一部分灰渣排除出去，还需要在要求迅速增加床内物料时（譬如，要求锅炉迅速增加负荷），随时将床料回注到床层内，以维持床料高度不变。

图 11-2 所示为机组在增压流化床压力容器内设置了两台床料再注入容器，可以根据锅炉负荷变化的需要控制灰料在燃烧室和再注入容器间的输送，以实现在不同锅炉负荷下炉内床料高度的调节。

当锅炉降负荷时，所要求的床料高度也应逐渐降低，需将床料抽出再注入容器内（或经过床底灰渣排放装置排出炉外），使床内存料量减少，床层高度降低。升负荷时，床料从再注入容器返回到床层，床层高度升高。由于在增压的情况下进行操作，因此，其系统和运行要复杂得多。满负荷运行时，该锅炉的床上物料流化高度约为 4m。多余的灰渣由床底灰渣排放装置减压和冷却后排至炉外灰渣仓。

8. 燃烧室减压与保护系统

该系统的作用体现在锅炉增压燃烧室和燃气轮机机组出现事故时或者正常停炉及机组启动期间的运行操作，目的是迅速可靠地释放燃烧的压力。

当锅炉增压燃烧室和燃气轮机发生故障时，首先需切断燃料供应，关闭中间截止阀将燃烧室和燃气轮机隔绝。燃烧室烟气通过旋风分离器后的灰冷却器和减压装置排出，高压空气经减压阀和消音设备排出压力容器，这两种措施可以迅速释放压力容器内的压力，使燃烧室压力降低到安全水平。

同时，经布风板向锅炉的燃烧室内注入一定流量、压力为 1.4MPa 的氮气，即起到冷却布风板和床料的作用、也能够迅速阻断炉内遗留燃料的继续燃烧。实际运行中的技术操作还要复杂得多。

9. 喷氨降低 NO_x 排放的系统

为了达到进一步降低 NO_x 排放的浓度，该系统在每一级高温旋风分离器前喷入一定量的雾化氨，用来脱除和控制 NO_x 的排放。液氨储气罐内的氨气根据脱除 NO_x 的需要量，计量输送到蒸汽雾化器进行雾化，并分别注入一、二级旋风分离器，与烟气混合还原其中部分的 NO_x。

10. 床层预热点火系统

床层预热点火系统与常压流化床基本相同。就所介绍的系统而言，在增压流化床锅炉布风板的底部设置了 5 台启动燃烧器，采用轻油燃烧和经预热空气助燃把炉床层内的固体惰性物料加热到 650℃，此后开始投煤并停止燃油，启动时床料高度大约是 0.8m。一般情况下，从冷炉状态启动，到满负荷大约需要 8h。

11. 过程压缩空气系统

增压流化床联合循环电站还需要独立的空气压缩系统，向以下设备系统提供一定温度和压力的压缩空气，包括：为燃料注入系统提供输送干燥空气；在机组启动期间，燃烧系统所需空气；提供压力容器加压用的高压空气；提供吹扫、清洁、冷却、L阀操作和给煤锁斗加压等设备所需用的空气。

第四节　增压循环流化床燃煤联合循环电站的特点

增压循环流化床构成的联合循环发电系统与以上所述的增压鼓泡流化床联合循环系统相比，在系统和结构上的主要区别是在压力容器中采用循环流化床燃烧室取代鼓泡床燃烧室，并由此体现了其在技术和结构上的优越性。系统流程可参见图 11-4。

在增压燃烧室的布置方案上，可以采用像增压鼓泡流化床那样将主要部件安装在一个压力容器中（见图 11-3），或根据循环流化床的特点将炉膛、分离器和对流烟道及烟气净化装置这几部分别安装在几个不同的压力容器内。

一、增压循环流化床锅炉的主要优点

（1）燃烧的反应速度进一步提高，炉膛内的容积热强度和截面热强度也高于增压鼓泡流化床，压力容器的截面积更小，占地也更少，表 11-1 给出了几种燃烧方式的炉膛截面热强度的数据。

表 11-1　　　　　几种燃烧方式的炉膛截面热强度

燃　烧　方　式	截面热强度（MW/m²）	燃　烧　方　式	截面热强度（MW/m²）
煤粉炉（烟煤）	4.4～6.3	循环流化床	
鼓泡流化床锅炉			
常压	0.7～2.1	常压	2.8～3.3
增压（1.5MPa）	～10	增压（1.5MPa）	～40

（2）由于循环流化床内的混合更强烈，可以减少给煤入口的数量，因而使燃料系统简化，并提高了运行可靠性。

（3）增压循环流化床中，炉内的颗粒浓度相对较低，而且充满整个炉膛，因此，不再需要在炉膛的下部布置浸埋受热面，而通常在炉膛的上部的稀相区布置屏式过热器，磨损较轻，易于检修和维护。

（4）增压循环循环锅炉炉膛的出口烟温较增压鼓泡床锅炉有一定的提高，而且，由于炉膛内温度分布均匀，且在炉膛的下部没有布置受热面，因此，在满负荷至低负荷（40%）的范围内均可以维持炉膛出口烟温的设计值。因为 N_2O 的生成量随温度的升高降低速度很快，由此带来的另一个优点是整个运行负荷范围内，N_2O 的生成量较增压鼓泡流化床有较大幅度的降低。

（5）在增压鼓泡流化床床锅炉运行时，燃烧所需的全部空气都作为流化空气经布风板送入炉膛，过量空气系数为 1.2～1.3。而在增压循环流化床中，可以采用分级配风方式，

床层的过量空气系数维持在 0.6～0.7，能使 NO_x 的排放量进一步降低，更加体现了流化床燃烧的优点。

（6）在增压循环流化床中，由于脱硫剂的循环使用，脱硫效率也较增压鼓泡床有所提高，在 Ca/S 比为 2 时，脱硫效率可达 95%，而对应的鼓泡流化床为 90%。

（7）增压循环流化床锅炉也可以设置外置式鼓泡流化床换热器（参见第七章的有关内容），增加运行中的调节手段；另外也由于采用了分级配风的方式，可以通过改变一、二次风的配比来适合负荷的变化，再者，增压循环流化床锅炉中的物料净存量、金属材料的总量和耐火材料使用量较少，因而启动和停炉较快，所以，增压循环流化床锅炉的控制调节特性要优于增压鼓泡流化床锅炉。

总体上，增压循环流化床锅炉的环保性能和燃烧效率均优于增压鼓泡床锅炉，在部分负荷运行下更为显著。

二、第二代增压循环流化床联合循环发电技术

20 世纪 90 年代后期，为了克服以上所述的增压流化床燃烧联合循环动力装置中燃气轮机的入口温度较低的问题，提出了第二代增压循环流化床联合循环发电技术。该技术集中了煤气化技术和增压循环流化床燃烧的优点，构成了带气化的增压循环流化床燃烧联合循环装置。在这个系统中，主要是增加了一个增压气化装置，将原煤分解为煤气和焦碳，焦碳被送入增压流化床燃烧锅炉作为燃料，经过净化的煤气被送入燃气轮机的前置式燃烧室，与来自增压流化床锅炉的热烟气混合并提高温度后送入燃气轮机作功发电；相应地，压气机出来的压缩空气也被分为三部分，分别送至增压循环流化床锅炉、增压煤气化室和燃气轮机前置式燃烧室，见图 11-4。

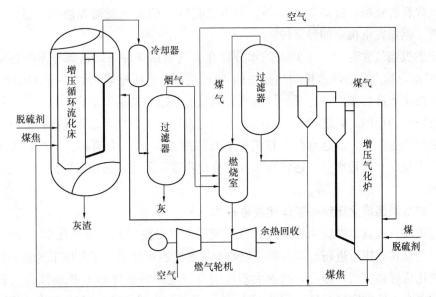

图 11-4　带气化的增压循环流化床燃烧联合循环装置（燃烧部分）

由于该系统增加了煤的气化和煤气补燃，即保留了增压循环流化床燃烧的特点，也使得能与先进的燃气轮机相匹配，从而可以进一步提高联合循环机组的效率。

第五节　捕集 CO_2 的燃煤增压流化床锅炉整体化发电

燃煤电站是 CO_2 的集中排放源，燃煤发电系统与 CO_2 捕集与封存相整合的技术将成为未来洁净煤发电技术发展的趋势，美国 Thermo Energy 公司提出了采用增压流化床锅炉的富氧燃煤整体化发电系统（Thermo Energy Integrated Power System，简称 TIPS）的概念设计方案，与其他煤的常规空气燃烧及富氧燃烧发电技术（见第十三章）比较，具有明显的技术与经济优势。目前，尚处于探索与研发阶段，未投入商业化示范与应用。

一、燃煤火力发电装置捕集 CO_2 的现状

目前，从燃煤电站大规模捕集与封存 CO_2（CCS）的现有技术是将从烟气中捕集（采用化学或物理方法）的 CO_2 气体进行压缩、冷却成液态 CO_2，以便于运输、利用或封存（见第十三章）。在常规空气燃烧的锅炉中，烟气中 CO_2 的浓度仅为 $10\%\sim14\%$，从烟气中分离与捕集 CO_2 的技术难度巨大，同时需要消耗大量的电力，经济性较差，限制了其大规模推广应用。

20 世纪末提出了富氧燃烧技术，也称为 CO_2/O_2 烟气再循环煤燃烧技术，近年已经进行了中试研究与小规模工业示范。由于采用富氧与再循环的 CO_2 组织煤的燃烧过程，烟气中 CO_2 的浓度提高到 90% 以上，可以直接将锅炉排出的烟气（为 120℃左右）冷却并压缩得到液态 CO_2，达到捕集与封存的目的。该技术在整个燃烧与换热设备设计中采用在大气压力下的富氧煤燃烧方式（煤粉锅炉或循环流化床锅炉），此时，由于采用了部分烟气再循环，尽管排烟温度不变，但排烟体积减小，所以排烟损失有所减小，锅炉效率较常规空气煤粉燃烧锅炉提高 $3\%\sim4\%$。但由于制氧与 CO_2 压缩需要消耗大量的电力，较大地降低了燃煤发电机组的经济性。

由于燃煤烟气含有 $10\%\sim15\%$ 的水分，在大气常压条件下，这部分水分的凝结温度为 $61\sim67$℃，其汽化潜热占排烟热损失的 50% 左右。常压燃煤锅炉的排烟温度在 120℃左右，从技术经济性角度，这部分排烟水分的低温凝结热量是不适合采用热力系统内任何设备进行回收利用的，只能抛弃。因此，无论对常规空气燃烧还是富氧燃烧，均无法进一步提高锅炉的热效率，以达到部分抵消制氧与压缩 CO_2 的电力消耗。另外，由于锅炉排出的烟气不仅含有大量水分，还含有灰分及硫化物等，因此，必须对再循环烟气进行除湿净化处理。

二、燃煤增压流化床锅炉整体化发电技术

通过重新审视富氧燃烧系统发现，该系统的空气分离制氧与最后压缩高浓度 CO_2 烟气的过程均是在高压下进行，但在整个燃烧与换热过程中又沿用了常压下的常规煤粉燃烧或循环流化床燃烧方式，因此，两次大规模的空气压缩制氧与 CO_2 压缩液化过程均消耗了大量的电力，使在富氧条件下回收 CO_2 的技术也存在成本高、经济性差的问题，难以体现富氧燃烧在捕集 CO_2 方面的优越性。

基于富氧燃烧技术提出的燃煤增压流化床锅炉整体化发电的概念，仍然采用富氧燃烧与烟气再循环方式，但是，从空气分离制氧、煤燃烧与锅炉换热，直到烟气压缩捕集 CO_2

的全过程均维持在高压下完成。如果整体系统压力升高到 6.0～8.0MPa，则锅炉排烟中的水分凝结温度会大幅度提高到 167～222℃，因此，可以采用锅炉排烟冷凝器，将原本无法利用的水分低温凝结热量变成了有利用价值的较高温度的凝结热量。初步计算表明，

如果在火力发电的蒸汽动力循环系统中利用这部分烟气水分凝结热量加热锅炉给水，部分地替代加热锅炉给水的汽轮机抽汽，可使汽轮机的输出增加约 8%。在捕集 CO_2 的情况下，可以节省压缩液化 CO_2 的电能消耗。另一个突出的优点是 CO_2 的液化工艺大大简化，因为，对应于 6.0MPa 的烟气压力，其对应的 CO_2 凝结温度只有 20～25℃（见图 11-5），只需要采用电厂的冷

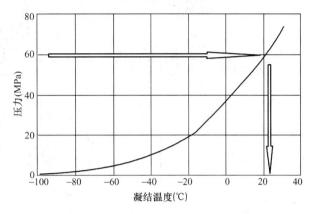

图 11-5　对应于 6.0MPa 的 CO_2 凝结温度

却水将烟气进一步冷却到 20℃ 以下，就可以得到液态的 CO_2。在环境温度下（20℃）回收液态 CO_2，比常压富氧技术采用的多级压缩与制冷工艺节约了大量的电能，而且，也由于烟气中的水分已经凝结，锅炉的排烟损失较常压富氧燃烧进一步降低，锅炉效率进一步提高到 94%～96%（基于煤的高位发热量）。同时再循环回到炉膛的烟气也被脱去了水分，烟气中的大部分灰分也会随水分被除去，SO_2 与 SO_3 也会被同时除去，不必设置烟气脱湿净化设备，大大简化了富氧燃烧设备与系统。

　　由于燃烧与换热过程均在高压下运行，与在常压下运行比较，锅炉所有部件的尺寸均会大大减小，目前，完成高压燃烧与换热过程的最理想、也是较成熟的技术是增压流化床锅炉（PFBC），只是需要进一步提高 PFBC 运行压力就可以满足该新型富氧燃烧发电系统的要求。压力越高，燃烧速率越快，可以抵销炉膛尺寸减小使停留时间减小的负面影响，未燃碳损失将减少；压力升高，对流换热系数会比常压下增加一个数量级，对流受热面的尺寸减小；但炉膛尺寸减小导致辐射层厚度减小，从而使辐射换热强度有所减小。压力升高，与常压比较，烟气净化设备尺寸减小，排烟凝结器的尺寸减小。

　　将增压流化床锅炉技术用于增压富氧燃烧系统，比用于蒸汽—燃气的联合循环系统更能体现其优越性，省去了高温高压烟气除尘净化处理，不存在燃气轮机的磨损等问题；可以燃烧褐煤及生物质等高水分燃料；不需要污染物排放控制设备。另外，增压富氧燃烧系统只是与热力系统的回热加热器整合，与发电机组参数是亚临界还是超临界基本无关。综合比较表明，这是迄今为止可以有效捕集 CO_2 并维持较高经济性的较理想的燃煤火力发电技术。

　　燃煤增压流化床锅炉整体化发电概念的系统流程见图 11-6。在增压流化床锅炉中完成煤的富氧燃烧与炉内换热，从 PFBC 出来的烟气首先流经省煤器，再到排烟冷凝器加热凝汽器出来的低温锅炉给水，释放了水分的汽化潜热并脱除了水分的高压烟气的一部分作为再循环烟气送回锅炉燃烧室完成富氧燃烧，另一部分高压烟气直接送入 CO_2 冷凝器，采用略低于常温的水进行冷却即得到液态 CO_2。

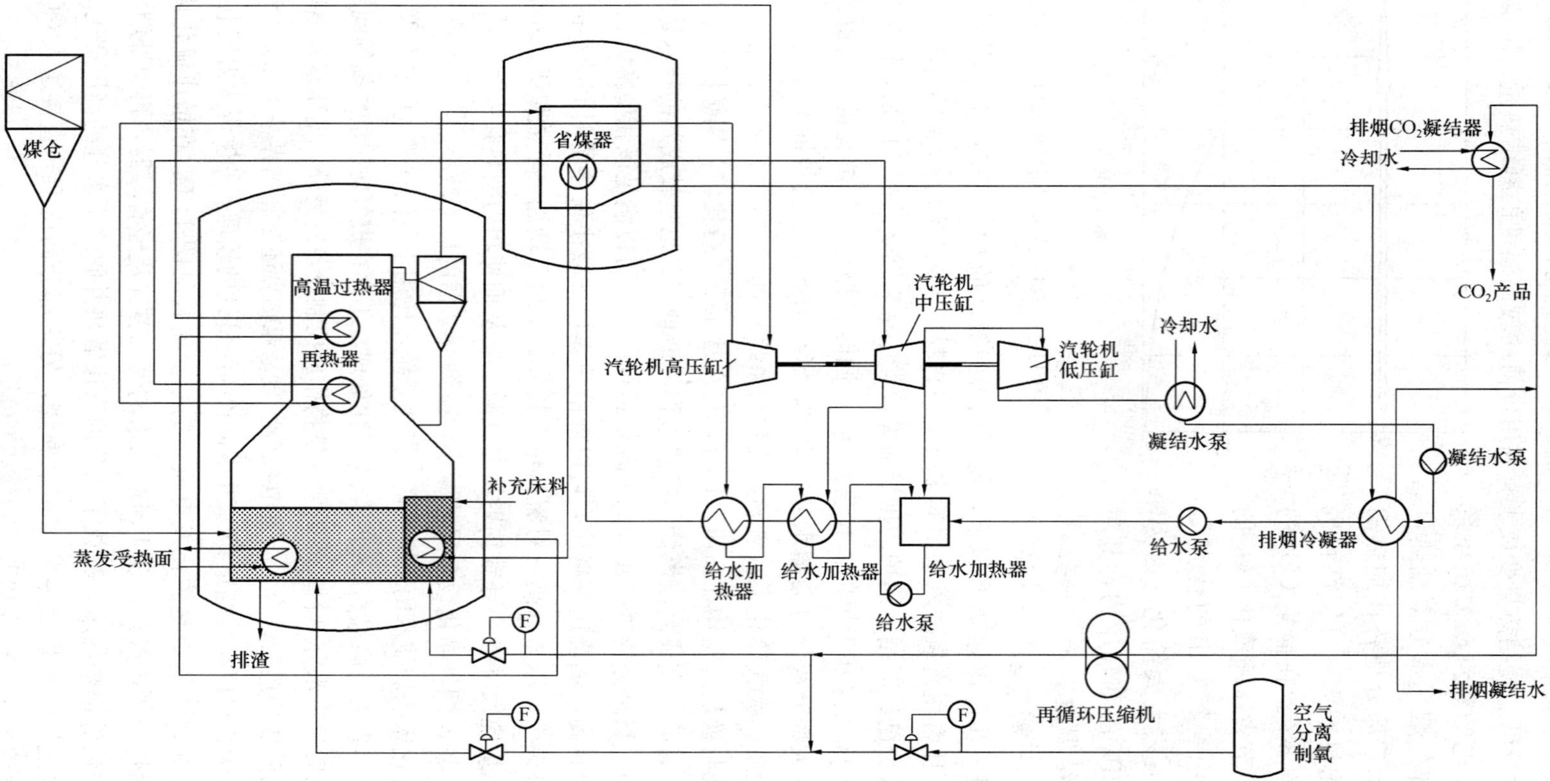

图 11-6 燃煤增压流化床锅炉整体化发电系统

由于系统全过程整体增压，提高了锅炉热效率，增加了汽轮机的输出功率及机组热效率，减少了 CO_2 冷却压缩液化的电能消耗，因此，可以部分抵销系统增压所增加的功率消耗。表 11-2 与表 11-3 比较了各种燃煤方式与污染物控制技术的经济性。

表 11-2　　　　　　　　各种燃煤方式与污染物控制技术的发电成本比较

技 术 类 型	发电成本（相对值）
PC 燃烧＋炉内 $DeNO_x$	1
PC 燃烧＋炉内 $DeNO_x$＋SCR＋FGD＋DeHg	1.32
空气 PC 燃烧＋炉内 $DeNO_x$＋SCR＋FGD＋DeHg＋CO_2 捕集	2.28
富氧 PC 燃烧＋炉内 $DeNO_x$＋SCR＋FGD＋DeHg＋CO_2 捕集	2.44
TIPS 燃烧＋CO_2 捕集	1.88

注　PC 燃烧表示煤粉燃烧；DeHg 表示脱汞。

表 11-3　　　　　不同燃烧方式的各种效率比较（机组发电功率＝500MW）

技术类型	净输出功率	毛输出功率	锅炉效率	蒸汽侧效率	净循环效率
空气常规燃烧	453	500	89	38	34
常压富氧燃烧	326	500	89	38	23
增压富氧燃烧	377	500	97	41	30

注　基于燃料的高位发热量。

第十二章

燃 料 电 池

第一节 概 述

燃料电池是一种以氢为主要燃料，将燃料中化学能直接转换成电能的高效、低污染、无噪声的发电装置，见图 12-1，因其不是热机，不受卡诺循环效率的限制，所以效率可以很高，理论上，燃料电池的能源利用效率可达 80％以上。目前，实际运行的各种燃料电池，由于技术因素的限制，再考虑整个装置系统的耗能，其总的效率多在 45％～60％范围内，如果考虑排热的利用，则可达 80％以上，远远高于常规火力发电设备 35％左右的发电效率，也高于燃气—蒸汽联合循环 50％左右的发电效率。

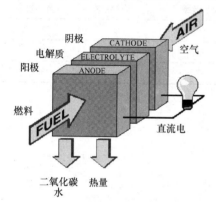

图 12-1　燃料电池发电示意图

使用碳氢燃料的燃料电池发电设备的主要反应产物为水和 CO_2，向大气排放的有害物质（如 NO_x，SO_x 和粉尘）比传统的大电厂少得多，CO_2 排放量也减少了约 75％以上。而使用氢和氧的燃料电池，反应产物仅为水，对环境没有任何污染，是一种零排放的洁净发电装置。

与传统的火力发电厂相比，燃料电池发电设备没有锅炉、汽轮机发电机组及其辅助大型机械设备，转动部件少，故噪声、振动小，工作寿命长，维修和保养工作较少，用水量也很少。

燃料电池发电具有燃料使用多样性的特点，可使用氢气、天然气、甲烷、液化石油气和煤气等，只要连续供给燃料，燃料电池便能持续进行发电。

燃料电池发电机组的规模可以随意选择，用途十分广泛，可以作为大型电站或地区分散型电厂，也可以作为工厂、生活小区、大型建筑群的现场型发电机组，直至为交通工具、飞机、便携式计算机甚至移动电话等提供高效洁净的电源。

近些年来，许多国家都将燃料电池技术与周边设施产业的开发列为国家重点研发项目，例如美国的"展望 21 世纪（vision21）"，日本的"新日光计划（new sunshine program）"以及欧洲的"焦耳（joule）计划"等，同时，企业界也纷纷投入巨资积极从事燃料电池技术的研究与开发，以加速燃料电池商品化，使得燃料电池逐渐具有与传统发电机组竞争的实力。在北美、日本和欧洲等各国，燃料电池发电厂正以惊人的速度迈入商业规模应用阶段，各种发电容量的燃料电池发电厂相继在这些国家新建与运行，将有可能继火力发电、水力发电与核能发电之后而成为 21 世纪的第四代发电方式。这种新型发电方式可以大幅度地降低空气污染、提高效率，并同时解决电力供应不均与不足的问题。

第二节　燃料电池的工作原理

　　燃料电池是通常所称的化学电池中的一种特殊类型的电池，一般意义下的化学电池由两个电极和电解材料组成，其工作原理可简单描述为：通过两个电极和电解材料相接触发生电化学反应，在与外界负载组成的电回路中，电子、离子发生迁移而形成电流。在燃料电池的发电过程中，作为燃料的化学物质与氧化剂发生着与普通燃料的燃烧反应类似的化学过程，这也是被称为燃料电池的原因。

　　燃料电池的组成和工作原理也与普通化学电池相似。燃料电池由燃料电极（负极）、氧化剂电极（正极）和电解质构成，电池的两个电极提供了电子转移的场所，阳极催化燃料（如氢等）的氧化过程，阴极催化氧化剂（如氧等）的还原过程，燃料和氧化剂分别在两个电极上、在特定温度下进行电化学反应；电解质则构成电池的内回路。

　　以氢为燃料的氢—氧型燃料电池的工作过程最能简单、直接地说明燃料电池发电的概念。如图 12-2 所示。使水电解而形成氢和氧气的逆过程，就是氢和氧气结合而产生电流的发电过程。如图 12-3 所示，燃料（氢）及氧化剂（氧）分别在电池的阳极和阴极上借助催化剂的作用，电离成离子，由于离子能通过在两个电极之间的电解质在电极间迁移，在阴极和阳极之间形成电压，在电极同外部负载构成回路时就可以向外供电，完成将化学能直接转变为电能的发电过程。对氢—氧型燃料电池，其电化学反应及总的化学反应为

阳极　　　　　　　　　　　　　　$2H_2 \longrightarrow 4e^- + 4H^+$

阴极　　　　　　　　　　　　　　$4e^- + 4H^+ + O_2 \longrightarrow 2H_2O$

总的化学反应　　　　　　　　　　$2H_2 + O_2 \longrightarrow 2H_2O$

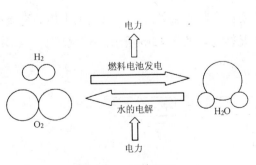

图 12-2　氢能燃料
电池发电的概念

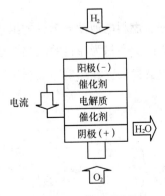

图 12-3　以氢为燃料的
燃料电池的构成示意图

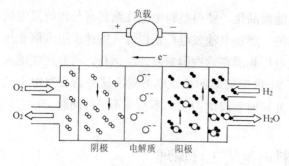

对以氧离子作为迁移离子的燃料电池，在电池的阳极形成反应产物水，其工作原理示意如图 12-4 所示。

燃料电池与普通化学电池有如下区别：

（1）普通化学电池是依靠化学物质储存能量，反应物质消耗至尽，即电能用完；可充电电池也是一样，只不过化学物质可以在外加电功率作用下重复储存能量；而对燃料电池，燃料电池的反应物质（燃料和氧化剂）是分别储存并按要求以连续流动状态供给电极的，燃料电池工作时，要连续不断地向电池内送入燃料和氧化剂。燃料电池本身只决定了输出功率的大小，而储存的能量则由燃料和氧化剂的储量决定。

图 12-4　氢—氧型燃料电池的工作原理示意

（2）在燃料电池内部发生着与普通燃料的燃烧反应类似的化学过程，因此，在燃料电池工作中，不仅需要排出反应产物，同时也需排出一定的热量，以维持燃料电池工作在一定的温度范围内。

（3）由于燃料电池的反应原料（燃料和氧化剂）均为气体，为了使气体与电极发生反应，首先应使燃料离子化，以便进行电极反应，这就要求燃料电池的两个电极具有催化的作用，并且为多孔质材料，以增大燃料气、电解液和电极三者间的三相接触界面，这种多孔电极被称为气体扩散电极或三相电极。气体扩散电极的研究直接关系到整个燃料电池技术的发展，始终是燃料电池研究的重要课题之一。

（4）与普通电池不同，燃料电池的电极不会因使用时间过长而被腐蚀，电解质的特性也不会因长时间的反应而发生变化，只要燃料和氧化剂能连续不断地供给，燃料电池就能够持续、稳定地工作。

第三节　燃料电池发电系统

一、燃料电池发电系统的组成和系统流程

以碳氢燃料为原料的燃料电池发电系统主要由燃料重整处理、燃料电池本体、直流—交流电变换装置和热量回收利用等四个基本单元构成，如图 12-5 所示。

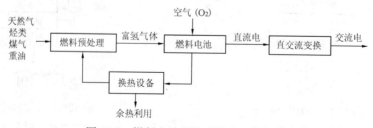

图 12-5　燃料电池发电系统流程方框图

1. 燃料重整处理单元

燃料在进入燃料电池之前必须进行预处理才能在燃料电池中使用。经预处理转化后的燃料主要成分为 H_2 和 CO，也含少量 CO_2。燃料预处理系统的组成主要由燃料和燃料电池的特性所决定。例如，天然气可用传统的水蒸气催化转化法，煤则须进行气化和进一步的转化处理，重质油则须加氢气化。不同类型的燃料电池也对其使用的燃料成分有不同的要求。如果以氢为燃料，则不需要此处理单元。

2. 燃料电池发电单元

该单元是燃料电池的心脏，燃料电池单元一般均由若干个单电池组合成电池堆，其主要组成部件和功能如下。

（1）电极和电解质。多孔扩散电极和电解质的组合是燃料电池的关键部件。一般在多孔扩散电极表面均涂覆有催化剂，以促进电化学反应速度。在燃料电池单元中，富氢燃料气进入阳极，氧化剂气体进入阴极。通常，有 $75\%\sim90\%$ 的燃料可以被一次转化为电能，剩余气体经处理后可循环使用。

（2）反应原料输送组件。按照要求的速率和压力向燃料电池供给洁净的燃料和氧化剂的装置。

（3）反应控制组件。合理组织反应物质分子的吸附和电离过程以及导出电子、反应产物和反应热的装置。

（4）换热器以及操作控制系统等辅助设备。将燃料电池工作时产生的热排出，以确保系统安全稳定地运行。

所有这些部件或装置组成燃料电池发电单元，在运行中，燃料电池本身是一个具有自平衡能力的发电装置。

3. 直流—交流电变换单元

直流—交流电变换单元的主要功能是将燃料电池发出的直流电转变成交流电，同时，还具有滤波与调节输出电流与电压、进行燃料电池系统中各个阶段的控制、确保系统运行过程完善与安全等功能。

4. 热量管理单元

该单元与电化学反应所产生热量的回收与综合利用密切相关，是提高燃料电池发电系统综合效率的主要设备。对规模较小、或工作温度较低的燃料电池系统，其热能可以应用于生产燃料预处理中所需要的蒸汽等；大规模且高温工作下的燃料电池发电厂可以设计成热电联产的系统模式。

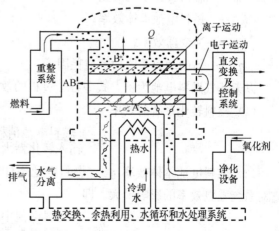

图 12-6　燃料电池装置原则性系统图

二、燃料电池系统的基本工作过程

如图 12-6 所示的燃料电池装置原则性系统。燃料和氧化剂分别供入两个和电极接邻的腔室，反应气体不能透过电解质层，只有在两极之间传输电流的离子可以透过。在分隔电解质—电极的表面，在催化剂参与的情况下进行氧化（与氧分子结合）反应和还原（去除氧分子）反应。反应形成离子 A$^-$ 和 B$^-$，而后又结合成反应的最终生成物 AB，并放出（或吸收）热量 Q。燃料氧化反应时释放电子使相应电极（阴极）上形成过剩负电荷；在阳极上，由于氧化剂还原反应的结果形成过剩正电荷。

当电极与系统外的负载相连接时，电极反应所生成的电子就能自阳极流向阴极，在其内部就会产生可完成有效功 E 的直流电流。

总的反应式可表示为

$$A+B=AB+Q(反应热)+E$$

通常单个燃料电池可建立 1V 左右的电压，因此，燃料电池多需要成组使用，以产生所要求的电压。

三、燃料电池的发电效率

（一）燃料电池系统的发电效率

由于燃料电池直接将燃料的化学能转换为电能，不是一种热机装置，因此，其发电效率不受卡诺循环效率的限制。

燃料电池系统的发电效率定义为，燃料电池产生的电能所相当的热能与以输入燃料电池的燃料热量的比值，可表达为

$$\eta = \frac{W_{FC}}{Q_1} \times 100\% \tag{12-1}$$

式中　Q_1——输入燃料电池的燃料所含的热能；

　　　　W_{FC}——与燃料电池产生的电能所相当的热能。

在实际系统中，燃料电池系统的发电效率取决于燃料转化、燃料电池本体、逆变器及辅助动力系统等过程的各个效率。所以，燃料电池系统的发电效率 η 还可以表示为

$$\eta = \eta_P \eta_{FC} \eta_{inv} \eta_m \tag{12-2}$$

式中　η_P——燃料转化系统的效率；

　　　　η_{FC}——燃料电池本体效率；

　　　　η_{inv}——逆变器效率；

　　　　η_m——辅助动力系统功率消耗因子。

以天然气燃料电池为例，式中各个过程的效率定义如下：

（1）燃料转化系统的效率 η_P

$$\eta_P = \frac{燃料电池消耗氢的热量}{输入转化器天然气的热量}$$

（2）燃料电池本体效率 η_{FC}。燃料电池本体效率亦即燃料电池本身的能量转换效率，它对系统发电效率的影响最大。即

$$\eta_{FC} = \frac{燃料电池中产生的电能}{燃料电池消耗氢的热量}$$

具体可以表示为

$$\eta_{FC} = \frac{3.6VI}{G_H Q_H \eta_H}$$

(12-3)

式中　V——燃料电池组的输出电压；

　　　I——燃料电池组的输出电流；

　　G_H——进入阳极的氢气质量流率，mol/h；

　　Q_H——氢气的热值，kJ/mol；

　　η_H——氢气的利用率。

燃料电池本体的效率仅与其输出电压有关，即燃料电池的效率仅与单电池的输出电压有关，而与发电装置的规模关系不大。

（3）逆变器效率 η_{inv}

$$\eta_{inv} = \frac{逆变器交流输出功率}{逆变器直流输入功率}$$

（4）辅助动力系统功率消耗因子 η_m。η_m 为考虑与燃料电池发电系统有关的其他设备消耗动力对发电效率影响的因子。

对于以氢为燃料的燃料电池，其理论效率可接近 83％，实际效率在 45％～60％。在能够充分利用燃料电池电化学过程中的反应生成热的条件下，譬如，热电联产方式，则实际综合效率可接近 80％。

（二）燃料电池的功率

燃料电池的输出功率由电池性能、电极面积和单电池的个数决定，多个电池组间可进行串联和并联以增加发电功率，所以，燃料电池发电机组具有所谓"积木"特性，能依据需要建造各种不同输出功率的电站。

由于燃料电池本体的能量转换效率与装置的规模无关，因此，在采用燃料电池供电中，当负荷变动时，其能量转换效率并无大幅度的变化，无需调峰操作，而且，在低负荷工作时，其效率反而略有升高，燃料电池电厂也特别适合于采取分散建设方式。

四、燃料电池的燃料、氧化剂和催化

1. 燃料电池的燃料

大部分燃料电池消耗的是氢或碳氢燃料。燃料来源主要有以下几种：

（1）氢。采用氢的燃料电池是最洁净的发电方式，其排放的产物仅为水，无任何污染，而且可以直接回收利用。

氢是宇宙中最丰富的元素，也是最简单的化学燃料，是高效、清洁燃烧的能源载体。近年来，氢能被认为是未来能量利用的方向，甚至被预测为人类未来的经济将完全依赖氢。但是，自然界并没有可直接利用的氢气资源，安全运输和储存氢也是多年来没有解决的问题，因此，大量利用氢能的挑战主要是氢的生产与储存，最近几年来，制氢技术与氢气储存正在取得重大的突破，由水制氢的效率提高了一倍（譬如，利用太阳能发出的电能来电解水制取氢气等方法），在纳米管储存氢气方面也出现了重大进展。

目前，通过某些化学反应方法，把天然气、甲醇、联胺或其他烃类化合物转变为氢的方式，是一种间接的氢能发电方式。

（2）碳氢燃料。某些类型的燃料电池可直接采用脱硫净化后的煤气产物（含 CO 等）作燃料电池的燃料，这也将成为未来燃料电池的主要燃料来源之一。

2. 燃料电池的氧化剂

广泛用作燃料电池氧化剂的主要是氧气和空气等。

3. 燃料电池的催化剂

目前燃料电池使用的催化剂大部分为贵重金属材料，主要是铂、钯、银等，也有采用廉价金属的新型燃料电池技术，如镍金属等。

五、燃料电池的特点

前以介绍，燃料电池的主要活性物质是氢和氧，燃料电池的发电原理是将活性物质的化学能，经过电化学反应直接变换成电能，中间不经过燃烧过程，变换的生成物是水，因此燃料电池具有以下特点：

（1）效率高。燃料电池的发电方式是直接将化学能转变成电能，它不是热机，没有燃烧过程，不受卡诺循环的限制、转换次数少，因而效率高。

燃料电池的效率主要取决于单体电池电压，而与发电量无关。在没有余热利用的情况下，燃料电池的效率可达 45%～65%，它的整体电热联产（Combined heat and power-CHP）效率可达 90%以上。然而由于各种极化的限制，目前正在工作的燃料电池的实际电能转换效率为 40%～60%，热电联产的效率可达 80%。这个效率与其他任何形式的发电技术相比，平均单位质量燃料所产生的电能（除核能发电外）是最高的。

（2）噪声低。燃料电池的结构简单、没有旋转部件，理论上可以实现"零噪声"地将燃料的化学能转换成电能。实际上，燃料电池运行时，由于外围设备如泵和冷却风机的运行，仍然有一定的噪声存在，但比较小。实验证明，距离 40kW 磷酸燃料电池发电设备 4.6m 处的噪声值为 60dB，而 4.5MW 和 11MW 的大功率燃料电池发电设备的噪声值低于 55dB。

（3）占地面积小、建造时间短。由于燃料电池发电厂没有常规火力发电厂那样复杂锅炉、汽轮机等庞大的成套设备，用水量也很少，所以占地面积和工程量大大减少，再加上电池组件化（如 4.5MW 的燃料电池试验装置是由 460 个电池组件组成），设计、制造和组装都十分方便，扩建也容易，可以完全根据需要分期筹建。

（4）污染小。燃料电池以氢气为主要燃料，它清洁、无污染，不产生二氧化碳温室效应气体。当采用化石燃料如煤、石油、天然气等作燃料时，要经过重整改质来提炼富氢燃料，而在重整改质过程中虽也会产生一些污染物和二氧化碳，但比热机过程要减少 40%以上。燃料电池发电过程没有燃烧，所以它不冒烟，几乎不排放 SO_x 和 NO_x。

（5）所用燃料广泛。对于燃料电池而言，只要是含有氢原子的物质（如天然气）、石油、煤、沼气、酒精、甲醇等），都可以作为燃料使用。因此燃料电池的燃料来源非常广泛。

（6）用途广。燃料电池的发电容量由单体电池的功率与数目决定，无论发电规模大小均能保持较高的发电效率。因此，它的机组大小与发电规模具有弹性。目前发展中的燃料电池所能提供的电力范围在 1W～1000MW 之间，因此可应用的产品也非常多，包括便携式电力、车辆电力、现场型汽电共生电厂、分散型电厂以及集中型电厂等。

（7）输送损耗小。由于不存在各类污染物排放（粉尘、有害气体、噪声等），燃料电池发电机组可以距离电力负荷用户较近，从而可改善供电的品质，降低现有变电设备和电流载波容量，减少输变线路投资和线路损失等。

（8）负荷响应快。燃料电池具有应付电力负载快速变动（例如应付高峰负载）的优良特性，在数秒钟以内就可以从最低发电功率变换到额定发电功率。

第四节 燃料电池的类型

在燃料电池的发展过程中，产生了很多类型的燃料电池。通常，可依据燃料电池的工作温度、燃料种类和电解质类型等进行不同形式的分类。根据所使用的电解质不同，可以把燃料电池分为以下几种主要类型。

（1）碱液电解质型。典型的是碱性燃料电池（AFC：alkaline fuel cell）。

（2）酸液电解质型。典型的是磷酸型燃料电池（PAFC：phosphoric acid fuel cell）。

（3）熔盐电解质型。典型的是熔融碳酸盐燃料电池（MCFC：molten carbonate fuel cell）。

（4）固体氧化物型燃料电池（SOFC：solid oxide fuel cell）。

（5）质子交换膜燃料电池（也称为固体聚合物型燃料电池）（PEMFC：proton exchangemembrane Fuel cell）。

根据工作温度范围的不同，一般可将 AFC、PEMFC 归为低温燃料电池，PAFC 为中温燃料电池，而 MCFC 和 SOFC 为高温燃料电池。

若按照开发时间的顺序一般将 PAFC 称为第一代燃料电池，MCFC 称为第二代燃料电池，而将 SOFC 称为第三代燃料电池。

AFC 主要用于太空飞行，PEMFC 主要用于电动车，PAFC、MCFC 和 SOFC 则主要用于发电站。

一、碱性燃料电池（AFC）

碱性燃料电池采用碱性溶液（如氢氧化钾溶液）作电解质。根据电解质在电池内的存在形式，碱性燃料电池可分为多孔基体型和自由电解液型两种类型。多孔基体型是将电解液饱吸在多孔性材料（如石棉膜）上，多孔基体既是电解液保持体，又是电极间的隔离层。自由电解液型采用电解液室储存电解液，外设电解液循环系统，可通过电解液循环过程带走电池的反应热，并将反应产物中的水分蒸发掉。是最早研究的燃料电池。

碱性燃料电池的主要特点：

（1）工作温度低，一般为 $60 \sim 80 ℃$，电池本体材料可选用廉价的耐碱性工程塑料，成形加工工艺简单，但余热利用的价值很低。

（2）电催化剂使用铂、金、银等贵重金属，或镍、钴、锰等过渡金属。

（3）碱性电解液对含 CO_2 的燃料十分敏感，CO_2 会与电解质 KOH 发生以下化学反应生成碳酸钾，从而会导致电解质的损失，因此，必须对燃料气中的 CO_2 含量加以严格控制。

$$2KOH + CO_2 \longrightarrow K_2CO_3 + H_2O$$

（4）为维持一定的电解液浓度，必须设置较复杂的排水和排热等辅助系统。

（5）与其他类型燃料电池相比，AFC功率密度较高，性能较为可靠。启动快，但电池寿命短。

AFC从开发至今，仅成功地应用于航天或军事领域，而不适合地面商业民用。

二、磷酸型燃料电池（PAFC）

磷酸型燃料电池由两块涂布有催化剂的多孔质碳素板电极、经浓磷酸浸泡的碳化硅系电解质和保持板组合而成，采用铂合金作为催化剂。使用氢气、天然气、煤气、甲醇等作为燃料，以氢气作为反应气体，导电离子为 H^+。这类电池的工作温度为 $190 \sim 210℃$，工作压力为 $0.3 \sim 0.8MPa$。单电池电压为 $0.65 \sim 0.75V$，通过具有隔离与集流双功能的双极性板，将单电池串联堆叠成电池堆。磷酸型燃料电池是目前最成熟的商业化燃料电池技术，发电效率超过 $40\% \sim 45\%$（LHV），在采取热量回收的条件下，能量转化效率超过 80%，适合于建设固定发电装置。

磷酸型燃料电池的主要特点：

（1）由于磷酸型燃料电池堆的工作温度须维持在给定的范围内，因此间隔若干个单电池便需设置一块冷却板。冷却板内的冷却介质常用水、空气或绝缘油。水冷式冷却效率高，且可利用废热，但需对水质进行预处理，冷却管要求强耐酸性。空冷式可靠性高、成本低，尤为适合在较高压力下运行的电池堆采用，但在电池外部的热交换效率略低。

（2）磷酸型燃料电池工作温度仅在 $200℃$ 左右，可以满足向建筑物供热的要求，余热利用价值不太高。

（3）磷酸型燃料电池的电解质对原料气体中的 CO_2 不敏感，但是，电催化剂铂抗CO腐蚀的性能较差，当燃气中的CO含量超过 100×10^{-6} 时，将会影响燃料电池的正常工作，因此，对于天然气、煤气、甲醇或乙醇等非纯氢燃料需进行脱除CO的预处理。

（4）磷酸型燃料电池的系统相对比较复杂，启动时间长。

由于酸性电解质的腐蚀作用PAFC的寿命难以超过 $40000h$。PAFC目前的技术已成熟，产品也以进入商业化，多作为特殊用户的分散式电源，现场可移动电源以及备用电源等。

三、熔融碳酸盐燃料电池（MCFC）

熔融碳酸盐燃料电池采用碱金属碳酸盐（如 Li_2CO_3、K_2CO_3、Na_2CO_3 及 $CaCO_3$ 等）组成的低共融物质作电解质，熔融电解质被吸附在惰性的铝酸锂（$LiAlO_2$）制作的隔离片内。正极由氧化镍（添加少量锂以增加其电子导电能力）制成的多孔板，负极由难熔的氧化镍还原、烧结而成多孔的镍电极。H_2、CO作为反应气体，导电离子为 CO_3^{2-}。配以适当的隔离板和集流器即可组成单电池。熔融碳酸盐燃料电池的工作温度高达 $600 \sim 700℃$，属于高温型燃料电池。熔融碳酸盐燃料电池发电效率可达到 60%（LHV），在余热利用的条件下，能量转换效率达 86%，适合于建设大规模固定发电装置。

熔融碳酸盐燃料电池的主要特点：

（1）适合使用含碳燃料。因此，经脱硫的煤气、天然气或烃类经蒸汽转化所得到的气体均可作为燃料直接送入燃料电池发电，CO 已是燃料气中的一部分有效原料，而不像在磷酸型燃料电池内那样被作为毒化剂对待。

（2）由于燃料电池工作温度高的特点，可把燃料的转化过程放在燃料电池内部进行，从而不必采用外部附加的燃料重整转化器等，燃料预处理设备比较简单，降低燃料电池电站的成本。

（3）由于工作温度高，电解质呈熔融状态，电荷迁移速度很快，而且镍制成的电极在 600～700℃下具有良好的催化性能，电化学反应快，故不需添加其他贵金属来做催化剂。

（4）燃料电池排热的温度较高，余热回收容易且更有价值，可组成热电联产，甚至可应用于驱动蒸汽轮机发电，组成联合循环。

（5）因为熔融碳酸盐燃料电池工作温度高，所使用材料的高温强度和耐腐蚀性要求更高，技术难度也较大。

熔融碳酸盐燃料电池的应用已进入了建立 MW 级商业化运营电站阶段，其未来的发展目标是与煤气化技术联合，建设大型洁净煤发电厂。

四、固体氧化物燃料电池（SOFC）

固体氧化物燃料电池是一种全固态燃料电池，由两块多孔陶瓷电极和介于电极间的固体氧化物电解质（通常为氧化锆陶瓷）组合而成，H_2、CO 作为反应气体，导电离子为 O^{2-}，稳定性和可靠性好，燃料选择灵活，目前被认为是一种很理想的燃料电池。鉴于所采用的固体氧化物电解质在低温时比电阻过大，这类电池的工作温度需维持在 800～1000℃。固体氧化物燃料电池的发电效率可达到 60％（LHV），在余热利用的条件下，能量转换效率达 85％，适合于建设中等规模固定发电装置。

由于它在高温下操作，因而具有以下优点：

（1）具有较高的电流密度和功率密度。

（2）可直接使用氢气、天然气、烃类、甲醇等作燃料，可以采用含 CO 等的含碳燃料，燃料杂质对电池的工作性能影响不大。

（3）由于工作温度高，因此，燃料可以在电池的内部重整，不需要特殊的燃料预处理设备。

（4）不必使用贵金属作电催化剂的电极。

（5）由于采用了固体氧化物电解质，所以避免了酸碱电解质或熔盐电解质的腐蚀性、封接和泄漏等问题，结构比较简单。

（6）燃料电池的副产品为具有很高工业利用价值的高温余热，为实现大型热电联产电站，或用于驱动蒸汽轮机组成联合循环发电，达到更高的发电效率。

从示范电厂的运行效果看，SOFC 是未来代替化石燃料发电技术的理想选择之一，既可用作中小容量的分散型电源，也可用作大容量的集中型电厂。尤其是加压型 SOFC 与微型燃气轮机结合组成联合发电系统，更能体现高温型 SOFC 的优越性。目前，固体氧化物燃料电池的发展还需要解决高温条件下材料的性能与寿命等技术问题。

五、质子交换膜燃料电池（PEMFC）

质子交换膜燃料电池采用质子交换膜作为电解质，也称为固体聚合物燃料电池，电池本体由质子交换膜、两块多孔碳素板扩散电极及气体通道组成。电极极板制成槽形以便燃料和氧化剂气体通过。是一种层叠结构，由许多单电池叠加而成，因此很容易按要求制成各种功率等级的燃料电池发电装置。

PEMFC 内唯一的液体是水，因此腐蚀程度较低，然而水管理则是影响燃料电池发电效率的重要因素之一。基本上 PEMFC 必须在水的产生速率高于其蒸发速率状态下工作，以使薄膜保持充分含水状态。

质子交换膜燃料电池具有工作温度低（仅为 70～100℃）、启动快、无污染、功率密度大、体积小、重量轻、寿命长、运行可靠、可以大批生产的突出特点，适合于做移动小功率电源（电动交通工具等），其发电效率可达 45%（LHV），这是近年来发展最迅速的燃料电池。特别是以纯氢和纯氧作为燃料的 PEMFC，最有可能在未来几年内成为大规模商业化的发电装置。

碱性燃料电池（AFC）和磷酸型燃料电池（PAFC）被称为第一代燃料电池，后者的工业发电规模已经达到了 10MW；熔融碳酸盐燃料电池（MCFC）为第二代燃料电池，也已达到单机 500kW 的商业运营发电水平；目前，第三代燃料电池是固体氧化物型燃料电池（SOFC）和后来居上的质子交换膜燃料电池（PEMFC），技术也已经相当成熟，尤其是 PEMFC 被认为是最重要的发展方向和未来主要的商业化运营用的发电设备。

目前，我国已经将质子交换膜燃料电池（PEMFC）、熔融碳酸盐燃料电池（MCFC）与固体氧化物型燃料电池（SOFC）作为分别适合不同应用领域的重要发展方向。

第五节　燃料电池交流发电系统

燃料电池的主要应用领域之一是静置式交流发电站，然而燃料电池与一般化学电池一样，一是输出的是直流电，二是有一定的内阻，内阻虽然可以限制燃料电池的短路电流，增强了燃料电池的抗短路能力。但却使燃料电池的输出外特性变软，当负载变化的幅度较大时，它的输出电压下降幅度也较大，因此对于要求直流输出电压稳定的用户，必须在燃料电池的输出端串联一个直流变换器（DC/DC converter）。而对于应用交流电的用户，或者需要与市电电网并联的燃料电池发电站，还必须将燃料电池的直流电能转换成与电网电压相等的 50Hz 交流电能，也就是还必须在燃料电池与负载之间加装一个 DC/AC 逆变器（DC/AC inverter）。此外，目前燃料电池的电能转化效率在 40%～60% 之间，因此约有半数的化学能以发热的形式表现出来，而为了保证燃料电池工作温度的稳定，也必须将这些废然排放出去或回收加以再利用。一般来说，中低温燃料电池大都以回热系统将废然变成可以利用的蒸汽，而高温燃料电池则与其他发电装置（如涡轮机发电系统）组成复合发电系统，以提高发电效率与燃料利用率。

以燃料电池组为核心构成的燃料电池交流发电系统除了必须具备供气系统、燃料处理器、燃料电池组、DC/AC 逆变器以及冷却系统外，还必须具有燃料电池控制器，这样才能够进行气、水、热、电的管控，而构成一个自动运行的发电系统，如图12-7所示。

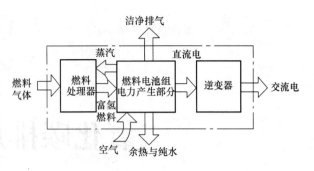

图 12-7　燃料电池交流发电系统示意框图

　　由于燃料电池的发电效率并不受装置发电容量的大小影响，因此它不仅可以发展成为效率高的小容量家庭用发电装置，也可以建造成大发电容量的分散型电厂，甚至于集中型电厂。目前全世界进行静置式燃料电池发电系统开发的厂商相当多，除了 AFC 之外，几乎所有种类的燃料电池都可以作为不同发电容量的静置型电厂，图12-8示出了燃料电池的发电容量与适用范围。发电容量在 10kW 以下的，适合作为可携式移动电源与住宅固定式电源的燃料电池有 PEM-FC 与 SOFC；作为商场或小型购物中心的发电站，发电容量大约在数十千瓦到数百千瓦之间，适合的燃料电池有 PAFC、PEMFC、MCFC 以及 SOFC；工业用电热共生型发电容量大约在数兆瓦到数百兆瓦，此时，SOFC 与 MCFC 的热电联产发电系统或者 SOFC/GT（固态氧化物燃料电池/燃气轮机）联合发电系统都可以满足要求；超过数百兆瓦发电容量的分散型电厂则以 SOFC 或 SOFC/GT 联合发电系统为主。基本上，中温与高温型燃料电池都适合作为热电联产型发电厂；SOFC 的用途和 MCFC 大致相同，均适合于建造中大型发电厂。

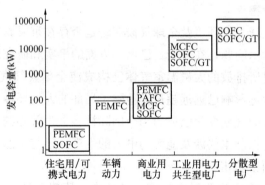

图 12-8　燃料电池发电容量与适用范围

第十三章

二氧化碳排放与控制技术

第一节 概　　述

二氧化碳（CO_2）是最主要的温室气体，其他还有甲烷（CH_4）、氮氧化物（NO_x）等气体，CO_2 与 NO_x 主要产生于矿物燃料的燃烧过程。目前，矿物燃料构成了全球能源需求的 90％以上，其中煤和油都是含碳量很高的燃料，其燃烧产物主要是 CO_2，每生产 $1kW \cdot h$ 的电，要产生约 $0.7kg\,CO_2$。天然气是含碳较少的燃料，每生产 $1kW \cdot h$ 的电，要产生约 $0.36kg\,CO_2$，但在其开采过程中也会有大量的 CO_2 作为副产品同时释放出来。目前，全球火力发电所排放的 CO_2 占排放总量的 34％。甲烷则主要产生于煤炭与天然气的采掘、运输以及加工的过程中。

一、温室气体的危害

温室气体排放对全球大气环境及全球气候变暖是否存在重要影响的问题，在十几年前还是一个争论不休的学术问题，在今天，已由多方面的事实和研究所证实。人类在从矿物燃料中获取能源的同时所排放的大量温室气体已构成使全球大气气候变化的最主要因素，其对人类生存环境的深远影响已远远超过其他限于局部的大气环境污染的影响。因此，温室气体大量排放所造成的气候变化已成为当今国际社会最为关心的全球化重大环境问题之一。温室气体的排放与控制主要涉及能源与电力的生产，还与生态平衡、海洋、化工、社会以及经济等诸多方面密切相关。

具有惰性气体性质的 CO_2 等温室气体一经形成，其被森林、土壤或海洋自然吸收的速率极其缓慢，取决于不同的条件和环境，CO_2 等温室气体的寿命期可长达 $50 \sim 200$ 年，而且由于大自然的吸收能力有限，同时，排放不断增加，因此，如果任其排放而不加控制，温室气体在大气中的浓度将持续增加。自工业化革命以来的 150 年内，大气中 CO_2 浓度已经由 280×10^{-6} 上升到目前的 379×10^{-6}，全球平均气温也在近百年内升高了 $0.74℃$，特别是近 30 年来升温明显。

CO_2 等温室气体所产生的温室效应已经众所周知。由于不断增加的温室气体的存在破坏了地球与太阳间的能量平衡，按目前的大气中 CO_2 等温室气体的浓度水平推算，其所产生的温室效应，将使地球向外释放的能量减少大约 2％，这一数值相当于在地球上每分钟释放 300 万 t 石油燃烧的热量。所以，地球环境本身必须加以自身调节来平衡这一额外的能量，其最直接的结果就是地球的表面和近大气层温度升高而导致全球气候变暖。地表温度上升的直接后果是地球生态环境（如降雨分布）的改变，对人类赖以生存的农业将产生巨大的影响，其影响并非都是负面作用的，但是，让人类在短时间内来适应这种急剧的生态环境的变化是很困难的。另外，在一定范围内地表和大气温度的缓慢上升的直接作用是使冰雪溶化而造成海平面上升，其破坏性将十分严重。

减缓以至最终控制能源与电力生产中的 CO_2 向大气的排放，保护人类赖以生存的地球环境，是全球能源与电力生产面临的一个前所未有的挑战。目前，各国际组织已经采取行动，在近期努力限制温室气体的排放量，使之达到不会对全球气候产生负面影响的水平。因此，在利用矿物燃料进行电力生产的过程中，探索和开发减少 CO_2 排放的技术方案已经成为洁净煤发电技术领域内的一个新的主题。

二、减排 CO_2 的基本策略

在全球能源与电力生产如此多样化的今天，不可能仅用一种方法来达到减少 CO_2 排放的目的，应采用不同的方法或相互的结合来适应各种不同的燃料资源、环境和地区的具体条件。从人类长远可持续发展的角度，除了洁净煤发电技术外，大力开发和利用可再生能源也是减少 CO_2 排放的一个重要的研究领域，比如：先进、安全的核能，风能，太阳能，生物质能等。

从利用矿物燃料的角度，减缓能源和电力生产中 CO_2 排放的基本策略可以包括以下几个方面。

1. 寻求效率更高的由煤获取电力的方法

提高燃煤发电的效率始终是洁净煤发电技术所追求的主要目标之一。目前采用的技术包括采用更大容量、更高参数的发电机组（如超临界和超超临界燃煤机组，见第六章）、采用联合循环发电装置、燃料电池等先进的发电技术，既可以降低发电的成本，同时也减少了 CO_2 的排放。通常，电站效率提高 1%，CO_2 的排放量将减少 2%。

2. 探索现有燃煤电厂有效地捕集 CO_2 的技术方案

由于煤中的可燃元素主要是碳，因此，燃烧产物中的 CO_2 是不可避免的，而且 CO_2 具有十分稳定的化学性质，所以，从燃烧产物中将 CO_2 分离出来，不向大气排放是目前正在探讨的减排 CO_2 的主要技术方案之一。这些技术方案包括对燃烧产物中的 CO_2 气体进行捕集、储存及利用的先进技术。

CO_2 捕集与封存（CO_2 Capture and Storage，简称 CCS）被认为是近期内减缓 CO_2 排放较为可行的方案与技术，一方面，它适合于当今的科学技术发展水平，另一方面，可以使人们继续利用现代能源工业已健全的电力生产的基本格局。CCS 是将 CO_2 从化石燃料燃烧产生的烟气中分离、捕集出来，并将其压缩至一定压力，通过管道或运输工具运至存储地，以超临界的状态有效地储存于地质结构层中，主要由 CO_2 的捕集、运输与封存三个环节组成。

目前，从常规火电厂捕集 CO_2 的潜在技术方案有以下几种。

（1）燃料燃烧前分离并捕集 CO_2。该方法适合于将煤气化后进行燃烧的电力生产过程，比如，整体煤气化联合循环（IGCC，见第十章）。采用氧气或富氧空气作为介质的煤气化产物主要是 CO 和 H_2O，是高含碳量的燃料，其燃烧产物主要是 CO_2。但是，该煤气化产物经进一步的水煤气化反应后，可容易地转化成 CO_2 和 H_2，燃料气中的 CO_2 浓度将提高到 35%～45%，可在燃烧前从燃气中分离和除去 CO_2，从而转化成不含碳的气体燃料，其燃烧产物中将不存在 CO_2。

这种方法的优越性在于，需要处理的气体量较小，同时 CO_2 的浓度较高，而且，在增压气化工艺的条件下，可直接采用物理的方法分离 CO_2，其成本比化学方法要低得多。这一技术与具有较高循环效率的整体煤气化联合循环发电装置（IGCC）相结合，在经济上的优越性较为突出。

（2）从常规燃烧烟气中分离和捕集 CO_2。常规燃烧产物中的 CO_2 含量较低，比如，燃煤电站锅炉排烟中 CO_2 浓度一般为 14%～16%，因此，回收 CO_2 的第一步必须要采用有效的方法将 CO_2 分离出来，然后才能考虑回收。通常采用化学溶剂洗涤法（如 MEA、MDEA 等胺基溶液）分离 CO_2，这些工艺的溶剂再生过程需要消耗大量的蒸汽，而且分离出的 CO_2 压力较低（常压），压缩到临界状态需要消耗大量的压缩功。

分离和捕集 CO_2 所需费用使发电成本增加的幅度与采用的发电方式和燃用的燃料有关。一般来讲，从锅炉的排烟中分离 CO_2 将使电站效率降低 7%～29%，发电成本增加 1.2～1.5 倍，其主要原因是在较低的压力下从以氮气为主要成分的混合气体中分离较低浓度的 CO_2 气体的难度很大，工艺复杂，分离成本较高。

（3）采用 O_2/CO_2 燃烧方式直接从烟气中捕集 CO_2。从常规燃烧方式的烟气中捕集 CO_2 的主要问题是由于烟气中的 CO_2 浓度较低，分离设备复杂，成本高，因此，如果能在燃烧的过程中大幅度提高燃烧产物中的 CO_2 浓度，将会使回收成本降低。组织燃料在氧气和二氧化碳混合气体中燃烧的所谓 O_2/CO_2 燃烧方式就是在这一背景下提出的一项解决 CO_2 排放的新技术。由于在制氧的过程中绝大部分氮气已被分离掉，所以，其燃烧产物中 CO_2 的含量将达到 95% 左右，可不必进行分离而将大部分的烟气直接采取液化的方法进行回收处理。

3. CO_2 的封存与利用

捕集后液态化的 CO_2 如何处理也是一个有待于深入研究的重大课题，主要分为被动储存和积极利用两方面。

为了更好地捕集、封存与利用 CO_2，有必要了解 CO_2 的物理性质。CO_2 在标准状况下是无色无味的气体，分子量为 44.01，密度为 1.977kg/m³。图 13-1 是 CO_2 的相图，CO_2 的三相点温度为 216.592K，压力为 0.51795MPa。CO_2 的临界点温度为 304.1282K，临界点压力为 7.3773MPa，临界点密度为 465kg/m³。当把压力提高到 7.3773MPa、温度提高到 304.1282K 以上时，CO_2 则变成超临界状态。超临界 CO_2 流体是一种高密度流体。从物理性质上，它兼有气体和液体双重特性，即密度远高于气体，接近于液体；

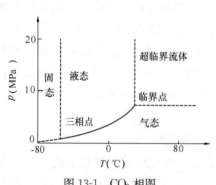

图 13-1　CO_2 相图

黏度与气体相似，比液体大为减小；扩散系数接近于气体，大约为液体的 10100 倍，因而具有较好的流动性和传输特性。当把 CO_2 注入到地下 800m 以下时，其体积随之急剧变小。因此，采用 CO_2 地质封存从技术角度是完全可行的。

(1) CO_2 封存。CO_2 封存是将从化石燃料燃烧产生的烟气中分离、捕集的 CO_2 以超临界状态有效地注入并储存于地质结构层中。正在研究或已在实施的封存 CO_2 的方法有：将液化的 CO_2 储存于地下岩洞，或者储存在深海的海底等，但是，一旦在地球的自然环境中大量、长期储存 CO_2，其对环境和地球生态的长远影响还难下定论，也是目前科学家在深入探索的课题。正在研究的还有使 CO_2 碳酸盐化的永久处理方法，将加压液化的 CO_2 注入富含硅酸镁和硅酸钙（如蛇纹石、橄榄石等）的地下矿床，发生化学反应，生成在地质环境下可以长期稳定存在的碳酸盐物质。

(2) CO_2 的利用。目前，还没有找到大量利用 CO_2 来制造化学产品的可行方案，同时，制造化学品也要消耗能量而产生额外的 CO_2。

利用已经开采至尽的天然气气田储存 CO_2，这些地层深处的废弃气田提供了一个储存 CO_2 的天然可靠的地质环境，而且，由于 CO_2 密度大于天然气，所以，注入 CO_2 还可以延长气田的开采时间。同时，处理 CO_2 的费用也会被提高的气田产量部分抵销。

将 CO_2 储存于废弃的油井，或注入低产油井以提高油井产量，后一种办法已在某些国家的油田开发中采用。同理，废弃的煤井也提供了长期储存 CO_2 的场所，而且研究发现，注入的 CO_2 可以提高废弃矿井煤层气的产量。

目前国际上 CO_2 封存与利用所关注的主要问题包括：CO_2 在地质封存系统中吸附和迁移的机理与规律，在地层中的相态及其变化规律、化学反应及固化条件；注 CO_2 采油过程中的物理化学理论问题、复杂渗透力学原理；长距离管道运输 CO_2 的化学腐蚀机理与规律等。

4. 寻求无/或较少温室气体排放的新型能量载体

即寻求低碳的常规燃料或不含碳的非矿物燃料。比如，天然气的含碳量较低，燃用天然气的燃气轮机排烟中 CO_2 的浓度仅为 5% 左右。再者，研究由矿物燃料（比如，天然气、煤气等）直接制取氢气的能源技术，以及研究新型的由矿物燃料直接生产电力的方法，如 CO_2 排放很少的新型燃料电池等，还有一些正在探索中的零排放电力生产方案。

另外，也包括降低人类生活和生产中的能量消耗，大力节约能源等。

第二节　烟气再循环 O_2/CO_2 煤粉燃烧技术

组织燃料在氧气和二氧化碳混合气体中燃烧的所谓 O_2/CO_2 燃烧方式，也有将其称为富氧燃烧，在工程上即为烟气再循环 O_2/CO_2 煤粉燃烧方案。由于其与传统的燃烧方式有较大的区别，是本章所介绍的主要内容。

一、O_2/CO_2 燃烧方式的基本原理和系统

组织燃料在氧气和二氧化碳混合气体中的燃烧，能大幅度地提高燃烧产物中的 CO_2 浓度，将会使分离和捕集 CO_2 的工艺相对简单且成本降低，同时可以大幅度减少甚至消

除燃煤产生的其他污染物的排放。因此，目前该项技术被认为是一项采用矿物燃料进行能量生产中可以实现污染物零排放的新型洁净发电技术，正处于实验研究与示范工程阶段。

1. 基本原理与工作过程

在传统的燃烧系统中，需要增加空气分离装置和烟气再循环系统。锅炉尾部排烟的一部分烟气经再循环系统输送至炉前，与空气分离装置制取的富氧空气（O_2 含量 90％以上）按一定的比例混合后，携带煤粉经燃烧器送入炉膛，在炉内组织与常规燃烧方式类似的燃烧过程，并完成传热过程。再循环烟气量比例的选取一般要使其理论燃烧温度值接近常规空气燃烧时的理论燃烧温度，以保证常规燃烧室的正常工作。锅炉尾部排出的大部分烟气产物直接通过液化的方法进行捕集和储存，以备进一步的处理。

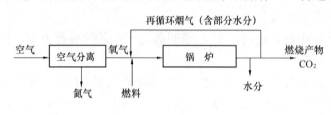

图 13-2　O_2/CO_2 燃烧方式原理示意

2. 烟气再循环 O_2/CO_2 燃烧系统

O_2/CO_2 燃烧方式的系统示意如图 13-2 所示。

从燃烧系统的安全考虑，一般采用 CO_2 气体为主作为一次风携带煤粉，大部分氧气与其余的 CO_2 混合后作为二次风送入燃烧室，少部分氧气供燃烧初期耗氧在燃烧室的适当位置直接送入。

除了在常规煤粉锅炉上实施烟气再循环 O_2/CO_2 燃烧方式外，将流化床燃烧技术与烟气再循环 O_2/CO_2 燃烧方式结合起来的流化床锅炉 O_2/CO_2 燃烧方式也是控制燃煤锅炉 CO_2 排放的有效方式。

3. 经济因素

空气分离制氧设备是该新型燃烧系统中所增加的主要设备，也是影响系统经济性和增加发电成本的主要因素。但目前，从空气中分离富氧气体所用的技术和设备较为成熟且不十分复杂。O_2/CO_2 燃烧方式的综合技术和经济性较从常规燃烧方式的烟气中分离和捕集较低浓度的 CO_2 要好。

对不同的燃料，采取 O_2/CO_2 燃烧方式的经济性也不同，对氢/碳（H/C）比值较高的燃料，如天然气，其中氢的燃烧也需要氧气，制备这部分额外的氧气与捕集 CO_2 无关，相对于 CO_2 的捕集量来说，氧气用量较 H/C 比值很低的煤相对要多。因此，从经济上讲，O_2/CO_2 燃烧方式更适合用于煤的燃烧。

二、O_2/CO_2 燃烧系统的应用领域

目前认为，O_2/CO_2 燃烧方式的应用领域主要在以下三个方面：

（1）建立在常规燃烧煤粉锅炉或流化床锅炉基础上的 O_2/CO_2 燃烧系统。即在常规燃烧煤粉或流化床燃烧系统上增加空气分离制氧设备和烟气再循环系统，同时，还需要对原有的燃烧系统进行改造，以适应新的燃烧方式。

（2）应用于整体煤气化联合循环系统。煤气化的产物直接在 O_2/CO_2 的环境中燃烧，并将主要成分为 CO_2 的燃烧产物作为燃气轮机和余热锅炉的工作介质，同样需要增加空

气分离制氧设备和烟气再循环系统。

（3）用于更高效的电力生产，如新型的矿物燃料驱动的燃料电池，煤气产物在电池的阳极反应后，在 O_2 中燃烧产生以 CO_2 为主要成分的烟气，进一步作为燃料电池阴极的反应物质。

三、O_2/CO_2 燃烧技术的主要优越性

（1）燃烧产物中 CO_2 的浓度达 95％，无需进行分离就可以直接进行液化回收。

（2）在液化处理以 CO_2 为主的烟气时，烟气中的 SO_2 首先被液化并回收，可省去复杂昂贵的烟气脱硫设备。

（3）实验已证明，在 O_2/CO_2 的环境下，NO_x 的生成量显著减少。一方面，由于燃烧中不存在大量随空气带入的氮气，热力型 NO_x 生成量很少；另一方面，由于烟气再循环燃烧，可能使已生成的 NO_x 在炉膛内发生还原反应。如果再结合低 NO_x 燃烧技术，则有可能不用或少用脱氮设备，减少运行费用。

（4）在常规燃煤锅炉中，过量空气确定后燃烧产物的量也相应确定，因此，在考虑燃烧与传热最优化设计时从未将烟气量作为一个可变的因素加以考虑。由于燃烧中的 CO_2 再循环的比例在一定的范围内是可变化的因素，因此，有可能在燃烧、辐射传热和对流传热等方面开展进一步的最优化设计，使煤粉的燃烧与燃尽、传热及阻力损失以及运行费用等方面达到更合理的工况。

在工程实践中实施 O_2/CO_2 燃烧技术，还有许多有待于研究和解决的问题，如：

（1）在 O_2/CO_2 燃烧方式中，环境气体的各种热物性（比热容、导热性、辐射特性等）与常规空气燃烧产物有较大的不同，而且再循环烟气中的水蒸气含量也高，会使煤粉气流的燃烧推迟，需要对燃烧器进行改进。

（2）煤粉颗粒在 O_2/CO_2 环境下的热解与燃烧的反应动力学特性将与常规的空气中的燃烧有显著的区别，需要深入的研究。

（3）CO_2 气氛下灰渣特性及对受热面污染的影响等方面的研究。

第三节　化学链燃烧技术

化学链燃烧方式（chemical looping combustion，简称 CLC）是通过燃料与空气不直接接触的新型无火焰燃烧方式，与传统的燃烧方式有显著的区别。由于具有比传统燃烧方式更高的能量利用效率以及具有固有的 CO_2 分离性质，化学链燃烧技术自 20 世纪 80 年代提出后得到了迅速的发展，有可能成为新一代的洁净发电技术，目前正处于实验研究与中试阶段。

一、化学链燃烧技术的基本原理和系统

1. 基本原理与工艺过程

化学链燃烧的基本原理是将传统的燃料与空气直接接触燃烧借助于载氧体的作用分解为两个气固反应，燃料与空气无需接触，由载氧体将空气中的氧传递到燃料中。如图 13-3 所示，化学链燃烧系统由空气反应器、燃料反应器和载氧体组成，其中载氧体由金属氧化

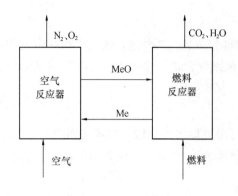

图 13-3　化学链燃烧技术原理示意

物与载体组成，金属氧化物是真正参与反应传递氧的物质，而载体是用来承载金属氧化物并提高化学反应特性的物质。

金属氧化物（MeO）首先在燃料反应器内进行还原反应，燃料（还原性气体，如 CH_4、H_2 等）与 MeO 中的氧反应生成 CO_2 和 H_2O，同时 MeO 被还原成金属（Me），见反应式（13-1）。然后，Me 被送回空气反应器，被空气中的氧气氧化，重新生成 MeO，见反应式（13-2）。

燃料侧反应

$$燃料 + MeO(金属氧化物) \longrightarrow CO_2 + H_2O + Me(金属) \tag{13-1}$$

空气侧反应

$$Me(金属) + O_2(空气) \longrightarrow MeO(金属氧化物) \tag{13-2}$$

金属氧化物（MeO）与金属（Me）在两个反应器之间循环使用，一方面分离空气中的氧，另一方面传递氧，这样，燃料从 MeO 获取氧，无需与空气直接接触，其产物避免了被空气中 N_2 稀释。燃料侧的气体生成物为高浓度的 CO_2 和水蒸气，用简单的物理方法将排气冷却，使水蒸气冷凝为液态水，即可分离和回收 CO_2，实现燃烧分离一体化，不需要常规燃烧的 CO_2 分离装置，节省了大量能源。

2. 载氧体的性质与种类

载氧体在两个反应器之间循环使用，既将空气中的氧传递给还原性燃料，又将氧化反应中生成的热量传递到还原反应器。因此，它是制约整个化学链燃烧系统的关键因素。

目前，主流的载氧体是金属氧化物，主要是 Ni、Fe、Cu、Co 和 Mn 等的氧化物。评价载氧体性能的指标一般包括反应性、载氧能力、持续循环能力（寿命）、能承受的最高反应温度、机械强度（抗破碎、抗磨损能力等）、抗烧结和抗团聚能力、颗粒尺度分布、内部孔隙结构、价格和环保性能等。高温下纯金属氧化物的持续循环能力较差，一般需与其他化合物混合使用，这些化合物并不参与氧化还原反应，一方面作为金属氧化物的惰性载体，使颗粒具有更高的比表面积，并提供足够的机械强度以增强循环性能；另一方面作为热载体，存储和传递热量。目前惰性载体主要包括 Al_2O_3、SiO_2、TiO_2、ZrO_2、MgO、海泡石、高岭土、斑脱土和六价铝酸盐等。

3. 双循环流化床化学链燃烧系统

化学链燃烧的反应器如图 13-4 所示。该反应器由两个相互连通的流化床组成：一个是高速提升

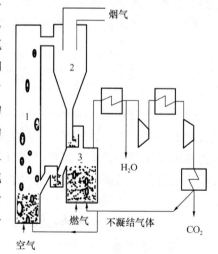

图 13-4　双循环流化床化学链燃烧系统
1—高速提升管（空气反应器）；2—旋风分离器；
3—低速鼓泡流化床（燃料反应器）

管，一个是低速鼓泡流化床，故称为双循环流化床。在该双循环流化床反应器中，载氧体在两个流化床之间循环，在空气反应器中载氧体被空气氧化，然后经过旋风分离器被传递到燃料反应器，载氧体在其中被还原，燃料则被氧化；被还原后的载氧体通过回料阀重新被传送到空气反应器，而燃料氧化后的气体（主要是 CO_2 和 H_2O）从燃料反应器排出，冷却分离后进行 CO_2 的压缩，使其压缩为液体后回收，而没有被压缩的气体重新循环通入燃料反应器中进行氧化。两个流化床之间的气体泄漏问题通过两个固体颗粒回料阀来解决，这样就完成了载氧体的不断氧化还原和循环，实现了化学链燃烧。

二、化学链燃烧系统的特点

（1）化学链燃烧大大降低了燃烧过程的热损失，具有比传统燃烧方式更高的热效率。

（2）化学链燃烧能有效实现 CO_2 的分离与捕集，且不需额外的能量。

（3）在空气反应器内载氧体的再生在无焰、中等温度条件下，基本无热力型 NO_x 的生成。

三、化学链燃烧技术的研究与应用领域

目前，化学链燃烧技术的研究与应用领域主要有以下三个方面：

（1）将化学链燃烧技术与流化床燃烧技术相结合形成固有的 CO_2 分离的化学链燃烧流化床锅炉。

（2）以化学链燃烧反应器代替燃气轮机的燃烧室，形成化学链燃烧联合循环，既有较高的循环效率，又能有效实现 CO_2 的分离与捕集。

（3）将化学链燃烧技术与其他先进发电技术结合起来形成新型的能源环境动力系统。

目前化学链燃烧技术正处于实验研究与中试阶段，还有一些关键技术有待解决，寻找具有较高循环反应活性、稳定性和机械强度且具有环境友好、价格低廉的载氧体是未来化学链燃烧研究的一个重要方向。

第四节　高温空气燃烧技术

高温空气燃烧技术（high air temperature combustion，简称 HATC）又称为无焰燃烧技术，是 20 世纪 90 年代得到迅速发展的一种新型燃烧技术，由于在能源利用和环保方面具有传统燃烧技术难以比拟的优势，已成为当前国际燃料燃烧领域的研究热点之一。

一、高温空气燃烧技术的基本原理

高温空气燃烧技术与常规燃烧技术的主要区别在于利用高效蓄热体最大限度地回收烟气余热，将燃烧空气加热到燃料着火温度以上，利用高速射流形成的卷吸降低氧浓度，使燃料在高温低氧气氛中燃烧。

1. 工作原理与工作过程

高温空气燃烧的关键技术是采用高效蓄热式燃烧系统。最基本的 HTAC 系统通常由燃烧室、两组结构相同的蓄热式燃烧器和一个四通换向阀组成，燃烧器可对称布置，亦可集中布置。图 13-5 为两组燃烧器对称布置时 HTAC 系统的原理图。前半周期内，当燃烧器 A 工作时，常温空气经多孔介质蓄热体 A 加热后，形成的高温空气（空气预热温度达

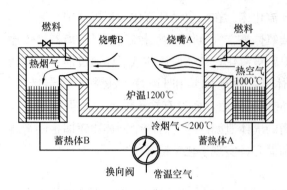

图 13-5　高温空气燃烧系统原理图

1000~1200℃）高速射入燃烧室，与高速喷入的燃料在燃烧室内混合并燃烧，产生的高温烟气通过辐射和对流传热的方式经过蓄热体 B 后，冷却为 150℃ 左右的低温烟气，经四通换向阀排出；后半周期内，常温空气由相反方向进入，经蓄热体 B 加热成为高温空气后，与燃烧器 B 喷入的燃料在燃烧室内混合并燃烧，产生的高温烟气流经蓄热体 A 放热后，成为低温烟气，经四通换向阀排出，完成一个周期。通过这种交替运行方式，可连续实现烟气余热极限回收和产生预热的高温空气，使系统稳定运行。

高温空气高速喷入燃烧室时，形成一个低压区，在周围产生强烈的卷吸，使周围燃烧产物回流，形成高温低氧气氛，与高速喷入的燃料进行扩散控制燃烧，形成了与传统扩散燃烧方式完全不同的高温低氧空气燃烧。四通换向阀以一定的周期进行换向，换向周期的长短通常是根据烟气排出温度进行确定。排烟温度的高低又与蓄热体几何结构、传热特性以及热负荷密切相关，新型的陶瓷蜂窝状蓄热体可使排气温度和被预热的空气温度之间相差 50~100℃。所以，不同的燃烧系统换向周期并不相同，一般控制在 30~200s 之间。

2. HATC 系统类型

HTAC 系统由于燃烧器、蓄热室的数量和布置方式以及燃料的喷射和换向方式不同，使每种 HTAC 系统的炉型有所差别，但基本原理和关键部件基本一致。

由于 HTAC 系统采用蓄热式自身加热方式，燃烧器通常成对安装。安装形式可根据具体情况而定，既可以同侧安装，又可相对安装。此外，又可根据燃烧室空间、负荷大小以及温度分布安装多对燃烧器。因此，HTAC 系统的燃烧器安装方式和系统的周期换向控制比较灵活，提高了 HTAC 系统的适应性。

二、高温空气燃烧系统的技术特点

与传统的燃烧技术相比，高温空气燃烧技术的主要特点有：

（1）高效节能。采用高效蓄热式烟气余热回收装置，极限回收排烟余热，烟气余热回收效率超过 80%，热利用效率提高，一般可节能 30% 以上。

（2）污染物排放显著降低。由于组织燃烧方式的完全改变，使燃料在高温低氧气氛中燃烧，实现了超低 NO_x 排放（可控制在 $100mg/m^3$ 以内）。同时，由于高效节能，减少了燃料消耗，意味着减少了 CO_2 等温室气体的排放量。

（3）燃烧稳定性好。由于燃烧空气温度预热到燃料着火温度以上，燃料进入炉内就能着火燃烧，提高了燃烧的稳定性。

（4）燃烧区扩大，炉内热流密度分布均匀。通过组织炉内高温低氧气氛燃烧，火焰体积成倍增大，炉内烟气温度分布更均匀，传热效率明显提高。

（5）扩大了对燃料的适应性。由于燃烧空气预热温度大大提高，降低了对燃料热值的要求，有利于低热值燃料的有效利用。

三、高温空气燃烧系统的应用领域

（1）应用于各种热工炉窑。目前高温空气燃烧技术已广泛应用于冶金等行业的加热炉、熔炼炉、热处理炉等，也是未来各种炉窑新建和改造的首选技术。

（2）应用于工业锅炉。将高温空气燃烧技术应用于传统工业锅炉的技术改造，对提高锅炉热效率、减少环境污染、提高其运行的经济性均具有重要的意义。

（3）应用于固体燃料气化工艺。利用高温空气燃烧技术进行高温煤气化和垃圾等固体废弃物的气化，是高温空气燃烧技术应用的一个重要领域。

第十四章

洁净煤发电技术的发展前景分析

在过去的 30 年，洁净煤发电技术在能源转换效率、减排常规污染物方面取得了显著的成就。但是，适合当前能源资源与环境约束条件的洁净煤发电技术，在未来的资源与环境制约下未必就是最优的选择。由于矿物燃料燃烧而排放的大量 CO_2，已经并将持续对全球的气候环境造成前所未有的影响，使人类社会面临着巨大的生存环境恶化的威胁。预测到 2050 年前，如果还采用当今传统燃煤技术，人类将不能在地球上继续使用碳基化石燃料。

因此，在未来的洁净煤发电技术的发展中，即要提高能源的转换效率、减排常规污染物，也必须整合 CO_2 的减排、捕集与封存，需要考虑减排污染物、汞与 CO_2 的经济性协调配合，有望形成以控制 CO_2 排放为基本出发点的未来洁净煤发电技术，以此为特征的新一代洁净煤发电技术意味着将来巨大的技术与商业市场。新建或已建传统燃烧煤粉电厂的改进与改造也均面临巨大的挑战。

一、煤的转化技术

煤气化技术的迅猛发展是从 20 世纪 70 年代开始的，经历了两次重大技术突破，第一次是由于出现大规模工业制氧装置而采用氧气代替空气进行工业煤气化；第二次是采用高压煤气化工艺。

煤气化合成气具有突出的洁净利用与燃烧优势，但煤气化过程与利用依然产生 CO_2，以前未被关注的 CO_2 问题，已经变得十分突出，必须考虑将分离 CO_2 作为煤合成气燃料生产中一个不可缺少的组成部分，将合成煤气进一步变换为富氢燃料气。分离 CO_2 会提高生产成本，由于煤气化是在氧气与高压条件下进行，分离与捕集 CO_2 的费用远比从燃烧烟气中捕集 CO_2 的费用低得多。

随着煤气化技术的发展，尽管大规模工业制氧技术成熟，但制氧成本仍然居高不下，另一方面，采用氧气气化需要部分煤的氧化来提供气化过程所需的热量。未来的煤气化技术面临第三次重大技术突破，采用无氧煤气化技术，省去空气分离制氧装置。因此，必须解决煤气化所需热量的问题，不利用部分煤的氧化来提供热量，同时使煤的气化在低于 1000℃ 下进行，降低煤气冷却过程中的热量损失。第三代煤气化技术包括：煤催化气化，利用各种中低温热源的煤气化，煤的化学链燃烧，还有高压加氢气化等，其共同点是不需要制取氧气参与反应提供热量。

煤的催化气化技术是在催化剂的作用下使煤产生组分定向气化，目前处于商业示范的一种煤催化技术是一步合成煤基天然气技术。如图 14-1 所示，在催化剂及水蒸气作用下，在一个加压反应器中生成甲烷与二氧化碳，而通常的甲烷化需要若干不同的反应。此技术无需制取纯氧，甲烷与二氧化碳再进一步分离。该过程的反应温度 700℃ 左右，灰渣不发生熔融，可以采用流化床反应器，且不会对炉膛造成腐蚀。煤基天然气属于低碳洁净燃料，可采用现有的天然气输送系统，或者直接用于 IGCC 发电，是一种极具现实使用价值的近零排放煤基发电技术。

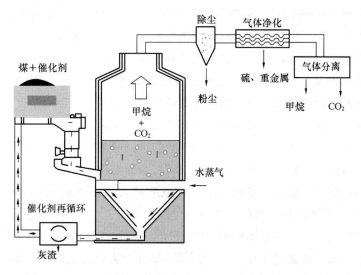

图 14-1　一步法煤催化制合成天然气工艺流程简图

随着大规模煤制氢技术的发展，出现了高压加氢气化。煤经高压无氧加氢气化制取甲烷，与常规氧气气化过程为强烈的吸热反应不同，加氢气化过程为强烈的放热反应，因此，不需要燃烧部分煤来获取气化热量，如图 14-2 所示。煤在氢气气氛下生成甲烷然后采用水蒸气重整生成氢气与二氧化碳合成气体。接着在炭化装置中，二氧化碳与氧化钙反应生成碳酸钙，从而实现了氢气与二氧化碳的分离；部分氢气返回煤气化炉用做气化剂，其余氢气经过净化后送入燃料电池、或者送入联合循环装置发电，其副产品为水。碳酸钙进入煅烧炉分解为氧化钙与二氧化碳，氧化钙送入炭化装置循环使用，采取相关工艺对纯度较高的二氧化碳直接进行封存。在中间过程的混合气体中基本不生成与燃烧有关的硫氧化物、氮氧化物等污染物，从工艺上避免了先污染后治理的常规技术路线，是一种很有希望的零排放煤基发电技术。

二、超超临界蒸汽参数煤粉锅炉

目前，煤粉燃烧仍是最主要的燃煤发电技术，经过不断的技术改进，效率不断提高，排放减少。蒸汽参数

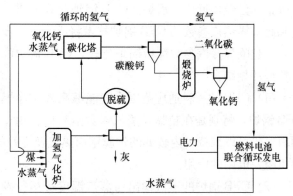

图 14-2　加氢气化与分离二氧化碳的发电工艺简图

达到 32MPa、600/610℃的超超临界发电机组技术已经趋于成熟，发电效率可达到 42%～44%。但是，采用煤粉燃烧技术的锅炉在减少污染物排放方面，只能对烟气进行处理，尤其是分离与捕集 CO_2，其技术经济劣势是显而易见的。据估算，发电厂效率每提高 10%，就可以减少约 24%的所有气体与固体污染物排放，因此，超超临界机组面临着进一步提高蒸汽参数以大幅度降低排放的挑战。

煤粉燃烧锅炉的蒸汽温度在过去的 30 年中提高了约 70℃，压力也相应提高到 24～35MPa，温度达到 600～610℃，预期在未来的 20～30 年蒸汽温度还将大幅度提高。随蒸汽温度进一步提高，除了受热面管钢材高温强度的要求以外，烟气侧管外金属腐蚀问题将更加突出。煤粉燃烧火焰中，煤中可燃硫均生成 SO_2，大部分呈挥发性态的 K、Na 等化合物与 SO_2 生成硫酸盐；而煤中不可燃硫主要是以硫酸盐形式残留灰中，二者均会沉积在金属管表面形成腐蚀性灰沉积物，在超过其熔点的温度范围内就对金属产生不同程度的腐蚀，成为在高温工况下管外壁金属腐蚀破坏的最主要原因。

对管外壁熔盐或碱金属硫酸盐（硫酸钠、硫酸钾及硫酸铁）对合金金属材料的腐蚀行为的研究发现，熔盐对管壁金属的腐蚀强度与管壁金属温度密切相关，在金属壁温 400～550℃范围，以熔融的焦硫酸盐腐蚀为主，焦硫酸钠与焦硫酸钾的熔点分别为 401℃与 300℃，腐蚀强烈，而硫酸钠与硫酸钾的熔点分别为 880℃与 1069℃，仅呈固相沉积状态，腐蚀速率远不及焦硫酸盐；在金属壁温 600～710℃范围，以熔融的复合硫酸盐腐蚀为主，腐蚀最为强烈，是最大腐蚀速率区。当超过 750℃后，焦硫酸盐挥发，腐蚀速率将降低。因此，蒸汽参数直接提高到 700℃以上的一个突出优点是可以避开受热面管金属的最大腐蚀速率区，将来蒸汽温度有望直接跃至 700℃以上。对蒸汽温度 760℃，压力 35 MPa 的 750MW 燃煤超超临界发电机组的技术经济可行性研究表明，电厂净效率将达到 45%（基于高位发热量），如果采用两次再热方式，效率可达到 47%，所有气体与固体污染物排放将减少约 1/4。

三、超临界蒸汽参数循环流化床锅炉

高参数大容量循环流化床锅炉技术（CFB）在电力生产方面正在对传统的煤粉锅炉技术发起挑战，在过去的十多年，以比煤粉锅炉发展快得多的速度，迅速达到了电站锅炉的容量。目前，300MW 亚临界参数的 CFB 机组的整体技术已经趋于成熟，锅炉效率、可用率等指标已经接近煤粉锅炉。CFB 锅炉面临着进一步提高发电效率的挑战，发展更大容量和超临界蒸汽参数的 CFB 锅炉技术将成为下一步发展的主要目标。

与超临界蒸汽参数煤粉锅炉比较，CFB 锅炉的特点及优势使其更适合与超临界蒸汽参数循环相结合。

（1）CFB 的燃料适应范围大。能够高效洁净燃烧多种燃料的特点同样适用于超临界 CFB 锅炉，特别是在超临界蒸汽参数运行时，由于流态化燃烧的作用，燃烧多种不同的燃料时仍可以维持炉内较低的炉膛壁面热流及良好的均匀分布，能够实现劣质燃料在超临界机组发电中的应用。

（2）CFB 锅炉的蒸汽输出与蒸汽温度等运行参数对燃料特性的变化波动不敏感，在输入燃料发生一定范围的变化时也能确保水冷壁管壁温度均匀性及运行安全性，而这对超

临界煤粉锅炉是一个难以克服的问题。

（3）由于 CFB 锅炉炉膛内固体颗粒存料量很大，因此，炉膛水冷壁管的布置必须要平行于烟气/固体床料的流动方向，在超临界煤粉锅炉中普遍采用的螺旋管圈水冷壁结构，显然不能应用于 CFB 锅炉，而必须采用垂直管屏的炉膛水冷壁结构。超临界 CFB 锅炉上升管系统采用一次垂直上升管屏，在一个通道内工质平行流过所有的管子，无须布置中间混合联箱进行汽水混合物的混合分配。由于采用垂直管屏水冷壁，可以采用本生低质量流率的直流锅炉新设计方案 [400～700kg/（m² · s）]，而且由于 CFB 锅炉热流率低，对单面受热的水冷壁可采用光管，而超临界煤粉锅炉则必须用内螺纹管。由于低质量流率垂直管流速低，重位压头小，因此炉膛水冷壁具有类似于汽包锅炉自然循环的自补偿特性，即受热强的管子质量流速越高，冷却效果更好，同时也减小了蒸发受热面的阻力损失。

（4）超临界直流锅炉蒸发受热面在临界点附近运行时的最大问题是降低管壁温度的峰值，避免出现偏离核态沸腾与蒸干，因此，必须使管壁得到足够的冷却。CFB 锅炉燃烧具有较低的燃烧温度和炉内均匀的温度分布，流态化及床料的循环消除了炉内的温度峰值，热流分布不会如煤粉锅炉出现明显的峰值，如图 14-3 所示。煤粉锅炉在炉膛中部燃烧器区域的热流率大大高于炉膛上部及下部，因此，峰值热流区恰好对应于极易发生管子过热的最不安全区。CFB 锅炉的热流率只有其一半，而且其最高热流区在下炉膛布风板以上的一段区域，恰好是壁面覆盖耐火材料的区域，而且对应于超临界压力下管内工质温度较低的区间，因此，几乎不会发生水冷壁管传热恶化导致管壁过热的现象。

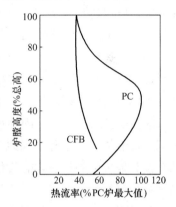

图 14-3　循环流化床
锅炉与煤粉锅炉沿炉膛
高度热流分布比较
CFB—循环流化床锅炉；
PC—煤粉锅炉

（5）超临界 CFB 锅炉可以达到比煤粉锅炉更低的排烟温度。一方面由于 CFB 锅炉炉膛的低热流特点，可使省煤器多吸收尾部烟气热量，提高省煤器出口水温，减小水冷壁入口水欠焓，但仍然能在水冷壁管中保持合适的汽水比例，因此，通过增加省煤器来降低排烟温度，用于抵销 CFB 锅炉空气预热器吸热量少的问题；另一方面，由于炉内石灰石脱硫，石灰石分解的 CaO 可以吸收部分 SO_3，降低了烟气酸露点；因此，在超临界 CFB 的概念设计中采用了 90℃的排烟温度。相比煤粉锅炉来说，由于制粉干燥与助燃要求很高的空气温度，因此空气预热器在降低排烟温度方面起到了重要的作用，同时，为了保证水冷壁的壁温安全，水冷壁入口水的欠焓较大，省煤器的出口水温不高。

（6）600MW 以上容量的超临界 CFB 锅炉的整体结构不会发生显著的变化，炉膛下部还将采用裤衩腿结构，甚至双裤衩腿结构，分离器的数量增加到 6 台，分离器下均布置外置床换热器，炉膛高度也将大大增加，更延长了颗粒停留时间，有利于燃烧与脱硫，采用一次或二次再热循环。超临界 CFB 的锅炉效率将达到 93%以上，发电机组的供电效率将接近 44%。

但是超临界 CFB 锅炉依然面临受热面磨损较为严重与厂用电率较高的问题，这也是制约其进一步发展的重要因素。

四、新型整体煤气化联合循环

新一代先进 IGCC 即将在我国成为继超超临界机组与循环流化床锅炉后又一迅速发展起来的洁净煤发电技术。特别是控制燃煤发电机组排放 CO_2 的任务日趋迫近，捕集与封存 CO_2（CCS）即将成为一个重大环境问题。先进 IGCC 技术在能源转化效率、常规污染物脱除与分离 CO_2 独具整体技术、经济与环保优势，是一种很有前途的发展中的高新技术，在"以煤为基础"的我国能源政策环境下，在我国将有广阔的发展前景。

世界范围内，大型 IGCC 机组已经运行 10 年以上，已证明是最先进的高效率且洁净的燃煤发电技术，NO_x、SO_x 与颗粒物的排放均低于煤粉炉，煤中硫分的 99.5% 以元素硫回收，可以达到大于 95% 的汞脱除率。可以以比较小的费用获得比煤粉锅炉低一个数量级的排放值，相当于燃用天然气的燃烧设备的排放水平，而且进一步降低排放的潜力很大，相对于煤粉锅炉机组要净化处理巨大容积的低压烟气的现状，合成煤气的压力高、未被燃烧空气稀释，因此，污染物排放控制难度较小。

IGCC 除了环保及效率高的优势外，另一个突出优点就是能大量利用常规火力发电技术不能接受的劣质燃料（固体或液体），IGCC 燃料在广义上包括所有可以气化成合成气的固体及液体燃料。除了煤以外，譬如，炼油过程中的残渣（石油焦、渣油、沥青和焦油）及其他炼油副产品均能气化、发电，并可制取多种化工产品，煤气化也是目前大规模制氢的最可行的方法。

如果不考虑 CCS，则 IGCC 的发电成本比超超临界煤粉锅炉发电机组（USCPC）高，但如果考虑 CCS，则 IGCC 优于 USCPC。对未来的实现 CCS 的现有发电机组改造，改造无 CCS 的 IGCC 比改造 USCPC 费用低。

对整合分离与捕集 CO_2 的先进 IGCC 系统，则将合成煤气变换成富氢燃气，则燃气轮机及燃料系统应进行相应的改造，以适应燃用氢气的要求，目前还没有氢燃机投入商业运营。

IGCC 除了高投资成本外，还有待于探讨用于 CO_2 捕集的高压工艺设计，降低制氧成本，开发富氢燃料燃气轮机，进一步提高电站可用率，提高燃气轮机的进口温度，采用超临界蒸汽参数的余热锅炉等。

参 考 文 献

[1] 中国动力工程学会主编. 火力发电设备技术手册，第一卷，锅炉. 北京：机械工业出版社，2000.

[2] 林宗虎，徐通模. 实用锅炉手册. 北京：化学工业出版社，1999.

[3] 阎维平. 洁净煤发电技术. 北京：中国电力出版社，2002.

[4] 刘德昌，阎维平. 流化床燃烧技术. 北京：水利电力出版社，1995.

[5] 阎维平，刘忠等. 燃煤电站锅炉石灰石湿法烟气脱硫装置运行与控制. 北京：中国电力出版社，2005.

[6] 阎维平（翻译）. 锅炉性能试验规程，ASMEPTC4-1998. 北京：中国电力出版社，2004.

[7] 樊泉桂，阎维平. 锅炉原理. 北京：中国电力出版社，2004.

[8] 黄素逸，高伟. 能源概论[M]. 北京：高等教育出版社，2004.

[9] 吕一波，何京东，陈俊涛. 动力煤燃前加工[M]. 哈尔滨：哈尔滨工程大学出版社，2007.

[10] 吴大为. 浮游选煤技术[M]. 徐州：中国矿业大学出版社，2004.

[11] 顾民兆，于寿珍，陈靖. 选煤厂工艺流程与设备选型计算[M]. 北京：煤炭工业出版社，1990.

[12] 刘顺，赵承年，路迈西. 选煤厂设计[M]. 北京：煤炭工业出版社，1987.

[13] 毛健雄，毛健全，赵树民. 煤的清洁燃烧[M]. 北京：科学出版社，1998.

[14] 孙克勤，钟秦. 火电厂烟气脱硝技术及工程应用[M]. 北京：化学工业出版社，2007.

[15] 张强. 燃煤电站 SCR 烟气脱硝技术及工程应用[M]. 北京：化学工业出版社，2007.

[16] 高晋生，张德祥. 煤液化技术[M]. 北京：化学工业出版社，2005.

[17] 肖瑞华，白金锋. 煤化学产品工艺学[M]. 北京：冶金工业出版社，2003.

[18] 郭树才. 煤化工工艺学[M]. 北京：化学工业出版社，2006.

[19] 许祥静，刘军. 煤炭气化工艺[M]. 北京：化学工业出版社，2005.

[20] 许世森，张东亮，任永强. 大规模煤气化技术[M]. 北京：化学工业出版社，2006.

[21] 卢啸风，大型循环流化床锅炉设备与运行. 北京：中国电力出版社，2006.

[22] 岑可法，倪明江，骆仲泱等. 循环流化床锅炉理论、设计与运行. 北京：中国电力出版社，1997.

[23] 樊泉桂. 超超临界及亚临界参数锅炉. 北京：中国电力出版社，2007.

[24] 张磊，李广华主编. 超超临界火电机组丛书　锅炉设备与运行. 北京：中国电力出版社，2007.

[25] 清华大学热能工程系动力机械与工程研究所等. 燃气轮机与燃气—蒸汽联合循环装置. 北京：中国电力出版社，2007.

[26] 严俊杰，黄锦涛，何茂刚. 冷热电联产技术. 北京：化学工业出版社，2006.

[27] 焦树建. 整体煤气化燃气—蒸汽联合循环. 北京：中国电力出版社，1996.

[28] 钟史明. 燃气—蒸汽联合循环发电. 北京：水利电力出版社，1995.

[29] 曹征彦等. 中国洁净煤技术. 北京：中国物质出版社，1998.

[30] 刘风君. 高效环保的燃料电池发电系统及其应用. 北京：机械工业出版社，2006.

[31] 林维明. 燃料电池系统. 北京：化学出版社，1996.